本书由"十一五"国家林业科技支撑计划（2006BAD03A19）资助

# 生物多样性保育学

Science of biodiversity conservation

何春光　崔丽娟　盛连喜/主　编
李振新　边红枫　邹丽芳/副主编

东北师范大学出版社
长　春

**图书在版编目(CIP)数据**

生物多样性保育学/何春光等主编．—2版．—长春：东北师范大学出版社，2015.3（2025.7重印）
ISBN 978-7-5681-0324-4

Ⅰ．生… Ⅱ．①何… Ⅲ．生物多样性—高等学校—教材 Ⅳ．Q16

中国版本图书馆CIP数据核字(2015)第269453号

□责任编辑：王宏志　　□封面设计：杨　涛
□责任校对：曲　颖　　□责任印制：张允豪

东北师范大学出版社出版发行
长春净月经济开发区金宝街118号（邮政编码：130117）
网址：http://www.nenup.com
东北师范大学出版社激光照排中心制版
河北省廊坊市永清县晔盛亚胶印有限公司
河北省廊坊市永清县燃气工业园榕花路3号（065600）
2015年3月第2版　2025年7月第3次印刷
幅面尺寸：185 mm×260 mm　印张：12　字数：300千

定价：45.00元

# 前　言

　　生物多样性是地球演化的独特产物，是人类赖以生存和发展的基础。生物多样性保育学是以生态学为核心，综合基础生物学、应用生物学、生物地理学、环境科学、恢复生态学、生态工程学、社会科学、决策科学等形成的一门新兴学科，核心内容是研究生物多样性的起源、维持与丧失过程以及生物多样性变化的机制与规律，目标是实现生物多样性的保育和可持续利用。

　　20世纪80年代初，有关生物多样性保育的相关专业在欧洲和北美非常受欢迎，尤其近年来，以保护生物学为代表的新专业已在全世界著名大学广泛开设，这为世界范围内生物多样性知识的普及和生物多样性保护意识的提高奠定了坚实的基础。

　　中国是世界上生物多样性最丰富的国家之一，作为一个人口众多的国家，中国的发展比其他任何国家都更依赖于生物资源。巨大的人口压力、经济快速发展对资源需求的日益增加以及土地利用对自然生境的改变，使我国的生物多样性和生态系统功能受到了严重的威胁。因此，深入了解生物多样性的动态变化规律及其机制，有效地保护和持续利用生物多样性资源并恢复已丧失的生态系统功能，不仅是当前我国生态环境建设急需解决的重大问题，也是生物多样性保护教育最关注的领域。

　　目前，国内使用的关于生物多样性保护教育的教材并不多，相关的教科书如《保护生物学》(Conservation Biology)，是偏重于生物学的一门综合性学科，且多为国外的译著。编者在对环境科学和生态学专业学生进行生物多样性保护教育的教学实践过程中，也多以此类教材为参考。总体感觉是：这类教材内容繁杂、结构松散、体系不合理，很多内容以生态学为主，偏离生物学方向较远。因此，编写一本内容全面、结构紧凑、体系完整、适合中国学生特点的生物多样性保育教材非常必要，从学科结构和包含的内容上看，称之为《生物多样性保育学》(Science of Biodiversity Conservation) 可能更为准确。

　　在内容上，本教材涵盖了保护生物学的基本观点，系统论述了生物多样性的基本原理及变化机制；在形式上，本教材侧重于多角度阐述生物多样性保育和管理的实践，并借助大量典型案例进行辅助说明，使该书更具可读性。全书结构紧凑，逻辑性强，比较适合作为高等院校本科生生物多样性保护教育的通用教材。

　　本书在编写过程中，参阅并引用了国内外大量已发表的有关生物多样性保育的研究成果和文献资料，在此表示诚挚的谢意！由于编者水平有限，本书在体系建构、内容组织以及资料引用等方面可能存在不妥之处，恳请读者批评指正。

编　者

# 目  录

## 上篇  生物多样性的内涵 ········· 1
### 第一章  绪  论 ········· 1
第一节  生物多样性的基本概念 ········· 1
第二节  生物多样性的价值 ········· 6
第三节  生物多样性保育学的发展 ········· 11
### 第二章  地球的生命基础——多样的物种 ········· 19
第一节  物种多样性 ········· 19
第二节  全球物种多样性 ········· 23
第三节  物种多样性在维持生态系统稳定中的作用 ········· 27
### 第三章  地球的花衣裳—多样的生态系统 ········· 29
第一节  生态系统与生态系统多样性 ········· 29
第二节  生态系统的类型及其分布 ········· 31
第三节  湿地生态系统与生物多样性 ········· 38

## 中篇  生物多样性的危机 ········· 48
### 第四章  物种的灭绝 ········· 48
第一节  物种的灭绝速度及灭绝过程 ········· 49
第二节  物种灭绝的内在原因 ········· 51
### 第五章  物种灭绝与生境破坏 ········· 56
第一节  生境的有关概念 ········· 56
第二节  生物对生境的适应性 ········· 59
第三节  生境破坏及对物种的影响 ········· 60
### 第六章  物种灭绝与外来物种 ········· 65
第一节  基本概念 ········· 65
第二节  外来入侵种的入侵机制 ········· 67
第三节  外来入侵物种的影响 ········· 72
### 第七章  气候变化与生物多样性危机 ········· 76
第一节  气候变化 ········· 76
第二节  气候变化对生物多样性的影响 ········· 79
### 第八章  人类活动与生物多样性危机 ········· 84

第一节　人类兴起与人口爆炸 ……………………………………………… 84
　　第二节　过度利用生物资源 ………………………………………………… 90

下　篇　生物多样性的保育 …………………………………………………………… 96
　第九章　生物多样性信息收集与管理 ……………………………………………… 96
　　第一节　物种编目与种群的信息收集 ……………………………………… 96
　　第二节　物种保护优先序 …………………………………………………… 98
　　第三节　生态系统动态信息收集 …………………………………………… 105
　　第四节　生物多样性优先保护地区 ………………………………………… 106
　　第五节　生物多样性信息系统建设 ………………………………………… 112
　第十章　生物多样性保育的基本理论 …………………………………………… 115
　　第一节　岛屿生物地理学理论 ……………………………………………… 115
　　第二节　种群生存力分析理论 ……………………………………………… 116
　　第三节　玛他种群理论 ……………………………………………………… 121
　　第四节　景观生态学理论 …………………………………………………… 123
　　第五节　基于生态区的生物多样性保护理论 ……………………………… 126
　第十一章　物种多样性的迁地保护 ………………………………………………… 129
　　第一节　迁地保护的意义和原则 …………………………………………… 129
　　第二节　动物的迁地保护 …………………………………………………… 132
　　第三节　植物的迁地保护 …………………………………………………… 140
　　第四节　迁地保护与外来入侵种控制 ……………………………………… 143
　第十二章　生物多样性的就地保护与自然保护区规划管理和可持续发展 …… 147
　　第一节　就地保护的概念及形式 …………………………………………… 147
　　第二节　自然保护区的规划与设计 ………………………………………… 152
　　第三节　自然保护区与生态旅游 …………………………………………… 159
　　第四节　自然保护区与社区共管 …………………………………………… 163
　第十三章　恢复生态学与生物多样性保育 ……………………………………… 167
　　第一节　恢复生态学与生态恢复 …………………………………………… 167
　　第二节　典型生境的恢复 …………………………………………………… 169
　　第三节　天然植被的恢复 …………………………………………………… 173

参　考　文　献 ……………………………………………………………………………… 177

# 上 篇
# 生物多样性的内涵

## 第一章 绪 论

生物多样性保育所以引起关注主要缘于人类引起的"四祸端",即人类活动导致生境退化、毁灭,对生物资源过度开发与捕杀,外来物种侵入,次生效应导致物种的连锁性灭绝(邬建国,1992)。这使得人类在历史上没有任何一个时期像今天这样,把生物多样性与人类的命运紧密联系起来。自 1992 年《生物多样性公约》(*Convention on Biological Diversity*)签署以来,人类已经认识到保护生物多样性就是保护人类自己,因此,如何保育生物多样性成为当前人类首要解决的问题之一。在解决这一问题的过程中,使得生物多样性的保育学成为当代最前沿学科之一。

### 第一节 生物多样性的基本概念

地球上的生命具有两大基本特征,即延续性(continuity)与复杂性(complexity)。生命的延续性是指地球上的生命形式从低级到高级,从原始类型到复杂类型都具有自我复制、繁衍再生的能力。生命的复杂性是指生物的多样性(diversity)或者生物体的变异性(variability)。随着人类对生物多样性研究的进一步深入,对该词汇的理解也逐渐丰富起来。

#### 一、生物多样性的起源与定义

生物多样性(biodiversity)一词是由生物(biological)和多样性(diversity)两个词缩略合成的,最早应用在生态学研究领域,是 R. A. Fisher 等(1943)在研究昆虫物种多度关系时提出的,并首创了物种数与种群丰富度关系的对数分布模型。R. H. Whittker(1972)在研究植物群落演替过程时提出了生态位优先占领假说,为物种—多度的几何级数分布奠定了理论基础。我国学者钱迎倩(1995)指出:生物多样性这一术语及其内涵在全球范围内被人们如此广泛地理解和接受是 20 世纪 80 年代后期的事。尤其是 1992 年

"环境与发展"大会上《生物多样性公约》签署以来,生物多样性问题成为世人关注的焦点,爆炸性地出现在各种媒介、政府文件、科学论文和学术会议中。1988年"生物多样性"一词首次出现在《生物学文摘》(Biological abstract)数据库"BIOSIS"中,但仅被涉及4次,到1994年,这一词汇被提及888次。生物多样性不再仅仅是生物学研究的重点,已经与人口、资源和环境紧密联系起来了,目的是唤起全世界对生物多样性的重视,保护人类赖以生存和发展的生物资源。

## 生物多样性公约

《生物多样性公约》是在联合国环境规划署主持下制定的,并于1992年6月在巴西里约热内卢召开的联合国环境与发展大会期间签字。目前已有160多个国家签署参加这一公约。该公约于1993年12月29日生效。中国于1992年6月11日签署,并于1992年11月7日批准。该公约由序言、41项条款以及2个附件组成,主要规定了以下4个方面的内容:

1. 基本原则:公约第三条规定,依照联合国宪章和国际法原则,各国具有按照其环境政策开发其资源的权利,同时也有责任确保在它管辖或控制范围内的活动不会对其他国家的环境或国家管辖范围以外的环境造成损害。这一基本原则反映了资源较丰富且要求维护其资源主权的发展中国家与强调资源和环境保护的发达国家在利益、立场上的平衡和相互妥协。针对全球公共区域实际无人负责的局面,公约通过确定个别缔约国的管辖范围以保障公约的保护义务在全球范围内得以执行。

2. 保护和持续利用生物多样性的方式:公约规定了实现生物多样性保护和持续利用的一般性措施,要求缔约国视其特殊情况和能力,为保护和持续利用生物多样性制定国家战略、计划或方案,并落实到有关部门或跨部门的计划、方案和政策中去;查明和监测生物多样性各组成部分的情况,尤其是具有公约附件中所列特征的生态系统和生境、物种和种群、基因组和基因;对生物多样性丰富的自然环境要尽可能地采取就地保护措施,对濒危或受到严重威胁的生物多样性成分除采取可能的就地保护手段外,还要采取迁地保护方式,以尽可能多地保存生物多样性;一国在拟议可能对生物多样性产生不利影响的项目时,应进行环境影响评估,作出适当安排,以尽量避免或减轻这种影响,而当其不利影响或损害可能超出该国管辖范围时,则须对其活动进行通报、交流和磋商,以便采取预防或应急措施,尽量降低影响和减少损失;对遗传资源的取得则规定了由主权政府决定并依照该国法律进行,但应创造条件以利于其他缔约国取得用于无害环境目的,并有权参与与利用该资源有关的研究和开发,分享获得的利益。

3. 生物技术的取得、转让和获益分配:这项规定是公约的核心内容,各缔约国应承诺向其他缔约国转让或便利其获得有关生物多样性保护和持续利用的技术,如向发展中国家转让则以共同商定的减让或公平、有利和优惠的方式进行。对于专利和知识产权范围内的技术的转让或取得应受到有效保护。但缔约国应酌情以适当手段促进向遗传资源提供国尤其是发展中国家转让这种技术,必要时由公约中规定的资金条款来保障这种转让或取得的实施,特别是个别缔约国应酌情采取立法、行政或政策措施促进私营部门履行技术转让义务。

4. 履约供资机制：这是本公约的一大特点和创举。环境保护从总体上说是一项耗资的事业，为解决发展中国家的实际问题，以保证公约的普遍性和有效性，公约设立了资金保障机制，这是国际法中公平原则的最新体现。各缔约国承诺力所能及地为实现本公约目标而为其有关国家计划、优先项目和方案提供资金和鼓励，发达缔约国应提供新的、额外的资金使发展中国家能支付因履行公约义务担负议定的全部新增加的费用。发展中缔约国履行公约义务的程度取决于发达缔约国据此提供的资金和技术转让的承诺。

对于这一定义，表述虽然不尽相同，但核心思想基本一致。E. O. Wilson（1992）认为生物多样性是遗传差异显著的生物体构成的生物圈的丰富程度；美国国会名词审定办公室（1987）定义，生物多样性是指生物体的变异和可变异程度以及它们发生环境的生态复杂性；《生物多样性公约》的定义（1992）：生物多样性是指来自陆地、海洋、其他水域及所有生态系统中现存生物的变化，也指由这些生物所构成的生态复合体，包括种内、种间及生态系统多样性。国内学者马克平等（1993）根据多年研究，给出了一个比较科学的定义：生物多样性是指地球上所有的动物、植物、微生物和它们所拥有的基因以及它们与其生存环境形成的复杂的综合体，包括动物、植物、微生物和它们所拥有的基因以及它们与其生存环境形成的复杂的生态系统。这个定义得到了科学界的广泛认同，可以看出，生物多样性是一个内涵十分丰富的重要概念，包括了多个层次和水平。

生物多样性实际上是一个具有进化意义的概念。46亿年前，多种有机分子在海洋中首先形成，从有机小分子到具有生命特性的有机大分子，再到生命的基本单位——细胞，在这个由化学进化向生命进化的历史长河中，一个重要的生理过程——光合作用，彻底改变了地球环境，为原核生物向真核细胞以及向多细胞演化与后生动植物出现，奠定了环境基础。生命的进化改变了地球面貌，而地球面貌的改变为生命进化提供了必要的环境，两者形成了一个协同进化的统一体。

**二、不同水平上的生物多样性**

生物多样性是生命系统的基本特征，而生命系统是一个等级系统（hierachical system），包括多个层次或水平——基因、细胞、组织、器官、种群、物种、群落、生态系统、景观。每个层次都具有丰富的变化，即都存在着多样性。其中，物种多样性是核心（图1-1）。

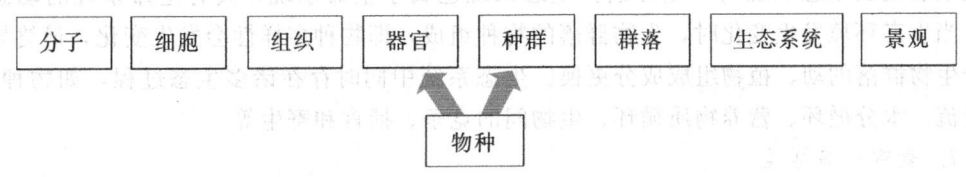

图1-1 生命系统的各个层次

1. 分子水平的多样性

分子水平的多样性是生命多样性的根本，主要体现在基因多样性与其所编码的蛋白质多样性。基因多样性又称为遗传多样性（genetic diversity），是指生物体内决定性状的遗传因子及其组合的多样性，它是生物多样性的基础。生物遗传的物质基础是脱氧核糖核酸（DNA）或核糖核酸（RNA）。一个哺乳动物的单倍基因组约有3 109个核苷酸对，相当于300万个基因（刘祖洞，1991）。每个基因都可能参与性状控制，或是一个基因起主导作用，或是多个基因协调控制一个性状。同一个基因位点可能存在着多个等位基因，这些等位基因可以分离重组，于是产生了丰富多样的基因型。另一方面，基因可能发生突变，增加了遗传多样性。因此，遗传变异是维持分子水平多样性的机制。

2. 细胞的多样性

细胞的形态多种多样，而不同形态的细胞在其功能上也有所不同，细胞是由蛋白质和细胞器等组成的，尤其是细胞器不但具有重要的生理功能，而且具有遗传和优化功能。

3. 组织的多样性

如植物包括分生、支持、输导、营养、保护等组织。

4. 器官的多样性

植物的主要器官包括根、茎、叶、花、果实、种子等，而同一器官在不同的植物种类之间存在较大的差异，如果实的类型多种多样。不同种类的动物在长期进化过程中占据了不同生态位，从而形成了不同的外形特征，如鸟喙由于取食对象不同表现出不同的形状和长短。

5. 物种的多样性

物种是一级生物分类单元，代表一群形态上、生理上、生化上与其他生物有明显区别的生物。通常这群生物之间可以交换遗传物质，产生可育后代。如果说遗传多样性损失常常是人们肉眼所不可见的，那么物种灭绝则是人们所能看到的，是引起人们警觉的现象。但由于物种数目繁多，许多物种在人们开展研究之前就可能已经灭绝。地球上的物种究竟有多少，说法不一，但保守的估计约在500～1 000万。据美国昆虫学家 E. O. Wilson 对亚马孙河流域热带雨林树冠层的昆虫统计后认为，世界物种种数可能达到1 000～3 000万，有人甚至认为会达到5 000万种或更多。根据过去6亿年的化石记录，自寒武纪多细胞生物大量增长以来，虽然出现了5次大灭绝事件，但地球上的历史总的来说是多样性增加的历史。

6. 生态系统多样性

生态系统是由无机生境与多样的生物群落组成形成的，不同区域的无机环境，如地形、地貌、气候、水文等在不同区域的差异显著，而无机生境又是生物群落的形成基础，宏观上表现出生态系统的千差万别。生态系统也属于生命系统，具有生命系统的动态特征，当生态环境发生变化时，生物群落的物种组成，即物种多样性会发生变化，最终导致整个生物群落的动、植物组成成分更换。生态系统中同时存在诸多生态过程，如物种流、能量流、水分循环、营养物质循环、生物间的竞争、捕食和寄生等。

7. 景观的多样性

景观是一个大尺度的宏观系统，是由相互作用的景观要素（landscape element）组成的，具有高度空间异质性的区域。景观要素包括斑块（patch）、廊道（corridor）和基质（matrix），构成了景观的基本单元，相当于一个生态系统，但它是生态系统多样性更高的等级单位，更为宏观。景观多样性是指由不同类型的景观要素或生态系统构成的空间结构、功能机制和时间动态方面的多样化或变异性。景观的多样性常伴随生境的破碎化，给生物多样性保育造成了严重的障碍。因此，景观格局及其动态、生境片断化及景观异质性等对生物多样性的影响愈来愈成为研究的热点。

在以上这些层次中，研究较多、意义比较重大的主要是基因多样性、物种多样性、生态系统多样性和景观多样性（图1-2）。其中，基因多样性是基础，是保证物种进化和形成多样性的动力之源，以遗传杂合性下降为表征的遗传多样性损失，可能降低物种的生存力。而物种多样性则是基因多样性的载体，物种消失，也就不存在基因多样性了。多样的物种与多变的环境又构成了多样的生态系统，进而形成多样的景观和人类生存的生物圈，而这种多样的环境也是物种进化和形成多样性的重要原因。因此，以物种多样性保育为目标，以基因多样性、生态系统多样性和景观多样性保育为手段开展的保育活动，是生物多样性保育的核心内容。

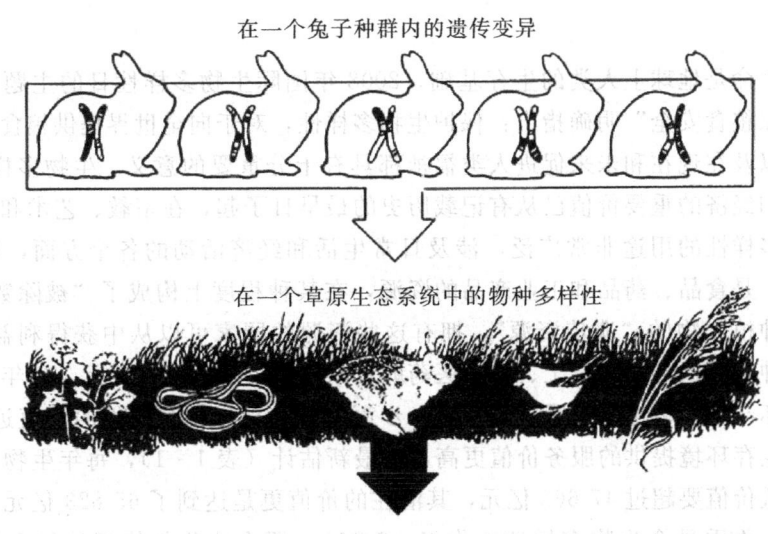

图1-2 生物多样性的四个层次（仿Temple，1991；Ramara Sayre绘）

### 三、生物多样性保存、保护与保育

在1994年联合国教科文组织（UNESCO）所编的《环境与发展简报——生物多样性专辑》（*Environment and Development Briefs — Biodiversity*）中，明确区分了保存、保护与保育的概念（李忠超等，2005）。

保存（preservation）：为了提供维持（但不是为了其进化的变化）生物个体或其组合而制定的政策或方案（如种子库）。

保护（protection）：在自然区域中为了保护生物多样性而对人类活动的控制或限制（如保护区）。

保育（conservation）：指对生物资源持续发展的各种管理行为，因此不仅可以从这一代中获取最大的利益，同时维持其潜力以满足未来世代的需要（如种资库）。保育不同于保存和保护，在于它可提供给自然群落在该条件下长期的保持，从而提供继续发展进化和可持续利用的潜势。

因此，从可持续发展的角度，生物多样性保育涵盖的范围更宽泛，更适合当前生物物种大灭绝的情况下，人类采取的各项针对物种保护的对策和措施。

## 第二节　生物多样性的价值

多样的生命是地球上人类的生存基础。2008年国际生物多样性日的主题"保护生物多样性，确保粮食安全"明确指出：保护生物多样性，对于向全世界提供粮食，维持可持续农业生产以及在现在和未来促进人类福祉都具有十分重要的意义。生物多样性的社会、伦理、文化和经济的重要价值已从有记载历史的最早日子起，在宗教、艺术和文学中得到承认。生物多样性的用途非常广泛，涉及日常生活和经济活动的各个方面，这是我们的"生物资本"，是食品、药品和工业产品的资源，在某种程度上构成了"被除数"，同时也是用于改良种植作物的"遗传资源"，拥有这些资源的国家可以从中获得利益。据统计，野生物种及种内的遗传变异对工、农、医药的贡献每年可达数百亿美元。近年来，随着人们对环境破坏与生物多样性关系研究的进一步深入，发现生物多样性的价值远不只这些，它们为人类生存环境提供的服务价值更高，据最新估计（表1-1），每年生物多样性为人类提供的最低价值要超过47 663亿元，其潜在的价值更是达到了65 823亿元（中国环境与发展国际合作委员会生物多样性工作组，2001）。那么这些价值都是怎么体现和计算的呢？

### 一、生物多样性的直接价值

生物多样性的直接价值是指人们直接收获或使用的那些生物产品的价值。直接价值可进一步分为消耗使用价值和生产使用价值。就地消费的物品体现着消耗使用的价值，进入市场的产品体现着生产使用价值（蒋志刚等，1997）。

1. 消耗使用价值

消耗使用价值是指在当地消费，不出现在国内和国际市场中的物品的价值，如烧材、猎物、山野菜等。依赖土地生活的人们，经常从周围环境中获取相当份额的生活必需品。由于这些物品既不买也不卖，一般不出现在国家GDP中。消耗使用价值可以通过估计市场价值的机制来确定，即假定该生物产品不是被消耗了，而是在市场出售了。例如，如果环境退化、自然资源被过度利用，或建立了封闭的保护区，人们无法获取这些产品，就必须花费金钱在市场上买到等量的产品，这笔费用就是生物多样性的消耗使用价值。

表 1-1 中国生物多样性价值估算（中国环境与发展国际合作委员会生物多样性工作组，2001）

| 价　值 | 当前价值（亿元） | 潜在价值（亿元） |
| --- | --- | --- |
| 生物多样性直接价值 | 3360 | >6180 |
| 生物多样性间接价值 | | |
| 　水土保持 | | |
| 　　水源保护/防止干旱 | 2 000 | >10 790 |
| 　　防止水灾 | 29 800 | ≫29 800 |
| 　　防止土壤受侵蚀 | 3 200 | >3 200 |
| 　　保持土壤肥力/固氮作用 | 670 | ≫1 440 |
| 　　防止泥沙沉积 | 1 510 | >1 510 |
| 　　防止沙漠化 | 540 | 2 800 |
| 　　稳定海岸 | 20 | >20 |
| 　调节气候与天气 | | |
| 　　小气候与局部气候 | 未评估 | 未评估 |
| 　　防止火灾 | 43 | >43 |
| 　　防范风暴 | 30 | >30 |
| 　　存储碳 | 4 740 | ≫4 740 |
| 　　固碳作用 | 200 | ≫200 |
| 　控制污染 | >200 | >990 |
| 　防止生物灾害 | ≫800 | ≫1 600 |
| 　基于自然的旅游 | 120 | ≫120 |
| 　再生能源 | | |
| 　　提高水力发电效率 | 430 | 2360 |
| 最低价值 | ≫47 663 | ≫65 823 |

注：科研、教育、存在价值等还未计在内。

2. 生产使用价值

生产使用价值是指那些从野外收获，且在国内或国外市场上出售的生物产品的一种直接价值。这些产品通常用标准的经济学方法，即价格来估价。从自然环境中获得并且在市场上出售的产品种类繁多，主要是烧柴、建材、鱼和贝类、药用植物、野生水果和蔬菜、肉类、皮张、纤维、藤条、蜂蜜、蜂蜡、天然染料、海草、动物饲料、天然香料、植物胶和树脂等。

在发达国家，生物资源的生产使用价值是很重要的。按 Prescott Allen（1986）计算，美国国民生产总值的 4.5% 在某种程度上依赖于野生物种，每年的平均数目约 870 万美元。这个百分比在发展中国家还要高得多，因为它们的工业化程度低，而且乡村人口比例高。目前，木材是最重要的自然产品之一，其年产值超过 750 亿美元。木材产品大量由许多热带国家出口，以换取外汇，为工业化提供资本和偿还外债。

## 二、生物多样性的间接价值

间接经济价值是指生物多样性在生态系统中的作用和提供的生态系统服务（ecosystem service）。这些作用和服务能确保自然产品的持续生产，在使用过程中却不受损坏。由于它们不是通常经济意义上的物品和服务，一般不出现在国家经济的统计资料中。如果生物多样性不能提供这些作用和服务，就必须付出昂贵的代价、开发替代资源。下面这个毁林后果的描述，对于如何估价生态系统的间接使用价值颇有启发。

森林植被具有涵养水源、防止水土流失、净化空气及旅游休闲等功能，当植被被破坏以后，就必须寻找木材的替代品，建造水土流失控制设施，扩大水库，更新空气污染控制技术，改进净水设备，增加空调机以及提供新的休闲设施。这些替换意味着庞大的税收负担和增加对其余的自然系统的压力（R. H. Bormann，1976）。

具体来讲，生物多样性的服务功能价值主要体现在以下几方面：

1. 生态系统的生产力

植物和藻类的光合作用把太阳能转存在活组织中。这些能量有时被人类作为烧材、饲料和野生食物直接利用。同时，植物也是无数条食物链的起点，这些食物链通向为人类利用的所有动物。过度放牧、采伐和频繁的火烧造成一个地区植被的破坏，损坏了生态系统转换太阳能的效率，最终导致植物生产力的丧失和生活于该地区的动物群落的萎缩。江河入海口是植物和藻类高产区，这些植物和藻类是商业捕捞的鱼类和贝类食物链的起点。据美国国家海洋渔业局估计，由于此种生境的破坏，美国每年损失的商业鱼类和贝类的生产使用价值，以及钓鱼休闲使用价值达 2 亿美元。

2. 保护水土资源

生物群落在保护流域、缓冲洪水和干旱对生态系统的冲击和维持水质方面至关重要。植物的枝叶、落到地面的枯枝落叶遮挡雨水对土壤的冲刷；植物的根系和土壤生物使土壤松软，增加吸水力。当砍伐、垦荒和其他人类活动减少植被时，水土流失甚至滑坡事件的频率迅速增加，结果是土地的使用价值减少。对土壤的损害反过来又限制了植被在干扰过后的恢复能力，使土地不再适于农耕。泥沙降低流域内居民饮用水的质量，进而危及人类健康。水土流失的增加使水库过早淤塞，危害电力生产，并且可能形成沙洲和岛屿，使河流和港口的航行能力下降。1998 年中国长江洪水的泛滥造成了巨大的经济损失和社会影响，这与上游的大规模植被破坏密切相关。

3. 调节气候

植物群落在调节局部区域、地区以及全球气候方面很重要。在局部区域层次上，树木提供荫蔽处，蒸发水分，从而能在热天降低温度。这种冷却作用减少了风扇和空调的需求，增加了人们的舒适感和工作效率。在地区层次上，植物的蒸腾作用使水循环到大气中，再以雨的形式返回到地面。世界上一些地区植被的丧失（如亚马孙河流域和西部非洲）可能导致年均降雨量的地区性减少。植物可利用 $CO_2$ 制造 $O_2$，植被的减少使得 $O_2$ 的制造量减少，$CO_2$ 增多，从而造成全球气候变暖。

4. 废物的处理

生物群落能分解和固定污染物，如重金属、杀虫剂和污水等人类活动产物。在这方面，细菌、真菌特别重要，如生物膜法处理生活污水。湿地生态系统中的很多植物如凤眼莲、浮萍、芦苇、水葱等植物对多种污染物有很强的吸收净化能力。凤眼莲每天每平方米可去除 BOD 542.82 kg、氮 9.92 kg、磷 2.94 kg。1 hm$^2$ 凤眼莲一昼夜可吸收酚 100 kg。每 100 g 水葱经 100 h 可净化一元酚 202 mg。浮萍处理生活污水对大肠杆菌的去除率高达 98%。湿地植被还减缓地表水流速，使水中泥沙得以沉降。同时，水中的各种有机和无机的溶解物和悬浮物被截留，这就使水体得到澄清。因此，湿地有"自然之肾"的美称。自然湿地生态系统的净化作用提供了巨大的社会效益和生态效益，当这个系统被破坏或退化时，必须安装和运行昂贵的污染控制系统来执行这些功能。

5. 传播种子与授粉

生态环境中有的物种直接利用价值很小，但它们的间接影响很大。例如，一些种子的传播者和授粉者，它们常常对生态系统过程有较大的影响。某些优势种的繁育必须依靠它们授粉进行种子迁移或传播。在已知的24万种植物中，大约有22万种植物，包括农作物需要动物帮助完成散播种子和授粉，这些授粉动物有蜂、蝇、蝶、甲虫和其他昆虫，甚至还有蝙蝠和鸟类等。需要蚂蚁来传播种子的有花植物达3 000种以上。有些植物甚至需要专一性的动物完成播种。例如，北美的白皮松，就是依赖星鸦把其种子从松果中吹出来，然后埋入别的地方。没有这一过程，白皮松的种子保留在松果里落到母树旁的土地上存活率极低。

小型哺乳动物在取食过程中常将植物种子埋在地下，这种行为有利于种子的萌发，对树种更新起着关键的作用。另外，有的植物的种子必须经过动物的消化道才能发芽生长。因此，许多植被类型的更新和正常存活取决于与其动物有关的动物的存在和数量，其中包括一些高生产力的森林类型。

6. 生物防治

在生物防治方面，物种之间的相互关系也发挥了巨大的作用。各种农作物从播种到收获，常常受到病虫、杂草、鸟、鼠的侵害，蒙受重大损失。在自然生态系统中，这些有害生物往往受到天敌的有效控制。利用天敌或某些生物的代谢产物去防治有害生物，称为生物防治。天敌形式多种多样，有瓢虫、蜘蛛和鸟类等捕食者，有寄生蜂、寄生蝇和线虫等寄生物，有真菌、细菌和病毒等致病菌。这些天敌在自然生态系统中发挥着控制有害生物及限制潜在有害生物数量的作用。生态系统中的物种多样性越丰富，利用生物防治病虫害的能力越强，系统的自我调节能力越强。生物防治的最大特点是一旦建立起天敌种群，就可发挥长期控制害虫的作用，达到一劳永逸的效果，而且不像农药和杀虫剂那样，对生态系统有副作用。1888年，美国由澳大利亚引进澳洲瓢虫防治柑橘吹绵蚧的危害，挽救了刚刚兴起的加州柑橘业。至今澳洲瓢虫已在当地定居并建立了种群，控制作用已持续了一个世纪。

7. 休闲和生态旅游

休闲活动的一个主要方面就是通过旅游、摄影、观赏各种动物等活动，来欣赏大自然的美景。这对自然资源而言是非消耗性的，但其活动的市场价值很大。例如，在美国，几乎一亿成年人和相当数量的孩子每年都进行这样的休闲活动，每年花在门票、旅行、住宿、食物装备方面的费用高达40亿美元。在许多发展中国家，生态旅游是一个正在成长的产业，全世界每年大约有120亿美元的生态旅游收入。

8. 教育和科学价值

许多为教育和娱乐而制作、发行的书籍、电视节目和电影都以大自然为主题。自然史方面的内容被纳入学校课程的情况正在增加。这些教育项目每年的估价可能要以数十亿美元计，而且这些活动也能为野外工作站周边地区提供经济利益。但其真正的价值主要体现在增加人类的知识，强化教育和丰富人类的经历以及科学上的重大发现等方面。

#### 9. 环境监测者

对化学毒物特别敏感的物种能作为监测环境健康的"早期警报系统"。某些物种甚至可以替代昂贵的探测仪器。苔藓生长于岩石上，吸收酸雨和空气中悬浮污染物中的化学物质，是最著名的指示物种。由于每个苔藓物种对空气污染物具有明显不同的耐量，所以，苔藓群落的物种组成能被用作空气污染程度的生物指示，其分布和多度可用于识别污染源，如冶炼厂周围的污染面积。

### 三、生物多样性的潜在价值

生物多样性的潜在价值是指物种在未来某个时候能为人类社会提供经济利益的潜能。人类在发展过程中，不断地在自然界中搜寻新物种及其新功能。如昆虫学家寻找能用于生物控制的昆虫，微生物学家寻找能帮助进行生物化学制造过程的细菌，动物学家正在寻找比现存家有物种更有效地生产动物蛋白且对环境损害又较小的物种。如果将来生物多样性减少了，科学家发现和利用新物种的能力也将减小。

因此，为了保留物种在将来被利用的可能性，全社会都可能愿意为此付出代价。随着对生物资源的需求增多，而供应量不断减少（如果现有趋势继续下去），它们的价值可能要增加。因此，一些经济学家提出常规的代价—效益关系需要吸收一些新的机制，以处理未来较高价值的可能性，以及失去了保存自然环境和遗传材料机会的不可恢复性。

### 四、生物多样性的存在价值

所有物种都有自身的价值和存在的意义，人类无权贬低它们。在发达国家，有些人还对他们从未打算参观和利用的某些物种和生境附加了价值。他们可能希望他们的子孙可从这些物种的存在而得到一些利益，或可能只是满足于对一些知识的掌握。所以伦理的准则在决定"存在价值"方面是重要的，它反映了一些人对物种和生态系统可能感觉到的怜悯、责任感和关注。对这类价值作一个精确的代价—收益分析显然是不可能的，这些价值的大小可由工业化国家人民对私人自然保护机构的大量自愿捐献所提供，那些人并不期望参观或利用那些他们正帮助保护的资源（仅 WWF 每年就可收到这种来自全世界的捐献几乎高达 1 亿美元）。

### 五、生物多样性价值评估方法

代价—效益分析是环境经济学的基本分析方法，也是有关生态系统价值的各种评估方法的基础。目前，常用的生物多样性价值评估方法主要有以下几种：

#### 1. 条件价值法

条件价值法是生态系统服务功能价值评估中应用最广泛的评估方法之一，适用于缺乏实际市场和替代市场交换商品的价值评估，它可以用来评价生物多样性服务功能的经济价值。条件价值法属于模拟市场技术方法，其核心是直接调查咨询人们对生态服务功能的支付意愿，并以支付意愿和净支付意愿来表达生态服务功能的经济价值。在实际研究中，从消费者的角度出发，在一系列假设问题下，通过调查、问卷、投标等方式获得消费者的支付意愿和净支付意愿，综合所有消费者的支付意愿和净支付意愿来估计生物多样性服务功能的价值。

2. 费用支出法

费用支出法是从消费者的角度来评价生物多样性服务功能的价值，是一种古老又简单的方法，以人们对某种生态服务功能的支出费用来表示其经济价值。例如，对某一草地的文化效益，可用实际总支出来表示，包括教学实习、研究生论文选点、出版物、影视产品以及有关的服务支出等。但仅计算费用支出的总钱数，没有计算消费者剩余，因而不能真实地反映生物多样性的实际游憩价值。

3. 市场价值法

市场价值法与费用支出法类似，但它可适合于没有费用支出的但有市场价格的生物多样性服务功能的价值评估，它以生物多样性提供的商品价值为依据，如草地每年提供的牧草和牧副产品的价值。这种方法比较直观，可以直接反映在国家收益账户上，受到国家和地方社区的重视，也是当前人们普遍概念上的生物资源价值。但是，这种方法只考察了生态系统及其产品的直接经济效益，没有考虑其间接效益；只考虑到作为有形实物的商品交换的价值，没有考虑到无形交换的生态服务价值。因此，计算结果可能比较片面，但它是计量资源经济价值最基本、最直接也是最广泛使用的一种方法。

4. 影子工程法

影子工程法是恢复费用技术的一种特殊形式，它在生态环境被破坏以后，人工建造一个工程来代替原来的环境功能。例如，一片森林被毁坏，涵养水源的功能丧失或造成荒漠化，这就需要建设一个水库或防风固沙工程等；一个旅游海湾被污染了，则需另建一个海湾公园来替代。资源价值损失就是替代工程的投资费用。

5. 机会成本法

任何一种资源都存在许多互相排斥的待选方案。为了作出最有效的生态经济选择，必须找出生态经济效益或社会净效益的最佳方案。资源的使用是有限的，选择了这种使用机会就会失去另一种使用机会，也就失去了后一种获得效益的机会，人们把失去使用机会的方案中能获得的最大收益称为该资源选择方案的机会成本。

6. 替代花费法

某些环境效益和服务虽然没有直接的市场可买卖交易，但具有这些效益或服务的替代品的市场和价格，通过估算替代品的花费而代替某些环境效益或服务的价值，即以使用技术手段获得与生态系统功能相同的结果所需的生产费用为依据。例如，为获得因水土流失而丧失的 N，P，K 养分而生产等量化肥的费用。

## 第三节 生物多样性保育学的发展

### 一、基本概念

20 世纪生命科学进入了一个迅速发展的新时期，不仅在分子生物学、生态学、遗传学等领域提出了许多新的理论，在 DNA 双螺旋结构、基因表达等方面也获得了重大突破，而且相继形成了许多新兴的分支学科。20 世纪 70 年代末，为解决地球上日益严重的生物资源破坏问题，生物学中的一门新兴分支学科——保护生物学（conservation

biology)应运而生了。简单地说，保护生物学就是一门研究生物多样性保育的科学。在台湾和日本均称为保育生物学，我国大陆地区一直沿用保护生物学这一名称。保护生物学的研究内容包括拯救珍稀濒危物种、野生动植物栖息地保护及生物资源的持续利用等。关于保护生物学的概念，国内不同学者提出了各自的看法。蒋志刚等（1997）提出：保护生物学是研究从保护生物物种及其生存环境着手来保护生物多样性的科学。肃雷（1985）的定义为：研究直接或间接受人类活动或其他因子干扰的物种、群落和生态系统的生物学。陈道海和钟炳辉（1999）提出：保护生物学是研究保护物种、保存生物多样性和持续利用生物资源问题的学科。李俊清等人（2002）认为，保护生物学首先是一门生物学，但又不是普通的生物学理论，而是研究人与生物多样性之间关系的一种理论，含有人类主观行为的内容，保护生物学的最终目的是保护生物多样性，防止或减缓物种的灭绝。基于以上考虑，我们提出了生物多样性保育学的概念，即生物多样性保育学是以生态学为核心，综合基础生物学、应用生物学、环境科学、生态工程与恢复生态学、社会科学、决策科学等学科而形成的新兴科学，核心内容是研究生物多样性的起源、维持与灭绝过程及其机制，生物多样性的生态系统功能。目标是实现生物多样性的保护和可持续利用。

## 二、生物多样性保护的思想与实践

要想了解生物多样性保育学是如何作为一门科学而崛起的，就必须简要回顾一下自然保护意识（conservation awareness）的发展，看它如何使自然保护变成社会的一项重要事业。这项事业虽然最初没有建立在科学的基础上，但它最终还是需要科学咨询来为自然保护行动提供依据。

1. 早期的自然保护思想和保护运动

种植业和养殖业尚未出现以前，古人主要靠渔、猎和采集野果为生。尽管那时人们以野生动物为主，但由于当时人口有限，且人类的狩猎主要用石块、木棍、弓箭、捕网、陷坑等狩猎手段，故没有过度地干扰自然生态系统，一般不会对野生生物种群造成灭绝性的伤害。

人们的自然保护意识与文明程度和社会生产力水平密切相关。在采集、狩猎文明阶段，尽管不了解自然生态规律，但是长时间的实践使人们明白采集狩猎收获的生物量不能超过自然生物生长量，否则将会危及未来的利用。这些信条往往以口头的、宗教的甚至迷信的方式保存下来。中国古代为保护自然景观，曾划定过禁猎保护区。周朝时的天子和贵族都有不同范围的禁猎区，规定"天子百里，诸侯四十里"，不许入内砍伐和捕猎。而后，许多皇家园林，如晋代的"灵禽苑"、唐代的"华清宫"、元代的"琼花岛"等，在客观上都起到了保护中国生物资源的作用。中国名山大川的宗教文化胜地和少数民族的"龙山"、"风水地"都是生物资源保护区的雏形，是中华民族保护生物资源的朴素形式。"龙山"是西双版纳少数民族的神山或坟地，被水田、植物种植园和村寨所包围。在原始植被大面积砍伐开垦的今天，龙山保存了原始森林的片段，保存了珍贵的热带树木种源。

中国古人曾有科学利用野生动物资源的意识。公元前 1066 至公元前 771 年的西周时期就有约定不用雌性动物祭祀。同时《月令》明申"夏三月，川泽不入网罟，以成鱼鳖之长"。夏季，河流和湖泊不准捕捞鱼虾，以利小鱼和幼鳖生长。宋代时期，政府收缴猎具，明令"民三月至九月不得采捕虫鱼，弹射飞鸟"。

中世纪欧洲的皇家贵族建立了许多自然保护地，其中最显赫的是皇家森林。虽然保护的目的是为了少数特权阶层的消遣，但有不少现在已经成为欧洲最好的自然保留地。19世纪末，美国的旅鸽由于人类的过度利用而灭绝了，英国的巨铜灰蝶也因为湿地排水而消失了，这一切立即引起了当时社会的警觉，人们开始关注人类对环境的影响及其后果。这些早期丧失的物种，还给后来的自然保护运动注入了活力，人们期待着用划定保留地（protected area）的办法保护一些新物种。20 世纪初，自然保护伦理学在北美得到了发展，它的形成缘于人们反对社会开发和破坏自然生态系统的思想。该学科的发展为生物保护思想的形成奠定了重要基础。1860 年，马什（George Perkins Marsh）把他在欧洲和美洲看到的现象写成了《人与自然》一书，该书是最早讨论物种保护的教科书之一，它的问世对美国的自然保护运动产生了较大的影响。1872 年，美国建立了世界上第一个保护区——黄石国家公园。1879 年、1886 年加拿大和澳大利亚分别建立了世界上第二个和第三个国家公园。在整个 20 世纪，自然保护运动的中心工作始终围绕着自然保护区的建设，美国和欧洲都加强了对各类国家公园与保留地的规划工作。

2. 现代的环境运动与国际努力

20 世纪 60 年代，美国海洋生物学家蕾切尔卡森（Rachel Carson）《寂静的春天》（*Silent Spring*）一书出版，书中描述了新生的生物杀虫剂 DDT 不仅消灭了人类本想消灭的动物，同样毒害了大量的其他动物。该书的出版有力地推动了世界生物与环境保护运动的发展。生物物种的分布与迁徙没有国界，局部污染和生物多样性变化将影响整个生物圈。因此，要拯救一些物种，国际努力是必不可少的。1916 年，美国与加拿大签订了《迁徙鸟公约》，两国保证禁止打猎和捕获在两国迁徙的大多数鸣鸟。1945 年联合国成立后，保护物种的国际尝试变得更为重要。1948 年，联合国正式成立了自然保护国际联盟，该组织 1956 年重新命名为自然和自然资源保护联盟（IUCN）。自然和自然资源保护联盟的作用是促进全世界对濒临灭绝物种的保护，并将有关信息在红皮书上发表。1961 年，在自然和自然资源保护联盟的帮助下，建立了世界野生生物基金会，即现在的世界自然基金会（WWF），该组织为保护计划注入了大量的资金。1968 年，来自世界各国的几十位科学家、教育家和经济学家等学者聚会罗马，成立了一个非正式的国际协会——罗马俱乐部（the club of rome）。1972 年，该俱乐部的第一份报告《增长的极限》深刻阐述了环境的重要性以及资源与人口之间的基本联系。该报告表现出来的对人类前途的"严肃的忧虑"以及对发展与生物资源关系的论述，是有重大的积极意义，它所阐述的"合理的持久的均衡发展"为孕育可持续发展的思想萌芽提供了土壤。1972 年 6 月 5 日，在瑞典斯德哥尔摩召开的联合国人类环境会议，是世界环境保护运动史上一个重要的里程碑。它是国际社会就环境问题召开的第一次世界性会议，标志着全人类对环境问题的觉醒。《只有一个地球》是这次大会的一个非正式报告，它从宇航员在太空遥望地球所看到的景象写起，引出了对地球的介绍，然后讲地球面临着资源枯竭的威胁并提供了大量的证据，接着强调当地球资源枯竭时，没有第二个星球可供人类居住，必须精心保护仅有的一个地球。1992年6月5日联合国环境与发展大会在巴西的里约热内卢召开，《生物多样性公约》由此诞生，并于1993年12月29日生效。缔约国第一次会议建议12月29日即《生物多样性公约》生效的日子为"国际生物多样性日"。2001年5月17日，根据第55届联合国大会第201号决议，国际生物多样性日改为每年5月22日。国际生物多样性日的诞生标志着全人类对生物多样性保护已达成共识，时刻警醒人类要关注生物多样性的保育工作，这无疑促进了生物多样性保育学科的进一步发展。每年确定的国际生物多样性日的主题也反映了人类对生物多样性保育的认识历程。

## 紧 急 警 报

蕾切尔卡森写作《寂静的春天》那个时代，新生的杀虫剂刚刚崭露头角。应用最广泛的生物杀虫剂之一DDT在彻底消灭害虫方面效果极其显著，而且在第二次世界大战后还有效地防止了源于昆虫的严重流行病的肆虐。但不幸的是，现实情况表明DDT不仅消灭了人类本想消灭的动物，同样毒害了大量其他动物。在某些情况下，直接杀死了动物。例如，鹈鹕和猎鹰因受DDT所害不能生成正常的蛋壳，于是难以繁殖后代。当鸟儿们静坐下来准备孵化时，脆弱的蛋壳破碎了，于是满满的一窝卵便毁于一旦。

随着《寂静的春天》一书的宣传，有机杀虫剂造成的威胁引起了公众的关注，并对DDT之类的化学物种的危害性有了进一步的认识：DDT的持续效力简直令人震惊，而且易于在土壤、空气、水体以及生物之间扩散传播，数年间，这种综合性危害使它从农田一直扩散到海洋，甚至南极洲。

## 历年国际生物多样性日的主题

2001年　生物多样性与外来入侵物种管理（Biodiversity and Management of Invasive Alien Species）；

2002年　林业生物多样性（Forest Biodiversity）；

2003年　生物多样性和减贫——对可持续发展的挑战（Biodiversity and Poverty Alleviation — Challenges for Sustainable Development）；

2004年　生物多样性：全人类食物、水和健康的保障（Biodiversity：food，water and health for all）；

2005年　生物多样性：适应变化世界的生命保障（Biodiversity：Life Insurance for Our Changing World）；

2006年　实现2010年生物多样性目标——保护干旱地区的生物多样性（Protecting Biodiversity in Drylands）；

2007年　生物多样性与气候变化（Biodiversity and Climate Change）；

2008年　生物多样性与农业（Biodiversity and Agriculture—Safegarding Biodiversity and Securing Food for the world）。

3. 生物多样性保育学的产生

生物多样性保护是一项全球性的任务，需要各国协调行动，共同努力。但是，最初有关这方面的研究成果没有一个共同交流的平台，限制了该学科的发展。20 世纪 70 年代，科技界和许多国家开始重视人类经济活动对环境的污染和野生物种的生存危机，有关物种生存条件、灭绝机制以及环境保护的研究多散见于各个基础生物学科之中。随着生物多样性问题的日益突出及有关研究资料的积累，有关保护生物学研究人员迫切需要交流信息，于是，1978 年，第一届国际保护生物学大会在美国圣地亚哥召开。1985 年，保护生物学会成立。现在，保护生物学会成为北美会员人数最多的一个学会（R. B. Primack，1993）。

### 国际自然和自然资源保护同盟（IUCN）

国际自然和自然资源保护联盟是由联合国教科文组织（UNESGO）和法国政府于 1948 年创立的，是为有效保护自然与自然资源而建立的国际性领导机构。它的最高权力机构是理事会。理事会下设生态、环境教育、规划、政法、国家公园与自然保护区、物种保存等 6 个委员会和自然保护监测、环境法律、自然保护开发等三个中心。

同盟成立 60 年来在促使人们合理开发自然资源，保证资源的永续利用以及野生动物植物保护方面作出了突出的贡献。同盟在 1980 年与联合国环境规划署、世界野生生物基金会、联合国教科文组织和世界粮农组织共同制定了《世界自然资源保护大纲》，它提出了将保护和开发结合起来的科学观点，将"保护"定义为：人类利用生物圈要加以管理，以便在能使当代人获得最大而持久利益的同时，又能维持其潜力以满足后代人的需要与期望，其宗旨是：维持基本的生态过程，保存遗传物质的多样性，再确定对各种物种和生态系统的持续利用。

从 1990 年开始，北美的许多大学设立了保护生物学专业，而且这些专业目前已经成为大学生们喜爱的热门专业。许多基金会，包括美国国家科学基金都将保护生物学作为优先资助领域。联合国环境规划署和世界银行也为生物多样性和持续发展研究投入了大量的资金。两本保护生物学专业期刊 *Conservation Biology* 和 *Biological Conservation* 的创刊发行，为保护生物学家们提供了交流研究成果、传播保护生物学知识的园地。这些都促进了生物多样性保育学的研究与继续发展。1992 年 6 月在巴西首都里约热内卢召开了联合国环境与发展大会，会上签署了《生物多样性公约》，《里约宣言》(*the Rio Declaration*) 和《气候变化框架公约》(*Convention on Climate Change*)。这表明，各缔约国政府已经就保护生物多样性问题达成共识，开始协调步伐，加快研究。从这时起，有关生物多样性保育的理论和实践不断发展，生物多样性保育科学也随之产生。

### 三、生物多样性保育学的结构与特征

生物多样性保育学具有理论科学和应用管理科学的双重特征，由基础生物学、应用生物学和社会科学交叉融合而成（图 1-3）。

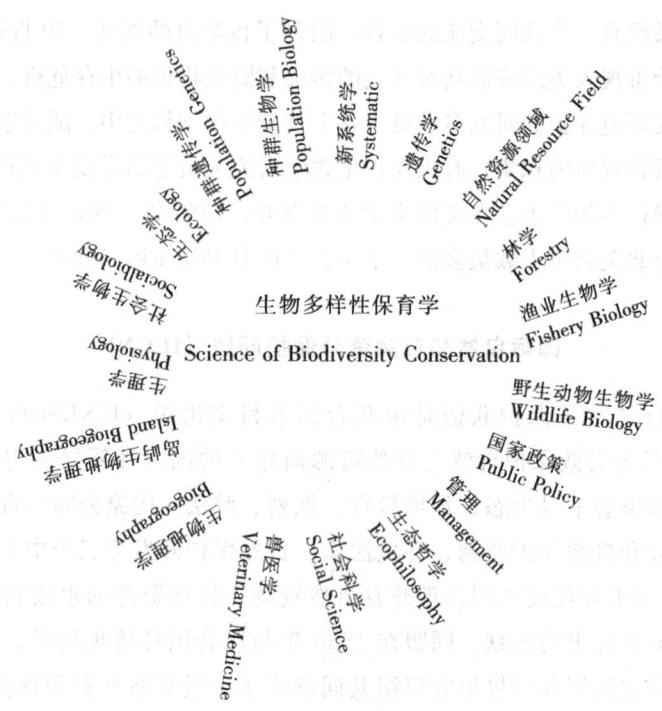

图 1-3  生物多样性保育学的学科结构（仿季维智等，1995）

1. 基础生物学

基础生物学是理论基础，只有通过掌握生物学的基础理论，才能为保护生物多样性提供新的信息，如植物学、动物学、生态学、遗传学等。

2. 应用生物学

野生动物保护、持续利用和有害生物控制是野生动物管理学的重要内容。尽管今天自然保护的概念已经从单一物种的保护发展到整个自然生态环境的保护和生物多样性的保护，然而，野生动物作为生态系统中最活跃、最引人注目、对环境变化敏感、受威胁最严重的生物类群，其保护仍然是生物多样性保育学研究的焦点之一。

3. 社会科学

环境保护法、野生动物保护法是保护生态环境、保护珍稀濒危物种的法律依据。物种数量和分布在不断地变化，野生动物保护法也需要根据物种监测数据及时修订。中国的少数民族多生活在自然环境相对保存完好的地区，依赖自然资源提供必需的生活物资，因此，他们管理、保护和开发生物资源的经验是生物多样性保育学发展的重要支撑。

4. 决策科学

为了保护自然，减缓物种灭绝，人们依据生物多样性保育原理每时每刻都在作出决策。保护生物学家通过物种多样性的编目监测，建立生物多样性地理信息系统，为宏观管理决策提供信息，以保存物种，保护生物多样性和自然环境。这些管理决策大至省级、国家级自然保护区的设立及濒危物种保护等级的确定，小至一批野生动植物产品的出境贸易许可证的颁发等。因此，生物多样性保育学的研究和应用是紧密相关的两个环节。研究为保护提供了信息，应用又为学科发展提出了新的课题。如此循环，生物多样性保育学得以发展，走向成熟。

#### 四、生物多样性保育的热点领域

1. 最小可生存种群的确定

由于生境异质性和个体扩散，形成了许多小种群。一个物种的命运最终取决于构成该物种的所有小种群的命运。随着小种群内近交系数的逐代上升，遗传杂合性逐代降低，导致种群的适合度下降，最终导致小种群的灭绝，在迁地保护物种时，保存的种群大小涉及资金的投入和保护的效果。因此，物种的最小可生存种应如何确定是一个热点问题。

2. 生物多样性热点地区的保护问题

世界上物种最多的地区是热带雨林、珊瑚礁和热带湖泊。从全球来看，物种多样性以赤道地区为高。位于生物多样性高的热带地区的国家多缺少保护所需资金，如何保护这些国家的生物多样性是一个现实问题。

3. 物种濒危灭绝机制

物种灭绝后的遗传损失大小与物种分类地位有关。当今生物多样性保护的着眼点是减缓现有物种的灭绝速率，特别是减缓那些单种科、单种属的灭绝。其次是研究防止那些生态系统中的旗舰种、关键种灭绝措施。此外，从物种生存的生物学机制和外部生态环境着手，探讨物种灭绝的可预防性。

4. 生境破碎问题

在这方面的研究热点有生境破碎的动态过程、生境破碎与生境异质性、生境斑块的隔离程度、边缘效应与岛屿效应、生境斑块中种群动态、生境斑块的微气候环境以及在破碎生境中维持生物多样性的措施等。

5. 自然保护区理论

建设自然保护区时，保护区的位置、大小、形状、保护区之间的网络联系，怎样减少自然保护区内的边缘效应和破碎效应，怎样建设自然保护区间的生境走廊，怎样管理和利用自然保护区等都是人们所关心的问题。

6. 生境的恢复与重建

恢复生态学的产生为消失、破碎和退化生境的恢复提供了新的解决方式。近年来，恢复生态学的理论与技术不断发展，这为受损生境中的物种、群落和整个生态系统的重建提供了方法。恢复生态学计划应先排除阻碍系统恢复的任何因素，然后结合地点选择、生境管理和原有种类的重新引入，促使群落逐渐恢复。

7. 自然保护区管理与生态旅游

生态旅游可以给保护区带来经济效益，同时也为参观者提供了娱乐、休闲和教育的功能。在生态旅游的讨论中，最受人们关注的是旅游者对保护区生态环境的影响，这是自然保护区生态旅游规划管理中需要考虑的重要问题。

8. 生物多样性保护与社区共管

生物多样性保护与社区经济发展是当今世界生物多样性保护发展的一个新的热点。它的核心是将保护同当地社区的发展有机结合起来。从社会历史发展和资源经济使用的角度来说，生物多样性保护与社区的可持续发展是历史的必然，但在这个过程中，有很多问题需要开展深入的研究和讨论。

仅仅几千年的时间，相对于野生生物，人类已经变得无比强大，改造自然的能力在迅速增强。然而，人类的生物学属性没有改变，我们的生存仍需要生物资源。生物多样性是宝贵的自然遗产，如果人类社会生产力的发展危害了野生生物的生存，必将危害人类的自身生存。我们只有将保护环境、保护生物多样性放到与经济建设同等重要的地位，才能为当代的发展和未来世代保存一个绿色的环境和充足的资源。

> **思考题及要点**
> 1. 什么是生物多样性？主要包括哪些方面？
> 2. 通过案例分析的方式论述生物多样的间接经济值，它们是通过什么方法评价的？
> 3. 简述生物多样性保育学的结构特征。
> 4. 了解生物多样性保育研究的热点问题。

# 第二章 地球的生命基础
## ——多样的物种

人类和其他生物居住并赖以生存的地球，形成至今约有 46 亿年的历史了。这是一段非常漫长的过程，经历了无数次的气候变迁、火山爆发、海陆升降和地壳运动，而其中最为壮观并堪称奇迹的是生命的出现。在距今大约 30 亿年前的太古代，地球上开始有了蓝藻和细菌，产生了单细胞动物，这些生物在漫长的进化时间里，经历了无数的繁衍和多次的飞跃发展，也经历了数次大规模的灭绝和繁荣，形成了今天地球上丰富多彩、纷繁复杂的生物世界。

## 第一节 物种多样性

### 一、什么是物种

物种（species）即生物种（biospecies），是指在自然状况下所有潜在地能够相互交配，并能产生可育后代的群体。这个定义包括两方面：一是自然条件下，二是产生能育的后代。生物种不是逻辑的聚类，而是由生殖、遗传、生态、行为以及相互识别系统联系起来的个体集合。不同种之间存在生殖隔离，所以它们的基因库并不能通过互交而混合。自然界中，绝大多数不同种之间的形态有着较大的区别，因而不同种之间的个体并不互交。偶然的情况也存在，例如，雌马与雄性驴在自然状况下的交配可产生骡子，但后者并不能繁殖（图 2-1）。生物种由一个或多种种群（population）组成，可相对孤立或相对连续，居群规模也可有大有小。地理上相近的居群之间可以有不同程度的杂交，即基因交流。随地理分布的不同，表型特征可以有一定的系统变异，当其达到一定的差别时，可分别形成亚种（subspecies）。

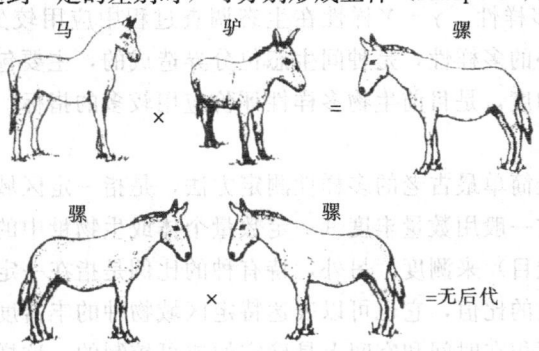

图 2-1 马与驴的后代（骡子）不能繁育（Relethford，1993）

## 二、物种多样性的定义

物种多样性（species diversity）是生物多样性在物种水平的表现形式，是指地球上所有生物物种及其各种变化的总体。这就意味着物种多样性研究要以物种为单元，以系统为基础，探讨物种多样性的空间格局、时间格局和生物学格局，从进化和系统发育的角度认识物种多样性的产生与发展历史。在这一过程中，系统分类学首当其冲，承担着物种的发现、描述与分类。然而地球上的物种如此之多，在相当长的历史时期，彻底认识所有生物物种只能是人们梦寐以求的向往了。从可操作的角度出发，关于物种多样性的概念可以从以下三方面来理解：

1. 一定区域内的物种多样性

一定区域内的物种多样性是指在一定区域范围内研究物种的多样化及其变化，包括一定区域内生物区系的状况（如受威胁状况和特有性等）、形成、演化、分布格局及其维持机制等，主要通过区域物种调查，从分类学、系统学和生物地理学角度对一定区域内物种的状况进行研究。在保护生物学领域里提到的物种多样性更多的是从这个角度来理解的，从空间范围来讲相对是比较大的。

2. 特定群落及生态系统单元的物种多样性

特定群落及生态系统单元的物种多样性是指从群落水平上进行研究物种分布的均匀程度，强调物种多样性的生态学意义，如群落的物种组成、物种多样性程度、生态功能群的划分、物种在能量流和物质流方面的作用等（贺金生等，1997）。在生态学领域里提到的物种多样性更多是从这个角度来理解的，从空间范围来讲相对较小。

3. 一定进化阶段或进化支系的物种多样性

从生物演化的角度，物种多样性随时间推移呈现特殊的变化规律，不仅生物物种本身以及物种的集合（分类单元）有起源、发展、退缩和消亡的过程，就是物种多样性整体也有自己特定的演变规律。

## 三、物种多样性的测度方法

自从 1943 年 R. A. Fisher 提出物种多样性指数以来，已有许多物种多样性的测度方法相继问世。这为不同区域、不同群落物种多样性的测度提供了方便。R. H. Wittaker（1972，1977）将生态多样性和群落多样性大体上划分为 3 类：即 α—多样性、β—多样性、γ—多样性。β—多样性、γ—多样性在生态调查过程中应用较少。α—多样性是指在同一地点或群落中物种的多样性，是种间生态位分异造成的，主要包括物种丰富度、物种多样性指数和物种均匀度，是目前生物多样性评价应用较多的指标。

1. 物种的丰富度

物种的丰富度是最简单最古老的多样性测定方法，是指一定区域内所有物种的数目或某特定类群的数目。它一般用数量丰度（一定数量个体或生物量中的物种数目）或物种密度（单位面积的物种数目）来测度。另外，特有种的比例是指在一定区域内，特有物种与该区域内所有物种总数的比值，它也可以表达特定区域物种的丰富度。物种丰富度指数法要求研究地区或样地面积在时间和空间上是确定的或可控制的，这样物种丰富度会提供非常有用的信息，否则，物种丰富度指数没有意义。

在生态学领域里用过的丰富度指数很多，现举两例。

(1) Gleason (1922) 指数：
$$d_{GL} = (S-1)/\ln A \qquad (\text{I})$$
式中，$A$ 为单位面积，$S$ 为群落中物种数目。

物种丰富度是最简单、最古老的物种多样性测定方法，至今仍为许多生态学家所应用，它可以表明一定面积的生境内生物种类的数目。

(2) Margalef (1951, 1957, 1958) 指数：
$$d_M = (S-1)\ln N \qquad (\text{II})$$
式中，$S$ 为群落中物种数目，$N$ 为样方中观察到的个体总数（随样本大小而增减）

稀疏标准化法是用于估计物种期望值的统计学方法，可以评估不同样方大小的物种多样性高低与均匀度水平。它通过将收集的数据信息按比例缩减到同一标准来计算物种数目的期望值。该方法生成的稀疏标准化曲线不仅能反映物种的多样性水平，且由于稀疏标准化曲线的形状表达的是相对丰富度的累积率，因此，曲线的陡峭程度也可以反映群落的均匀度 (H. L. Hsieh, 1998)。

稀疏标准化法计算物种丰富度的期望值模型如下：
$$E(s) = \sum_{i=1}^{s}\{1-[(N-N_i)!/n!(N-N_i-n)!]/[N!/n!(N-n)!]\}$$

式中：$E(s)$ —— 稀疏标准化样方物种数目的期望值；

$s$ —— 调查区域的物种数目；

$n$ —— 稀疏标准化的样方大小；

$N$ —— 拟稀疏标准化的样方中记录的个体总数；

$N_i$ —— 拟稀疏标准化的样方中第 $i$ 物种的个体数目。

2. 物种多样性指数

多样性指数 (diversity indices) 是丰富度和均匀性的综合指标。应该指出的是，应用多样性指数时，具低丰富度和高均匀度的群落与具高丰富度与低均匀度的群落，可能得到相同的多样性指数。下面是两个最著名的计算公式：

(1) 辛普森多样性指数 (Simpson's diversity index)

辛普森多样性指数 = 随机取样的两个个体属于不同种的概率 = 1 - 随机取样的两个个体属于同种的概率。设种 $i$ 的个体数 $n_i$ 占群落中总个体数 $N$ 的比例为 $P_i$，那么，随机取种 $i$ 两个个体的联合概率应用 $P_i \times P_i$，或 $P_i^2$。如果我们将群落中全部种的概率合起来，就可以得到辛普森指数，即

$$D = N(N-1)\sum_{i=1}^{s}n_i(n_i-1)$$

辛普森多样性指数的最低值是 0，最高值 $(1-1/S)$。前一种情况出现在全部个体均属于一个种的时候，后一种情况出现在每个个体分别属于不同种的时候。

(2) 香农—威纳指数 (Shannon-Weiner index)

信息论中熵的公式原来是表示信息的紊乱和不确定程度的，我们也可以用来描述物种个体出现的紊乱和不确定性，这就是物种多样性。香农—威纳指数即是按此原理设计的，其计算公式为：

$$H' = -\sum_{i=1}^{s} P_i \log_2 P_i$$

式中对数的底可取 2，e 和 10，分别为 nit，bit 和 dit，$H'$ 为信息量，即物种的多样性指数。$S$ 为物种数目，$Pi$ 为属于种 $i$ 的个体 $ni$ 在全部个体 $N$ 中的比例。

3. 均匀度指数（species evenness or equitability）

均匀度指数指一个群落或生境中全部物种个体数目的分配状况，它反映的是各物种个体数目分配的均匀程度。目前在生态学上应用比较多的是 Pielou 均匀性指数（E. C. Pielou，1960）：

$$P = H'/H'_{max}$$

式中：$P$——Pielou 均匀性指数；

$H''$——实际观察的种类多样性；

$H'_{max}$——最大的种类多样性（$H'_{max} = \log_2 S$）。

何春光等（2006）曾对稀疏标准化法与多样性指数在评价鸟类多样性方面进行了比较，发现在评价鸟类多样性方面，稀疏标准化法具有一定的优势，具体体现在：稀疏标准化在 FORTRAN 语言程序的支持下，数据处理得更加迅速、准确，通过将一定量的数据合并，使结果更加合理化；对于结论的处理，稀疏标准化的图形表达与 Shannon - Wiener 指数和均匀性指数相比具有很大优越性，即形象而直观，曲线的形状和曲率情况可以同时反映多样性水平和均匀度高低，使数据具有更强的表现力。这种方法提高了大小不同的样方间物种多样性的可比性，在不考虑损失生态学信息的条件下，能够通过图形很好地反映和比较群落的多样性水平。当前，在较大尺度上建立对生物多样性的基本认识，已经成为研究生物多样性及其保育管理和决策的最紧迫的问题。由于该方法是建立在物种—面积关系上的一种多样性评价方法，因此，该方法在评价大区域尺度上的物种多样性水平具有较强的优势。在当前生物多样性的损失已经成为全球性重大事件的背景下，该方法无疑将为确定生物多样性优先保护地区提供重要依据。

### 四、物种的特有性

从保护生物学的角度讲，物种多样性的高低不仅取决于该区域物种数目的多少，还决定于该地区物种特有性程度的高低。特有性是指物种的自然分布有一定的限制，仅局限在某些区域，又称为特有现象。特有现象是对世界广泛分布现象而言的，一切不属于世界性分布的属或种，都可能称之为分布区内特有属或特有种。在特有种中有一些是属于残遗种，是指在动、植物区系中，过去曾一度广布，后因地质历史原因，现今仅存留于某一地区属或种，通常称为残遗属或子遗种，有时称为"活化石"，如银杉、水杉等。中国大熊猫曾一度广泛分布，由于生境破坏，现自然分布仅局限于中国的川、甘、陕及相邻地区，因此它是中国的特有属和特有种，也是"活化石"。澳大利亚是世界上最小的大陆板块，也是世界上最大的岛屿。由于其独特的自然地理条件，因地理隔离所形成的独特动植物区系，呈现出高度的特有种分布现象，与新几内亚的一些岛屿地区，单列为"澳大利亚动物界"。澳大利亚的生物特有种为较高分类层次的特有属和特有科，包括鸭嘴兽、考拉（袋熊）、袋鼠在内的 7 个哺乳动物特有科，4 个鸟类特有科和 12 个有花植物特有科。澳大利亚鸟类中有 45% 的属，哺乳动物中有 37% 的属是特有种。其次是巴西、印度尼西亚等地物种的特有性也较高。

　　大熊猫是我国特有的一种古老的孑遗动物，它起源于距今约240万年前的更新世初期，到了距今70至10万年的更新世中期，其种群逐渐繁衍昌盛，广泛分布于陕西、河南、湖北、四川、贵州、湖南、广东、广西、云南、甘肃等10余个省境内，与其他动物组成了当时具有代表性的动物群落，被古生物学家称之为大熊猫剑齿象动物群。随着欧亚大陆冰川的袭击，自然环境的变化，同时期的剑齿象、剑齿虎等许多物种都因为不能适应而相继绝灭，成为化石，大熊猫却经过与大自然的顽强抗争而生存下来，延续到今天，成为"活化石"。它是世界上极其宝贵的自然历史遗产，对于人们研究生物的进化规律有着非常重要的科学价值。

　　大熊猫虽然幸运地活了下来，分布区却已经相当狭小，仅限于陕西秦岭南坡，甘肃、四川交界的岷山，四川的大相岭、小相岭和大小凉山等彼此分割的6个分布区域，栖息于海拔为1 400～3 600 m之间的落叶阔叶林、针阔叶混交林和亚高山针叶林带的山地竹林中，总面积为2.95万 km²。每个区域又由于高山、河流或公路、耕地等人为因素的影响，再被分离成更小的单位，所以栖息地实际面积不足总面积的20%，仅有约5 900 km²。总计目前全国有30个小的种群，总数不足1 000只，其中除四川卧龙外，每个种群不足50只，有的仅有10余只。支离破碎的栖息地和孤立分布的生存状态对大熊猫的繁殖和抵抗自然灾害都是十分不利的。

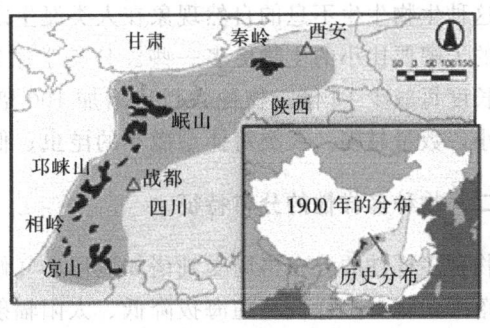

大熊猫的历史与现在分布区（刘建国等，2001）

## 第二节　全球物种多样性

### 一、物种数目

　　地球生命的演变历史约有30亿年，而从著名分类学家林奈开始将地球上的生命群科学分类后只有约240年的历史，因此，全球究竟有多少物种是很难获知的。据 E. O. Wilson（1992）的统计资料，估计全世界生物总数在200万种至1亿种之间。全球已记录的生物为141.3万种。昆虫75.1万种，其他动物28.1万种，高等植物24.85万种，真菌6.9万种，真核单细胞有机体3.08万种，藻类2.69万种，细菌等0.48万种，病毒0.1万种（图2-2）。

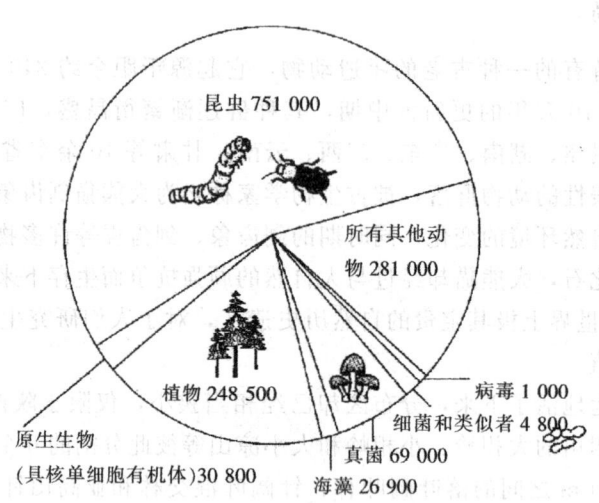

图 2-2　全球物种多样性在各类群的分布（E.O.Wilson，1992）

最新资料表明，目前被人类命名并加以科学描述的大约 170 万种，仅占估计物种数的 10% 左右。实际上，由于人类对自然界，特别是生物界的认识的局限性和生物界的复杂性，人们永远无法准确地估计出地球上物种的总数。一些物种灭绝了，新的物种又产生了，这种生物生生不息的自然现象在人类诞生之前就已经存在。一般地说，人们对高等动植物的了解要比小的生物更多一些。分类学家发现：从长度为 10 m 到长度为 1 cm 的动物，长度每减少 10 倍，物种数目将增加 100 倍（R. M. May，1992）。由此可见，生物个体越小，数量越多。人类对体型微小的昆虫、低等无脊椎动物的了解还远远不够。

### 二、物种多样性的分布特征

物种多样性的分布格局受到诸如地形、气候和环境局部变化等多种因素的影响。在陆地群落中，物种多样性有随海拔降低、太阳辐射增加和降水量增大而上升的趋势。复杂的地形有利于遗传隔离和物种形成的发生，因而物种多样性也较大。例如，占据不同山峰的、不能迁移的一个物种可能最终演化成几个不同的且适应于所在山峰局部山地环境的物种。地质条件复杂的地区存在多种界限明显的土壤条件，导致适应于不同土壤类型的各种群落和物种出现。

在全球范围内，就物种多样性而言，物种多样性由热带向极地减少（图 2-3）。南极半岛那阴冷刺骨的海岸上仅仅生长着两种开花植物：青草以及一种与康乃馨有亲缘关系的植物漆姑草。而热带地区的亚马孙雨林地区，物种数目之多以至于从来没人知道具体数目。另外，分布于热带地区的珊瑚礁、大型热带湖泊和深海、热带干性生境（如落叶林、灌丛、草地和沙漠）以及"地中海气候"类型区域（如南非、加利福尼亚南部、澳大利亚西南部的灌丛）的物种数量也极为繁多。湿地因为水的存在，也成为各纬度带物种多样性最丰富的生态系统类型之一。

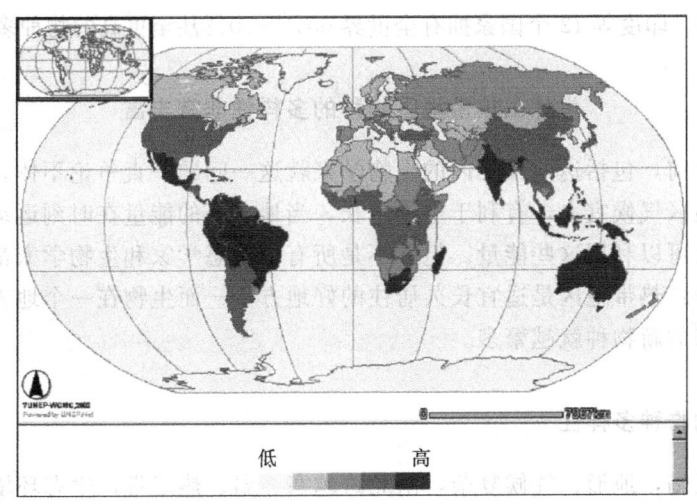

图 2-3　全球物种多样性的分布格局

1. 热带地区

越接近热带地区，几乎所有生物类群的物种多样性就越高。例如，法国和肯尼亚的陆地面积大致相同，但是肯尼亚有 308 种哺乳动物，而法国仅有 113 种。乔木和其他有花植物的对比更明显：秘鲁的亚马孙地区或马来西亚低地的 1 hm² 森林中，可能有 200 个或更多的乔木物种，而欧洲或美国的温带相似的森林中，1 hm² 只有 30 个乔木物种或更少。热带雨林虽然仅占地球陆地面积的 7%，它们却容纳了一半以上的世界物种。海洋物种与陆地物种的多样性分布格局相似，越接近热带地区，物种多样性越高。

2. 珊瑚礁

珊瑚礁由于主要分布于热带和亚热带地区，构成了物种的另一个集中地。微小的珊瑚礁动物群构成了宏大的珊瑚礁生态系统。世界上最大的珊瑚礁是大堡礁，它与澳大利亚东海岸邻近，面积为 349 000 km²，它容纳了 300 多种珊瑚、1 500 多种鱼类、4 000 多种软体动物和 5 种龟类，并且为 252 种鸟类提供繁殖场所。尽管它仅占海洋表面积的 0.1%，却容纳了世界上 8% 的鱼类物种。

3. 深海地区与大型热带湖泊

深海的生物多样性可能归功于年代的久远、面积的宽广和环境的稳定，以及沉积物类型的特化。大型热带湖泊中鱼类和其他物种的多样性丰富，与它们在系列相互隔离和多样的生境中快速进化辐射有关。

4. 湿地区

生命离不开水，湿地因水的存在而成为各种生命形式高度聚集的生态系统，享有物种"基因库"的美誉。湿地类型多样，分布广泛，因此，各纬度带的湿地就成了物种多样性最丰富的地区。

5. 物种多样性特丰富的国家

全球不同国家拥有的气候、环境等因素差异显著，导致物种多样性分布的不均一性，位于热带、亚热带地区的少数国家拥有全世界最高比例的物种多样性（包括海洋、淡水和陆地中的生物多样性），称为物种多样性特丰富国家。包括巴西、秘鲁、墨西哥、马达加斯加、澳大利亚、中国、印度等12个国家拥有全世界60%～70%甚至更高的物种多样性。

> **为什么热带地区物种的多样性非常丰富**
>
> 早在150年前，包括达尔文在内的生物学家就这一问题一直争论不休。问题的显然答案是因为热带地区气候宜人，有利于生物生长，当地丰富的能量在时刻运动着，新生的物种有无穷的机会可以利用这些能量。但并不是所有的生态学家和生物学家都这么认为。另外一种可能就是：热带地区是适宜长久居住的好地方——而生物在一个地方生活的时间越长久，进化而来的新物种就越繁多。

### 三、中国的物种多样性

我国疆域辽阔，地形、气候复杂，南北跨越寒、温、热三带，生态环境多样，孕育了丰富的物种资源。同时由于独特的自然历史条件，特别是第四纪冰期以来，中国没有直接受到北方大陆冰盖的破坏，只受到山岳冰川和气候波动的影响，基本上保持了第三纪古热带比较稳定的气候，致使中国成为世界上保存相对比较完整的古老区系之一。从而具有种类丰富，多古老和孑遗成分，地理分布交错复杂，特有种比较繁多等特征。

1. 中国物种多样性在全球的地位

我国是生物多样性特丰富的国家之一。从已记录的物种数目来看，哺乳类种数占世界的第5位，鸟类为世界第10位，两栖类为世界第6位，种子植物居世界第3位，并且新分类群和新记录种仍在不断发表和增加。例如，占生物界56.4%的昆虫估计在中国有15万种以上，而已定名的有4万种左右，约占总数的1/4（陈灵芝，1993）。相对来说，动物中哺乳类、鸟类、爬行类、两栖类及鱼类，植物中的苔藓、蕨类、裸子植物和被子植物，已知种数较为清楚。

2. 中国的特有物种和孑遗物种

我国特有物种较为丰富，特有植物估计有15 000～18 000种，约占维管植物总数的50%～60%，在世界上处于第7位。单种属银杉只生长在中国中南部，特有高等脊椎动物在世界上处于第8位。各类群中特有属、种所占比例也差异较大（表2-1）。

表2-1 中国动、植物部分类群特有种（或属）数统计表（陈灵芝，1993）

| 类　群 | 中国已知种数 | 特有种（或属数） | 百分比（%） |
| --- | --- | --- | --- |
| 哺乳类 | 499 | 73 | 14.6 |
| 鸟类 | 1 186 | 93 | 8.3 |
| 爬行类 | 376 | 26 | 6.9 |
| 两栖类 | 279 | 30 | 10.8 |
| 鱼类 | 2 804 | 440 | 15.7 |
| 苔藓植物 | 494属 | 8属 | 1.6 |
| 蕨类植物 | 224属 | 5属 | 2.2 |
| 裸子植物 | 32属 | 8属 | 25.0 |
| 被子植物 | 3 116属 | 235属 | 7.5 |

中国在物种多样性的研究方面已作了大量的工作，但任务仍然很艰巨。如物种多样性的编目是一项艰巨而又亟待加强的工作，物种多样性的形成、演化、空间格局及维持机制等理论问题仍然需要深入探讨，物种濒危状况、灭绝速率及原因，特有现象的形成及格局需要进一步研究。在大尺度上，我国物种多样性的空间格局及与生态因子的关系在研究全球变化对物种多样性的影响方面具有重要意义，这方面的研究亟待加强。全国性的物种多样性信息网也需建立，这些方面的研究无疑会在物种多样性的保护与持续利用方面发挥巨大的促进作用。

## 第三节 物种多样性在维持生态系统稳定中的作用

### 一、物种多样性与生态系统稳定性

R. H. MacArcthur（1955）首次提出了群落的物种多样性与群落稳定性（stability）之间的关系。他指出：生物群落的稳定性取决于两个因素，即物种的多少和物种间相互作用的大小，而物种的多少对稳定性的作用是最基本的。一个物种较多的生物群落就可能保持稳定。

研究发现：在单一作物地里，蚜虫、金花虫和鳞翅目害虫种群数量均已达到爆发水平；而在混作地里，多种害虫种群的数量却很低。因此，可以认为植物多样性和昆虫多样性对防止害虫爆发有极其重要的作用。

D. Tilman 等（1994）进行了生物多样性可抗御剧烈灾变的研究，在经历了 1987～1988 年严重的干旱后，所有草地植物群落试验区生产力明显下降。但在最多物种的小区，生产力下降只有最少物种的 1/4。多物种小区恢复到原有生产力水平只用了一个季度，而少物种小区却用了四个季度。他们证明：物种多样性越高，群落对干旱的抵抗力和干扰后的恢复力越强。所以，他们得到结论：生物多样性是保护生态系统不受外来灾害影响的一个途径。

P. R. Ehrlich（1981）提出了铆钉假说。他们将生态系统中的每个物种比作一架精制飞机上的每颗铆钉。任何一个物种丢失，都会使生态过程发生改变。该假说认为生态系统中的每个物种都具有同样重要的功能，一个铆钉或一个物种的丢失或灭绝都会导致严重事故或系统的变故。

### 二、关键种

物种在生态系统中所居的地位不同，一些珍稀、特有、庞大的物种在维护生物多样性和生态系统稳定性方面起着重要作用。如果它们消失或削弱，整个生态系统就可能发生根本性的变化，这样的物种被称为关键种（keystone-species）。例如，在一个草原生态系统中，由于人类的猎捕，使狼的数量减少甚至消失，导致鹿的种群数量猛增，过多的鹿清除了许多的草本植物，草本植物的消失，反过来又危害了鹿和其他食草动物，包括昆虫。植被覆盖度的降低可能导致土壤侵蚀，进而造成栖息于土壤中的物种消失。

属狐蝠科的蝙蝠是另一个关键种的例子。在太平洋岛屿上，这些蝙蝠是大量重要经济树种的主要传粉者和种子散播者,当集群的蝙蝠被过度猎捕以及蝙蝠栖居的树被砍伐后,蝙蝠的种群下降,结果是残存森林中的许多树种不能繁殖。简而言之,一个关键种的消亡会引发一系列的绝灭事件,被称为灭绝连锁。灭绝连锁导致生态系统退化,其中各级营养水平的生物多样性都大为降低。如果其他的组成物种已经消失,环境的物理性质(地表覆盖度)发生了改变,即使关键种重新回到生物群落中,也未必能将群落恢复到它的初始状态。

### 三、冗余种与冗余假说

冗余意味着相对于需求有过多的剩余。在一些群落中有些种的去除不会引起生态系统内其他物种的丢失,同时,对整个群落和生态系统的结构和功能不会造成太大的影响,这样的物种称为冗余种。

B. H. Walker(1992)首次提出了冗余假说。他认为:生态系统中物种作用有显著的不同,某些物种在生态功能上有相当程度的重叠。从物种作用的显著不同角度看:一种是起主导作用的,比作是公共汽车的"司机",而另外一个是那些被称为"乘客"的物种。司机和乘客的功能显然是不同的,若丢失前者将引起生态系统的灾变或停摆,而丢失后者则对生态系统造成很小的影响。而对于所有乘客来讲,这些物种的功能又是重叠的。

生态系统中大多数物种不可能都是"司机",只可能是"乘客",它们被生态系统结构影响着,能够在系统中生存和繁衍,却不能控制生态系统结构。还有第三类物种,它们目前对生态系统的影响很小,但当生态系统遭到破坏或环境恶化时,它们就会成为"司机"种。因此,B. H. Wallker(1995)指出,促使一个生态系统的灵活性,增加冗余种是很重要的。它不但能抵御不良环境,而且提供了未来进一步发展的机会,所以,它是物种进化和生态系统继续进化的基础。在一个生态系统中,短时间看,冗余种似乎是多余的。但经过在变化环境中长期发展,那些次要种和冗余种就可能在新的环境下变为优势种或关键种,从而改变和充实了原来的生态系统。为此,更不能忽视那些冗余种的存在。面临生存危机时,最好的途径是保护所有物种的长期共存。

---

**思考题及要点**

1. 掌握物种和物种多样性的定义,理解物种多样性的含义。
2. 了解物种多样性的测度方法。
3. 什么是特有种?通过资料收集了解我国有哪些特有物种。
4. 什么是关键种?关键种的丢失会带来什么样的后果?举例说明。
5. 试分析生态系统稳定性与物种多样性间的关系。

# 第三章 地球的花衣裳
## ——多样的生态系统

在地球这个蔚蓝色行星的表面，上至万米高空，下至地层以下数米，甚至几千米以下的大洋深处，到处都有各式各样的生命在游荡，这就是地球生物圈——我们唯一的家园。从地球诞生至今的45亿年来，大自然在缓慢地变化，几万平方千米的大地板块相互撞击，又把地层深处的岩石顶上空中，让温暖的洼地变成寒冷的高原，再加上冷热不均的气候，在地球表面造就了无数相互关联，又迥然不同的生态系统，正是这多种多样的生态系统构成了生命的家园。

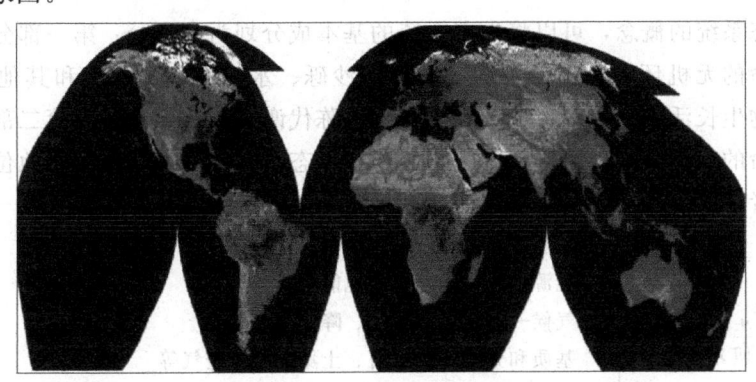

图 3-1 风云卫星拍摄的地球植被图

## 第一节 生态系统与生态系统多样性

### 一、生态系统（ecosystem）的定义

生态系统是生物群落与其环境形成的生态复合体，是生命系统中的重要组织层次，是自然界的基本单位。这一概念最早是由英国植物生态学家 A. G. Tansley 在1935年首先提出来的："生物与环境形成一个自然系统，正是这种系统构成了地球表面上各种大小和类型的基本单元，这就是生态系统。" 苏联生态学家苏卡乔夫（1942）所说的生物地理群落（biogeocoenosis）的基本含义与生态系统的概念相同。

概括地说，生态系统就是在一定空间中共同栖居着的所有生物（即生物群落）与环境之间通过不断的物质循环和能量流动过程而形成的统一整体。地球上的森林、草原、荒漠、海洋、湖泊、河流等，不仅它们的外貌有区别，生物组成也各有特点，其中的生物和非生物构成了一个相互作用、物质不断循环、能量始终流动的生态系统。只要没有外来干扰，这将是一个永久平衡的系统。人类曾尝试构建这样一个系统，但最终以失败告终，这就是"生物圈二号"计划。这进一步说明，只有经过长期进化而来的地球生物圈系统，才是生命的唯一家园。

### 生物圈二号

1991年，一支8人科学家队伍进驻了"2号生物圈"——一个修建在索诺兰沙漠（somoran desert）里的一片自给自足的"世界"。这片占地超过 1 hm$^2$，由温室和住宿单元构成的综合性建筑里囊括着精挑细选过的可供食用的动植物，它们生活在一片微型"海洋"浸润着的空气之中。这项长期实验（原计划运作2年）开始之初，前景一片光明，而后，随着二氧化碳含量日渐增高，农作物遭受到病虫害的侵袭，整个系统逐渐崩溃。"生物圈二号"计划的失败证明通过人类来建设一个可供替换的地球是不可能的。

## 二、生态系统的组成

根据生态系统的概念，可以将生态系统的基本成分划为两部分：第一部分为非生物部分，即无生命的无机环境，包括土壤、岩石、沙砾、水、阳光、空气和其他各种理化因素，构成生物生长活动的空间环境，提供生物新陈代谢的物质和能量。第二部分为生物部分，即有生命的生物群落。根据不同生物群落在生态系统中发挥的作用和地位的不同，可划分为生产者、消费者和分解者三大功能类群（图3-2）。

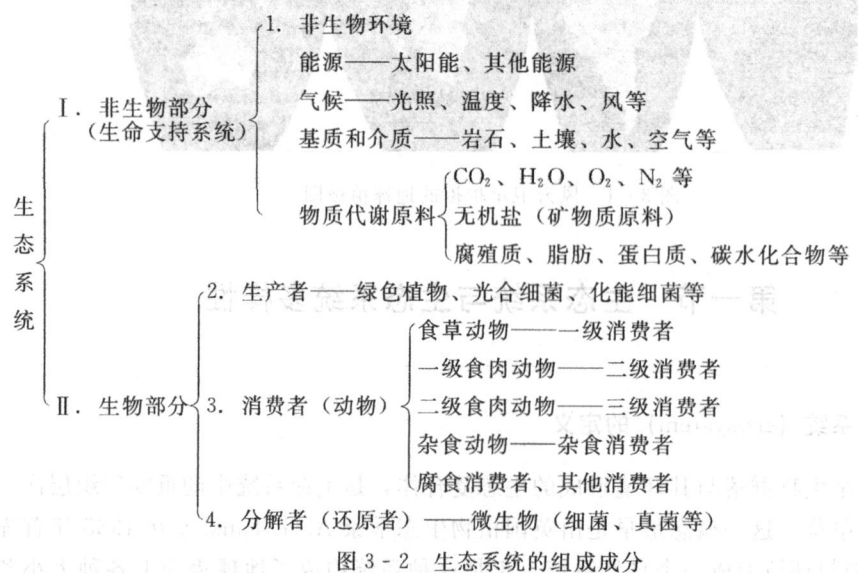

图 3-2 生态系统的组成成分

## 三、生态系统多样性

生态系统多样性（ecosystem diversity）是指生物圈内生境、生物群落和生态过程的多样化及生态系统内生境、生物群落和生态过程变化的多样性。此处的生境主要指无机环境，如地形、地貌、气候、水文等在不同区域的变异；生境的多样性是生物群落多样性的基础。生物群落的多样性主要是群落的组成、结构和动态（包括演替和波动）的多样性。生物圈内生境、生物群落和生态过程的多样化以及生态系统内生境差异、生态过程变化的多样性，主要包括着物种流、能量流、水分循环、营养物质循环、生物间的竞争、捕食和寄生等。

生态系统多样性的研究具有十分重要的意义。一方面，生态系统类型多样，其组成、结构、分布和动态等特征极富变化；另一方面，生态系统多样性的研究又为其他水平的生物多样性的研究提供有用的资料，特别是作为生物的栖息地受到保护生物学工作者的高度重视。

## 第二节 生态系统的类型及其分布

### 一、生态系统的类型划分

生态系统是自然界存在的一个功能单位，其类型划分的途径有很多种。目前，在生物多样性的研究中，人们多采用生境性质划分的途径将地球生态系统划分为陆地生态系统、水域生态系统（包括海洋生态系统和淡水生态系统）以及在陆地生态系统和水域生态系统之间存在的湿地生态系统。在这三个类型的基础上，又分别以生境、气候和生物群落，特别是植物群落的特点再细分为若干次级的类型（表3-1）。以陆地生态系统为例，又可分为森林生态系统、草地生态系统和荒漠生态系统等。其中的每一级还可以再细分下去，如森林生态系统按照植被分类中的群系为依据，可划分为油松林生态系统、杉木林生态系统等。中国的生态系统多以中国植被的分类为依据，如将陆地生态系统划分为595类，森林生态系统248类，灌丛生态系统126类，草原生态系统55类，荒漠生态系统52类，草甸生态系统77类，沼泽生态系统37类，合计595类。

表3-1 生态系统类型的划分

| 陆地生态系统 | 水域生态系统 |
| --- | --- |
| 荒漠 | 淡水 |
| 苔原（冻原） | 静水：湖泊、池塘、水库等 |
| 极地 | 流水：河流、溪流等 |
| 高山 | 海洋 |
| 草地 | 远洋 |
| 稀树干草原 | 珊瑚礁 |
| 温带针叶林 | 上涌水流区 |
| 亚热带常绿阔叶林 | 浅海（大陆架） |
| 热带雨林 | 河口（海湾、海峡、盐沼泽等） |
| 农业生态系统 | 海岸带 |
| 城市生态系统 | |

还有的生态系统按照人类对生态系统的影响大小分为自然生态系统和人工生态系统，有的按生态系统能量来源和水平特点将其划分为太阳供能的自然生态系统、人类辅加能量

的太阳供能生态系统、燃料供能的城市工业系统等。

## 二、生态系统的分布规律

生态系统的分布受制于自然条件，有明显的规律性。从陆地生态系统的分布格局上看，水分和温度状况是决定生态系统分布的主要因子。R. H. Whittaker（1975）指出：年平均温度和降水量的交叉作用形成了陆地生物群落的不同类型和分布规律，并编制了全球主要群落类型与温度和降水量关系图（图 3-3）。

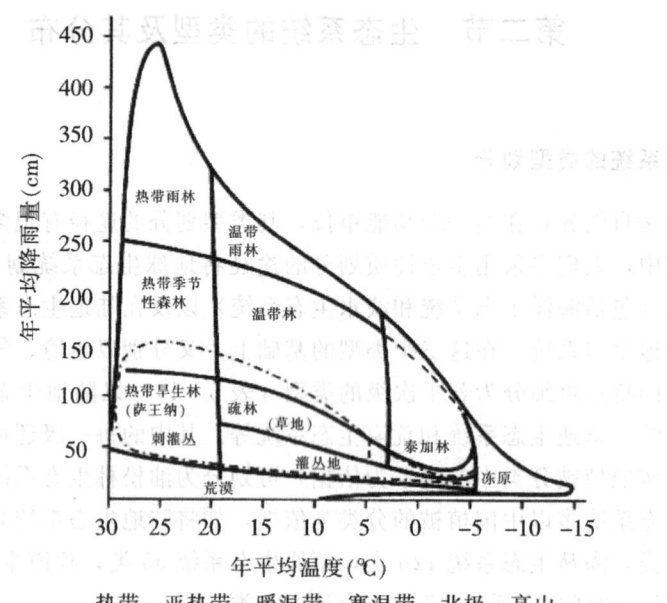

热带—亚热带—暖温带—寒温带—北极—高山

图 3-3　温度与水分状况决定了陆地生态系统的分布格局（Whittaker，1975）

随着气候（主要是温度、水分）状况在地球表面分布的规律性，生物群落自赤道向两极依次出现热带雨林、常绿阔叶林、落叶阔叶林、草原、北方针叶林和苔原等（图 3-4），即纬向地带性；自近海区域向大陆腹地依次出现森林、草原和荒漠等生态系统类型是经向地带性（图 3-5）。地球上陆地生物群落还表现出因高度不同而呈现垂直分布的现象。山地植被随海拔升高发生了垂直地带性变化，其排列是有一定秩序的，沿山地形成山地垂直带谱，一个山体有一个山体特有的植被垂直带谱。例如，我国长白山区由于受到水平地带性（地形、气候、土壤）自然因素和地质历史条件的影响，特别是非地带性地形因素的主导作用，山地气候随海拔的增高而变化，而使植被具有明显的垂直分布的规律。在高程相差 2 千多米而水平距离 45 km 的地域上，植被可明显地由下而上划分为：次生落叶阔叶林带、针阔混交林带、针叶林带、岳桦林带、高山苔原带和高山荒漠带五个植被垂直带，包罗了从温带到极地的几千千米的景观，是欧亚大陆从中温带到寒带主要植被类型的缩影。这种完整的森林生态系统在世界上都是非常少有的。因此，长白山垂直带成为众多生态学教科书中的一个典型范例。

生态系统分布的地带性规律不是孤立的，而是相互联系、相互影响的。每个具体地点的生态系统类型的分布都是与该地的地理坐标相联系的太阳辐射、大气热量、大气水分和土壤基质等生态因素综合作用的结果。

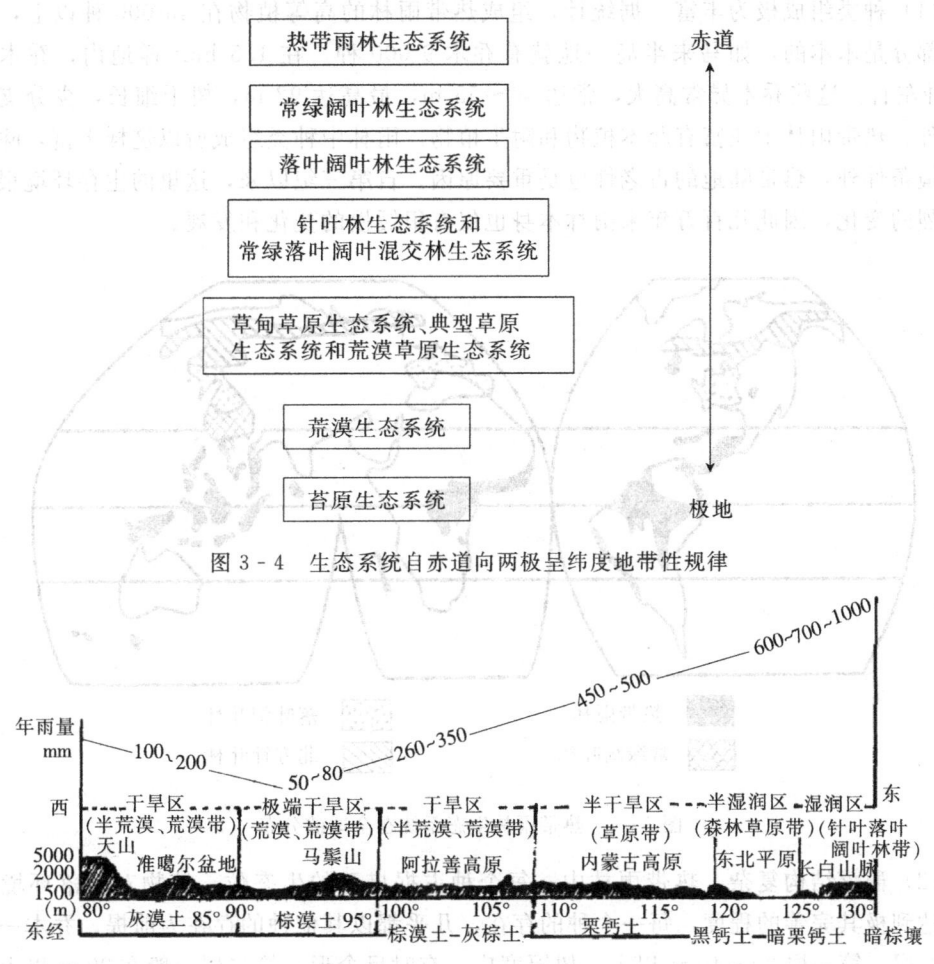

图 3-4 生态系统自赤道向两极呈纬度地带性规律

图 3-5 中国植被带水平分布的经向规律（侯学煜，1981）

### 三、几种典型的生态系统

**1. 热带雨林**

热带雨林分布在赤道及其两侧的湿润地区，是目前地球上面积最大，对维持人类生存环境起作用最大的森林生态系统。据美国生态学家 H. Lieth（1972）估算，热带雨林面积近 $1.7 \times 10^7 \text{ km}^2$，约占地球上现存森林面积的一半。它主要分布在三个区域：一是南美洲的亚马孙盆地，二是非洲的刚果盆地，三是东南亚一些岛屿，往北可伸入我国的西双版纳与海南岛南部（图 3-6）。

热带雨林生态系统气候的主要特征是全年温度高而温差小，雨量充沛而均匀。热带平地年均温在 20~28 ℃ 之间。不同地点的平均温度变化非常小。在赤道附近最热，最冷月平均差小于 5 ℃，离赤道越远温度差越大，但最大也很少超过 13 ℃。各地年降水量最少有 2 000 mm，多的可达 10 000 mm，但不同地区的水分总量和季节分配有较大差异。总的来说全年降水分布均匀，相对湿度很高，有的可达 90% 以上。热带雨林的主要特点如下：

(1) 种类组成极为丰富。据统计，组成热带雨林的高等植物在 45 000 种以上，而且绝大部分是木本的，如马来半岛一地就有乔木 9 000 种。在 1.5 hm² 样地内，乔木常达 200 种左右。这些乔木异常高大，常达 46～55 m，最高达 92 m，树干细长，少分支。除乔木外，热带雨林中还富有藤本植物和附生植物。雨林中种类组成所以这样丰富，除有利的环境条件外，热带陆地的古老性也是重要原因。自第三纪以来，这里的生存环境很少发生强烈的变化，因此几百万年来雨林本身也仅有很缓慢的变化和发展。

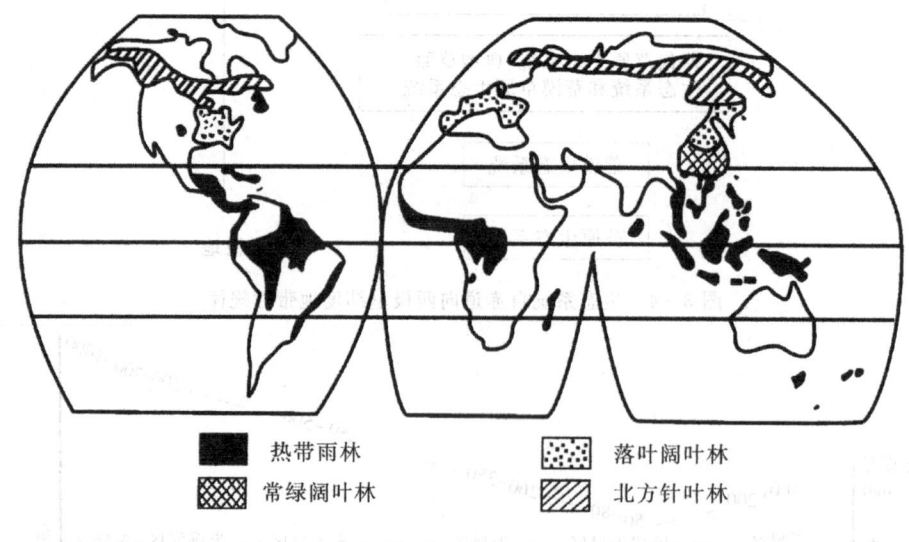

图 3-6　热带雨林生态系统在全球的分布

(2) 群落结构复杂。热带雨林中，每个种占据自己的生态位，植物对群落环境的适应，达到极其完善的程度，每一个种的存在，几乎都以其他种的存在为前提。乔木一般可分为 3 层，第一层 30～40 m 以上，树冠宽广，有时呈伞形；第二层一般在 20 m 以上，树冠长、宽相等。第三层 10 m 以上，树冠锥形而尖，生长极其茂密。再往下为幼树及灌木层，最后为稀疏的草本层，地面裸露或有薄层落叶。此外，藤本植物及附生植物发达，成为热带雨林的重要角色。

(3) 无明显季相交替。组成雨林的每个植物种都终年进行生长活动，但仍有其生命活动节律。乔木叶子平均寿命 13～14 个月，零星凋落，零星添新叶。多四季开花，每个种都有一个多少明显的盛花期。

植物的这种特点给动物提供了常年丰富的食物和多种多样的隐蔽场所，因此这里也是地球上动物种类最丰富的地区。据报道，巴拿马附近的一个面积不到 0.5 km² 的小岛上，就有哺乳动物 58 种。但每个物种的个体数量较少，在这里捕捉 100 种动物比较容易，但捕捉一个种的 100 个个体很难。这是长期进化过程中，动物生态位选择与类型分化的结果，大多数热带雨林动物均为窄生态幅种类。这种生境对昆虫、两栖类、爬行类等变温动物特别适宜，它们在这里广泛发展，而且体躯巨大，某些昆虫的翅膀可长达 17～20 cm，一种巨蛇身长达 9 m。

## 2. 草地生态系统

草地与森林一样，是地球上最重要的陆地生态系统类型之一。草地可分为草原与草甸两大类。前者由耐旱的多年生草本植物组成，在地球表面占据特定的生物气候带。后者由喜湿润的中生草本植物组成，出现在河漫滩等湿地和林间空地，或为森林破坏后的次生类型，可出现在不同生物气候地带，其中草原是草地生态系统的主要类型。

草原是内陆干旱到半湿润气候条件的产物，以旱生多年生禾草占绝对优势，多年生杂类草及半灌木也或多或少地起到显著作用。世界草原总面积约 $2.410\ 7\ km^2$，为陆地总面积的六分之一，大部分地段是天然放牧场。因此，草原不但是世界陆地生态系统的主要类型，而且是人类重要的畜牧业基地。

根据草原的组成和地理分布，可分为温带草原与热带草原两类。前者分布在南北两半球的中纬度地带（图 3-7），如欧亚大陆草原、北美大陆草原和南美草原等。这里夏季温和，冬季寒冷，春季或晚夏有一明显的干旱期。由于低温少雨，草群较低，其地上部分高度多不超过 1 m，以耐寒的旱生禾草为主。后者分布在热带、亚热带，其特点是在高大禾草（常达 2～3 m）的背景上常散生一些不高的乔木，故被称为稀树草原或萨王纳。这里终年温暖，雨量常达 1 000 mm 以上，在高温多雨影响下，土壤强烈淋溶，比较贫瘠。但一年中存在一个到两个干旱期，加上频繁的野火，限制了森林的发育。

草原动物比较丰富，大型哺乳动物如稀树草原上的长颈鹿、欧亚大陆草原上的野驴、黄羊、北美草原上的野牛等，还有众多的鸟类和啮齿类，如大鸨、黄鼠等，以及丰富的土壤动物与微生物。

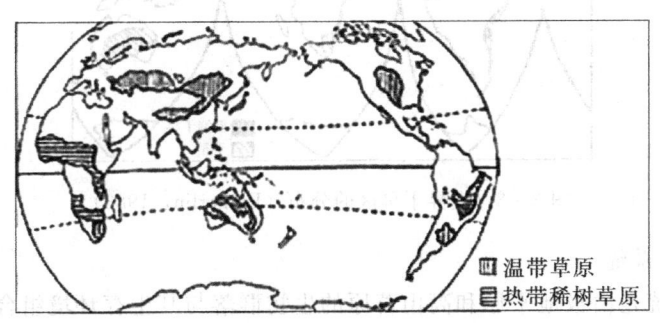

图 3-7　世界草原的分布（李博，1984）

## 3. 荒漠生态系统

荒漠生态系统是地球上最干旱的地区，其气候干燥，蒸发强烈，由超旱生的小乔木、灌木和半灌木占优势的生物群落与其周围环境所组成的综合体。荒漠有石质、砾质和沙质之分。人们习惯称石质和砾质的荒漠为戈壁（gobi）或戈壁沙漠（gobi desert）。荒漠生态系统的生态环境严酷，极端干旱是其最重要的一个特征。一般年平均降水量只有 50～150 mm，少的不到 20 mm，最多也不超过 200～300 mm。降水少而且不稳定，年变率大。降水少蒸发却极为强烈，一般年蒸发量在 2 500～3 000 mm，超过降水的 10 倍、数十倍甚至上百倍。最热月平均温度达 40 ℃，最高温度高达 46～57 ℃。日照充足，热量丰富。有的全年日照时数在 2 500～3 500 h，气温变化大，冷热剧变，日温差大，一般在 10～20 ℃，大的可达 40 ℃以上。

全球荒漠化土地面积有 3 600 万 km²,占地球陆地面积的 28%,主要分布于亚热带干旱区,往北可伸达温带干旱区(图 3-8)。世界上最广阔的荒漠区是在北半球,包括非洲北部的大西洋岸,往东的撒哈拉沙漠;亚洲的阿拉伯半岛,伊朗、印度和巴基斯坦的沙漠,苏联的中亚沙漠、中国西北和蒙古的大戈壁等干旱区,约占世界荒漠面积的 67%。南半球有澳大利亚中部沙漠、智利和南非的一些沙漠。

荒漠生物群落极为稀少,植被丰富度极低,但荒漠植物以其丰富多样的状态忍受着水的缺乏,具有世界上少有的耐干旱的基因,从这个角度,荒漠地区也是生物多样性的关键地区,2006 国际生物多样性日提出的主题就是要求世界公众关注荒漠地区的生物多样性。该区植物群落以超旱生小乔木和半木本植物为优势物种,种群密度稀少,脆弱而不稳定。由于人类的不合理开发和利用,很容易引发整个生态系统的破坏。土地荒漠化(desertification)已成为十大全球性生态环境问题之一。所谓荒漠化是指在干旱、半干旱地区和一些半湿润地区,生态环境遭到破坏,植被稀少,土地生产力有明显的衰退或丧失,呈现荒漠或类似荒漠景观的变化过程。因此,荒漠地区的生物多样性保护面临着严峻挑战。

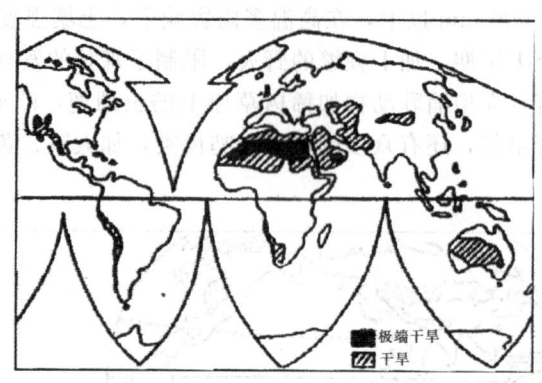

图 3-8 世界干旱区的分布 (Emberlin, 1983)

4. 苔原生态系统

苔原生态系统是由极地平原和高山苔原的生物群落与其生存环境组合成的综合体,主要特征是低温、生物种类贫乏、生长期短、降水量少。苔原也叫冻原,这一名词来源于芬兰语 tunturi,意思是没有树木的丘陵地带。全球苔原面积约 800 万 km²,约占陆地总面积的 5.3%,主要分布于北冰洋周围沿岸,在欧亚大陆北部和北美北部占了很大面积,形成一个大致连续的地带。在南半球,仅分布在福克兰群岛、南乔治亚群岛和南奥克尼群岛。中国因纬度低不存在平原苔原,仅在温带东部的长白山和西部的阿尔泰山高山带存在山地苔原。

苔原的生态环境甚为恶劣。气候特点是寒冷,年平均气温在 0℃以下,冬季漫长而严寒,最低温可达 -70℃,有 6 个月见不到太阳;夏季短而凉,最热月平均气温为 0~10℃。植物生长季很短,大约 2 个月左右。年降水量不多:亚洲东北部为 100 mm,阿拉斯加为 124.4 mm,降水次数多,水分蒸发差,故空气湿度大。还有风大、云多,更加显示出苔原气候的严酷。

苔原植物具有系列的抗寒和抗干旱生理生态学特性。许多植物在严寒中营养器官不受损伤，有的植物在雪下生长和开花。北极辣根菜的花和果实在冬季可被冻结，但春天气温上升，一解冻又继续发育。在低温下，植物生长得极慢。极柳在一年中枝条增长仅 1～5 mm。

苔原通常全是常绿多年生植物，没有一年生植物。矮桧、越橘等小灌木在春季可以很快进行光合作用，而不必再形成新叶。还有在北极苔原罕见的许多矮生植物，紧贴地面，匍匐生长，如网状柳，有的是垫状型，如高山薹草。这些是抵抗高山苔原大风，保持温度，减少蒸腾的重要适应。

中国长白山高山苔原生态系统以小灌木、藓类为优势植被，分布面积大，植物组成为多瓣木最占优势，其次为越橘、牛皮杜鹃和松毛翠等，还伴生着种类繁多的高山特有的矮小草本植物，如矮羊茅、北方嵩草和高山龙胆等，其间混生有密织的各种藓类和地衣。阿尔泰山西北部苔原生态系统以藓类、地衣为优势植被。在较低处沼地有积水，土壤为泥炭土，植物主要是长叶牛角藓等，在海拔较高处有多种银藓、北方美姿藓等。这些藓类在高寒地带常密集丛生，形成垫状群落，这种藓丛与多种多样的地衣群落构成高山苔原特有景色。

**5. 海洋生态系统**

(1) 海洋生态系统的特点。

① 海洋是巨大的，所有海洋都是相连的。它覆盖70％以上的地球表面，总面积约有 3.6 亿 $km^2$，蓄积了地球总水量的 97.5％，平均深度为 2 750 m，最深处在太平洋中的海槽，约为 11 000 m。

② 海洋有连续性和周期循环的特征。世界上的海和洋都是相互沟通，连接成片的。海洋产生一定的海流。总的说，它在北半球，以顺时针方向流动，而在南半球，则以逆时针方向流动。海洋有潮汐，潮汐使海洋生物群落形成明显的周期性。

③ 海水含有盐分。一般情况下，海水中各种盐类的总含量为 30‰～35‰，其中以 NaCl 为主，约占 78％；$MgCl_2$，$MgSO_2$，KCl 等共占 22％。海水盐度可低到 1‰～2‰。

④ 海洋是一个容纳热量的"大水库"。夏天海水把热量储存起来。到了冬天，海水又把热量释放出来。所以，海洋对整个大气圈具有重要的调节作用。

(2) 海洋生物。海洋生物分为浮游、游泳和底栖三大生态类群，种类十分丰富。

① 浮游生物

海洋中的浮游生物多指在水流运动的作用下，被动地漂浮于水层中的生物类群，一般体积微小、种类多、分布广，遍布于整个海洋的上层，包括浮游植物和浮游动物。

浮游植物是海洋中的生产者。种类组成比较复杂，主要包括原核生物的细菌和蓝藻，真核生物的单细胞藻类，如硅藻、甲藻、绿藻、金藻和黄藻等。赤潮是海水受到赤潮生物污染而变色的一种现象。这种污染使海洋多呈红色斑块状或条带状，故称赤潮。由于赤潮生物种类和数量的不同，赤潮的颜色也有差异。如夜光藻所形成的赤潮呈桃红色，而大多数甲藻所形成的赤潮多呈褐色或黄色。据统计，赤潮生物的种类已有 150 种之多，我国亦已发现 40 多种。常见的赤潮生物有：裸甲藻、短裸甲藻、卵形隐藻和夜光藻等。部分赤潮生物是无毒的。但有的赤潮生物可在海水中释放毒素。所以，赤潮不仅严重危害海洋生物多样性，也威胁着人类的生命安全。

海洋浮游动物指多种营异养性生活的浮游生物，它们在食物网中参与几个营养阶层，有植食的，有肉食的，还有食碎屑的和杂食性的等。浮游动物的种类比浮游植物复杂得多。主要成员是节肢动物的桡足类和磷虾类。这些动物虽然会自己运动，但动作很缓慢，它们常聚集成群，浮在海水表层，随波逐流。

② 游泳生物

游泳生物是一些具有发达运动器官和游泳能力很强的动物。海洋中的鱼类、大型甲壳动物、龟类、哺乳类（鲸、海豹等）和海洋鸟类等属于游泳动物。这个类群组成食物链的第二级和第三级消费者。海洋中游泳动物的种类与数量都非常多，个体一般都比较大，游泳速度亦很快。如须鲸最大个体体长 30 m 以上，体重约 150 t。海豚游泳速度每小时可达到 90 km 以上。

鱼类是游泳动物中的主要成员。在汪洋大海的上、中、下层都有鱼类生活，甚至在 10 000 m 的深海里，还有鱼类存在。鱼类的种类（约有 2 000 多种）或个体数量都远远超过了其他游泳动物。游泳生物中还有各种虾类。它们虽然常年栖息在海底，但都行动敏捷，善于游泳。头足纲的乌贼，还有鱿鱼和章鱼都是中国海上常见的动物。

③ 底栖生物

底栖生物是一个很大的水生生态类群。种类很多，包括了一些较原始的多细胞动物，如海绵和海百合。

根据生活方式可将底栖生物分为固着生活的种类、底埋生活的种类、穴居生活的种类和钻蚀生活的种类等。

## 第三节 湿地生态系统与生物多样性

地球上任何生命形式都离不开水，因而湿地便成为地球各自然带中生命物质高度聚集的生态系统，是生物多样性最丰富的地区之一，被称为"物种的基因库"。19 世纪以前，尽管湿地是人类干预较少的生态环境之一，但人类在开发与利用其自然资源时，不可避免地对其生态结构造成了破坏。进入 20 世纪以来，全世界可能已丧失了近一半的湿地，50 年代至 60 年代，湿地年损失量更高，达 18.5 万 $hm^2$。中国在发展经济过程中，由于农业围垦、工业用地及湖泊淤塞和污染等原因，湿地资源也正以惊人的速度丧失。因此，无论从维护生态平衡，保护生物多样性角度，还是从对自然资源的合理利用角度，作好湿地保护工作都具有十分重要的意义。

一、湿地（wetland）的定义

湿地最早的定义来自于美国第 39 号通告 (1954)：湿地指被浅水和有时被暂时性或间歇性积水所覆盖的低地。1971 年诞生的《关于特别是作为水禽栖息地的国际重要湿地公约》(简称《拉姆萨尔公约》或《湿地公约》)对湿地的定义是：湿地系指不问其为天然的或是人工的，永久的还是暂时的沼泽地、泥炭地或水域地带，静止的或流动的，或为淡水、半咸水或咸水，包括低潮时不超过 6 m 水深的海域。概括地说，所有季节性或常年积水地段，包括沼泽、泥炭地、湿草甸、湖泊、河流及泛洪平原、河口三角洲、滩涂、珊瑚礁、红树林、水库、池塘、水稻田均属于湿地范畴。这个定义实际上是从湿地管理的角度确定的。美国鱼类和水禽保护协会发布的《湿地和深水栖息地分类》(1979) 中：湿地处于陆地生态系统和水生生态系统的转换区，通常其地下水位达到或接近地表，或处于浅水覆盖状态。E. Maltby (1986) 在其著作 *Waterlogged Wealth* 中阐述：湿地是水支配其形成、控制其过程和特征的生态系统的集合，即在足够长的时间内足够湿润使得具有特殊适应性的植物或其他生物体发育的地方。

湿地定义的不统一性主要缘于湿地涵盖范围太广，类型多样，不同领域的科学家各有自己的标准和想法。因此，一个科学全面的定义比较困难。从湿地属性来看，湿地是指一类在生态性质上介于水生和陆地生态系统之间，由于常年或周期性的水分积聚或过度湿润，造成基底的嫌气性条件，维持绿色高等水生或湿生植物群落长期生存的土地。湿地生境特点主要表现在以下三个方面：

（1）地表长期积水或土壤过湿，主要是由于地势低洼，地表水汇集或地下水出露后排水不畅造成的，这是湿地形成的必要条件。

（2）以水成土壤为主，或在相当长的时间内基底处于还原环境。这是湿地一切生态过程的根本驱动因素，是湿地区别与陆地生态系统的本质属性。

（3）稳定地生长水生或湿生的高等植物群落。还原性的环境对很多生物来说是一种严酷的逆境，生长于湿地中的植物都具有特定的适应方式，有的通气组织发达，如芦苇，有的具有密丛根系，如苔草，构成湿地特殊的群落外貌。这是湿地生态属性的直接外在表现。

## 二、湿地生态系统的基本特征

全世界湿地约有 5.14 亿 $hm^2$，约占陆地总面积的 6%。湿地在世界上的分布，北半球多于南半球，而且多分布在北半球的欧亚大陆和北美洲的亚北极带、寒带和温带地区。南半球湿地面积小，主要分布在热带和部分温带地区。加拿大湿地居世界之首，约 1.27 亿 $hm^2$，占世界湿地面积的 24%，美国有湿地 1.11 亿 $hm^2$，再其次是俄罗斯、中国、印度等。中国湿地面积约占世界湿地面积的 11.9%，居亚洲第一位，世界第四位。据 2000 年全国湿地资源普查，我国自然湿地总面积达 3 620 万 $hm^2$，其中沼泽湿地面积最大，为 1 370.03 万 $hm^2$，占总面积的 38%，其次为湖泊湿地和河流湿地，面积分别为 835.16 万 $hm^2$ 和 820.70 万 $hm^2$，占总面积的 23%，滨海湿地面积最少，为 594.17 万 $hm^2$，占总面积的 16%。中国的湿地具有以下特点：

（1）类型多。中国湿地类型包括沼泽湿地、湖泊湿地、河流湿地、河口湾湿地、海岸滩涂、浅海水域、水库、池塘、稻田等众多天然和人工湿地。《湿地公约》所列湿地名录中的 27 类天然湿地和 8 类人工湿地在中国均有分布。

（2）分布广。中国境内从寒温带到热带、从沿海到内陆、从平原到高原山区都有湿地分布。还表现为一个地区内有多种湿地类型和一种湿地类型分布于不同的地区，构成丰富多样的组合类型。

（3）面积大。据初步估计，中国湿地总面积不少于 6 500 万 $hm^2$，约占世界湿地面积的 10%。尤其人工湿地面积大，分布广，以水稻田为主。

（4）区域差异显著。中国东部地区河流湿地多，西部干旱区湿地少。长江中下游地区和青藏高原的湖泊湿地多，青藏高原和西北干旱地区多为咸水湖和盐湖。福建沿海以南的沿海地区，分布着独特的红树林，亚热带和热带地区人工湿地广泛分布。青藏高原分布着世界上海拔最高的大面积高原沼泽和湖群，有着独特的生态环境（若尔盖草地），这里又是长江和黄河等大水系的发源地（三江源湿地），具有特殊的意义。

(5) 开发历史悠久，利用方式多样。南部湖泊地区以围垦水稻田和水产品为主，而东北三江平原则以开垦为旱耕地为主，有的地区则以利用芦苇、水产品（鱼虾）等开发为主。

### 三、湿地生态系统的功能

湿地生态系统功能是指湿地生态系统在其形成与发展的过程中，通过与环境之间的物质与能量交换，为人类社会提供赖以生存与发展的生存环境、食品及可利用的资源等功能。它是可被人们利用的自然属性，且因湿地类型不同，或所处的自然地理区域以及周边社区的社会经济环境不同，而表现出不同的主导功能、辅助功能和隐性功能。就目前人们的认识和需求，湿地生态系统的主要功能包括物种基因库、涵养水源、生物生产、洪水调蓄、矿产资源、生态旅游或景观美学及社会、科学和文化服务功能。每年世界湿地日的主题都能反映出湿地的服务功能和对人类的贡献。

---

**世界湿地日的由来及主题**

1971年2月2日，在伊朗的拉姆萨尔签署了一个全球性政府间的湿地保护公约《关于特别是作为水禽栖息地的国际重要湿地公约》（简称《湿地公约》）。1996年10月国际湿地公约常委会决定将每年2月2日定为世界湿地日。自1997年以来各年世界湿地日的主题如下：

1997年：湿地的价值与人类对湿地的利用
1998年：湿地之水，水之湿地
1999年：人与湿地，息息相关
2000年：珍惜我们共有的国际重要湿地
2001年：湿地世界，有待探索的世界
2002年：湿地，水，生命和文化
2003年：没有湿地就没有水
2004年：从高山到大海，湿地在为人类服务
2005年：湿地文化多样性与生物多样性
2006年：湿地与减贫
2007年：湿地支撑着渔业的明天
2008年：健康湿地，健康人类
2009年：河流流域及其管理

---

**1. 物种的基因库**

湿地生态系统是生物多样性高度富集的地区，是自然的优良物种基因库。许多沼泽湿地都有重要的野生物种，这些野生物种具有改善经济物种的品种，提高产量和抗病力的特性。我国利用湿地野生植物基因，改良经济作物已取得成功。袁隆平被誉为世界"杂交水

稻之父",他培育的高产水稻就是利用野生稻与栽培稻自然杂交的。

(1) 中国湿地物种多样性。中国湿地动物物种数约有1 500种,其中鱼类有1 040种,约占中国鱼类种数的36.6%;两栖类约有45种,占中国两栖类种数的16.4%。生活在湿地中的鸟类约占中国已知鸟类种数的1/3;雁鸭类全世界共有166种,中国湿地有46种,占总种数的27.7%;全世界鹤类有15种,中国湿地有9种,占到一半以上。

中国湿地植物资源极为丰富,种类繁多。如中国东北地区,由松花江、黑龙江、乌苏里江形成的三江平原湿地有乔灌木100余种,草本植物1 000种以上,植物种数占到整个东北地区植物总种数的1/3,属国家级保护的野生植物就有红松、黄柏、草丛蓉、兴安落叶松、白桦、柞栎、山场、胡枝子、榛子、五味子、小叶樟、芦苇、甜茅、玉竹、黄精、平贝、木耳、山里红等。

(2) 中国湿地中的濒危物种。濒危动物有白鳍豚、河狸、水獭、扬子鳄、棱皮鱼、玳瑁、大鲵、中华鲟、白鲟、鲟鳇鱼、文昌鱼、松江鲈等。中国40余种国家一级保护的珍稀鸟类有一半生活在湿地,像丹顶鹤、白鹤、白枕鹤、大天鹅、小天鹅、白鹳、大白鹭、中华秋沙鸭、白尾海雕等都是生活在中国湿地的世界著名鸟类。因此,湿地在保护珍稀濒危物种,特别是水禽,维持大自然生态平衡等方面具有重要作用。

图3-1 莫莫格自然保护区的白鹤(何春光摄,2000)

湿地尚有许多珍稀濒危植物,据不完全统计约有100多种,如水松、水杉等是第三纪孑遗物种,主要分布于热带与亚热带地区,如广西、湖北等地。沼泽中的猪笼草、圆叶茅膏菜、李氏禾、绶草、大花马先蒿、鸡头米、沼兰等。

湿地对于确保稀有生境、群落、生物系统的存在有重要意义。现在以生物多样性为主要生态功能的生态系统大多以自然保护区的形式出现,因此其功能的评价常以某地养护国家珍稀或濒危生物的种类、数量和保护级别作为评价的标准。这些数据容易获得,而且从管理的角度讲,这一类指标更具参考价值。

2. 涵养水源

湿地能储存过量的水分,是一个巨大的生物蓄水库。它能保持大于其土壤本身重量3~9倍或更高的蓄水量。这与沼泽土壤具有特殊的水文物理性质有关。主要表现为截留降水、增强土壤入渗、抑制蒸发、蓄洪防旱、缓和地表径流和增加降水等功能,同时对维护地下水平衡起到不可或缺的作用。这些功能主要以"时空"的形式直接影响河流的水位变化。在时间上,它可以延长径流时间,或者在枯水位时补充河流的水量,在洪水时减缓洪水的流量，起到调节河流水位的作用；在空间上，生态系统能够将降雨产生的地表径流转化为土壤径流和地下径流，或者通过蒸发蒸腾的方式将水分归还大气，进行更大范围的水分循环。涵养水源能力的强弱反映了湿地系统对高强度瞬时降水的抵御能力和对长时间持续降水的缓冲能力。三江平原沼泽有260万 $hm^2$，据初步估计，该区可以蓄水278亿 $m^3$，相当于一百个大型蓄水库。

吉林省东部山区的沟谷地发育有深厚的泥炭沼泽湿地，由于泥炭的持水量大（最大持水量400%左右），底部有良好的持水性，是一个巨大的贮水库。故沼泽湿地具有"天然蓄水库"之称。如长白山地区的森林沼泽、泥炭藓沼泽地（照片3-2，3-3）等，这些湿地具有较强的涵养水源功能，对于维持吉林省地区的水分循环，特别是保证西部地区的水源供应，起到了至关重要的作用。

 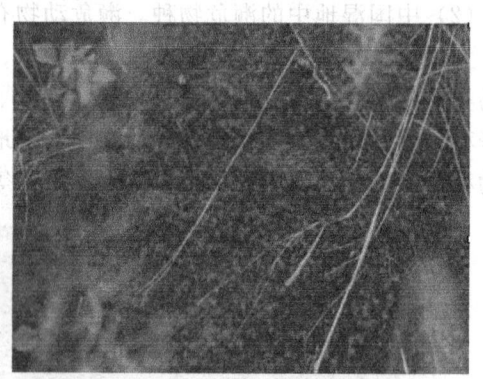

照片3-2　金川大甸子沼泽湿地　　　　照片3-3　"海绵状"泥炭藓沼泽湿地

3. 生物生产

湿地系统由于其独特的水、光、热、营养物质等条件成为地球上仅次于森林和农田的高生产力的生态系统，为人类提供了丰富的生产及生活资源，包括大量的食物、药材和牲畜饲料等。一般而言，湿地的生态功能不包括湿地系统提供的产品，但功能、产品和服务三者是紧密相关的，功能是生产产品和提供服务的源泉；产品是功能的产物和服务的载体。湿地的生产能力对系统的维持生物多样性能力、涵养水源能力、调蓄洪水的能力等具有直接的支撑作用。

芦苇作为一种特殊的经济植物，在吉林省白城市的经济、社会和环境发展中具有重要的作用。白城地区芦苇平均单产为0.07吨/亩，平年年产量8~10万吨，丰年年产量15~20吨。以现行芦苇价格360元/吨计算，年可实现产值2 880~3 600万元，创利税1 280~1 600万元。

松嫩平原分布众多的水库和湖泊，是吉林省淡水鱼的主要产区。通榆的向海水库、四海水库、兴隆水库，镇赉的哈尔挠水库、月亮湖以及松原的我国第七大淡水湖——查干湖等，年产鱼总计多达上千万千克，年收入多达五千多万元。

4. 洪水调蓄

包括蓄积洪水、减缓洪水流速、削减洪峰、延长水流时间等，主要是指调节水文流量和控制洪水两个过程（图3-9）：洪水被储存在土壤内（如泥炭中有90%的孔隙）或以表面水的形式保存于湖泊湿地和沼泽湿地，这就直接减少了下游的洪水量。一部分洪水可在数天、几星期或几个月的时间内从储存地排放出来，一部分则在流动的过程中通过蒸发和下渗或地下水而被排除，湿地植被可减缓洪水流速，因此避免了所有洪水在同一时间达到下游，这两个过程降低了下游洪峰的水位。湿地调蓄洪水能力与其属性有关，湿地面积越大，蓄积洪水和减缓流速的能力越强。

吉林向海自然保护区内发育有大片的芦苇湿地和湖盆，对于洪水的调节作用十分明显。不仅可储蓄洪水，还可减缓洪水的流速，减少洪水对下游的破坏。在1998年的特大洪水传播过程中，湿地对洪水的均化作用尤为突出。根据资料统计，洪水自同发镇进入通榆县境内，在流经向海自然保护区（同发至长白公路段）时，该区湿地蓄滞洪水5.80亿$m^3$，流量削减38.3%，流速削减33.6%。这些数据表明，向海湿地在调蓄洪水方面的作用非常明显。

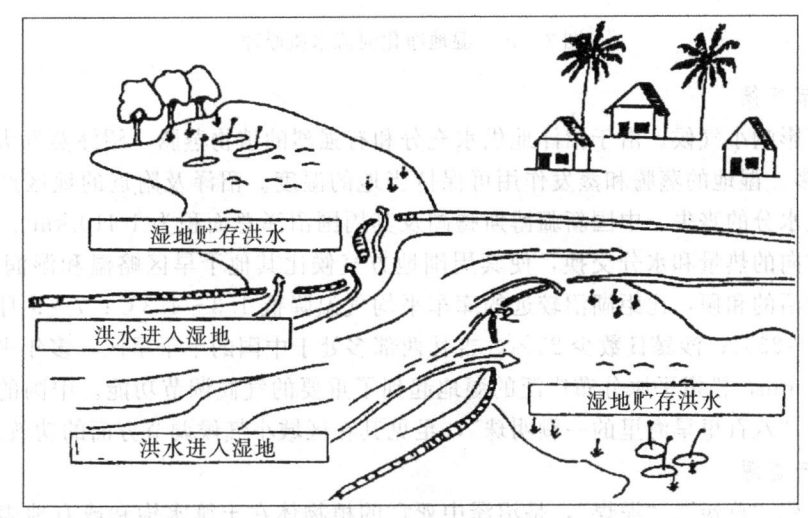

图3-9 湿地调蓄洪水

5. 净化水质

湿地在调蓄洪水的同时，也具有沉积泥沙、净化水质的功能。芦苇湿地可减缓水流速度，利于沉积物的沉降和排除（图3-10）。当水流经过湿地时，其中的营养成分，如N，P等能被湿地植物吸收，或者积累在湿地泥层中，净化下游水源，湿地对N，P的去除率可分别达到60%和90%以上。

湿地还能促进沉积物或有毒物质的降解而净化水质。如芦苇、香蒲等都已成功地用于处理污水，实验表明，芦苇对Ae的净化能力为96.06%，Fe为92.78%，Mn为94.54%，Pb为80.18%，Be和Cd为100%。吸收有毒物质的芦苇，在其组织中富集的重金属浓度比周围水体高10万倍以上。富含有毒物质的芦苇，随收割而离开水体，从而改善了水体或土壤环境。同森林相比，它是同等地域森林净化能力的1.5倍。

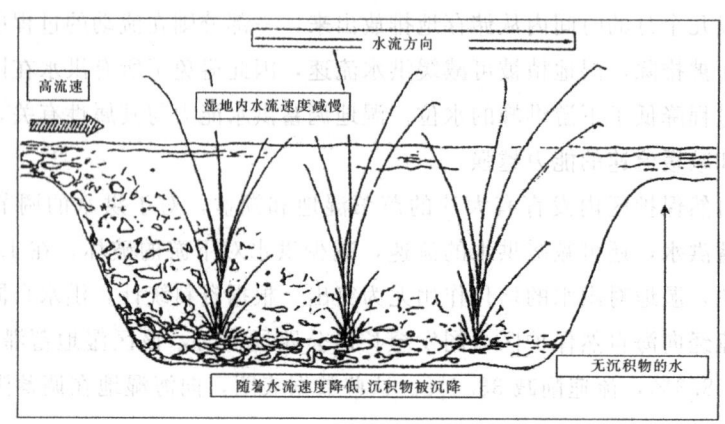

沉积物的排除与滞留

图3-10 湿地净化河流水质原理

6. 调节气候

湿地可影响小气候。由于沼泽地供水充分和有强烈的植物蒸腾，沼泽蒸发大于水面蒸发1~2倍多。湿地的蒸腾和蒸发作用可保持当地的湿度。沼泽及附近的地区产生的晨雾可减少土壤水分的丧失。中国新疆博斯腾湖及其周围沼泽总面积为1 410 km²。湖沼系统通过水平方向的热量和水分交换，使其周围地方气候比其他干旱区略温和湿润。如6~8月份邻近湖沼的和硕，比距湖沼较远的库车平均气温降低1.3~4.3℃；7~9月份相对湿度增加5%~23%；沙暴日数少25%。吉林西部多处于中国的半干旱区，多年平均降雨量不超过400 mm，松嫩平原分布广泛的湿地起到了重要的气候调节功能。中国的向海湿地一度被称为"八百里旱海里的一颗明珠"，足见其在区域小气候调节方面的功效。

7. 矿产资源

泥炭又称"草炭"、"泥煤"，是沼泽中死亡的植物体在土壤水饱和或有地表积水造成的还原环境下不能得到完全分解，从而在原地堆积下来的有机质沉积物。有机质是构成泥炭的重要物质成分，它决定了泥炭的物理化学性质及利用属性。

吉林省东部泥炭矿产资源广泛分布，类型齐全，部分县市有大面积连片的泥炭矿，如敦化、舒兰、蛟河、辉南、靖宇和柳河等地。西部气候干旱，沼泽植物残体分解快，又经常遭受河流泛滥洪积的影响，不利于泥炭的形成与积累，目前尚未发现泥炭矿。中部气候半湿润，在河滩、湖滩分布有泥炭矿，但面积少，类型简单，只有低位草本泥炭和少数埋藏泥炭。

湿地也是石油的重要产区，我国每年大约有4 000万t以上的原油产于湿地，占陆上原油总产量的40%左右，位于吉林莫莫格自然保护区的吉林油田英台采油厂，主产区就分布在嫩江沿岸的沼泽湿地中。另外，黑龙江的大庆油田、山东的胜利油田、辽宁的辽河油田均分布于湿地范围内。

8. 生态旅游或景观美学

湿地生态旅游是旅游者以湿地作为观光、游览或研究对象，洞察湿地多彩景观和丰富的物种以及优美的环境，维持湿地自然环境为目的的旅游活动。具有多种价值，如科学价值、娱乐价值、教育价值、美学价值等。

吉林的向海、莫莫格、查干湖、龙湾等国家级的湿地保护区均利用各自的资源优势，广泛开展生态旅游活动。它不仅为当地居民提供了众多的就业机会，提高了湿地的知名度。同时，通过开展一系列活动，如观鸟、观兽、划船、游泳、销售纪念品等，增加湿地分布地区的经济收入，为保护区注入新的活力，提高保护效率。同时提高当地群众的环境保护意识、文化素质，也提高了人们热爱大自然、保护大自然和人类生存条件的生态意识。

9. 社会、科学和文化服务功能

湿地作为生态系统和景观类型的一种，对人类的贡献不仅是物质的、有形的，而且是精神的、无形的。如它的美学和教育功能，国际性湿地生态旅游观光活动的兴起和宣传教育中心在一些湿地自然保护区的设立，以及我国四川九寨沟被联合国教科文组织列入世界文化与自然遗产名录等，是对湿地社会服务功能的最有力肯定。在科学研究方面，湿地也是重要对象，给科学发展增添无穷活力。如红树植物和红树林，尽管有漫长的历史，但自20世纪70年代人们才开始真正了解和懂得这一独特植被的价值，即可促进渔业生产，维持海岸带的稳定性及提供林产品等。

### 四、典型的湿地生态系统——红树林

红树林是热带、亚热带河口海湾潮间带的木本植物群落。以红树林为主的区域中动植物和微生物组成的一个整体，统称为红树林生态系统。它的生境是滨海盐生湿地，不同于陆地森林生态系统。

1. 红树林的植物组成

红树植物是能忍受海水盐度生长的木本挺水植物。已知全世界有真红树70种，半红树10种。我国真红树和半红树之和共达37种（林鹏，1997），主要建群种类为红树科的木榄、海莲、红海榄、红树和秋茄等，其次有海桑科的海桑、杯萼海桑，马鞭草科的白骨壤，紫金牛科的桐花树等。可组成7个主要群系，即木榄群系、秋茄群系、红树群系、桐花树群系、海桑群系、白骨壤群系和水椰群系。

2. 红树林的适应性

（1）根系：红树植物很少有深扎和持久的直根，而是适应潮间带淤泥和缺氧以及抗风浪，形成各种适应的根系（常见的有表面根、支柱根、气生根、呼吸根等）。表面根是蔓布于地表的网状根系，可以相当长时间地暴露于大气中，获得充足的氧气，如桐花树、海漆等。支柱根是由树干伸出的拱形根系，能增强植株机械支持作用，如秋茄、银叶树等有板状根，红海榄等有支柱根。气生根是从树干或树冠下部分枝产生的，常见于红树属和白骨壤属的种类，悬吊于枝下而不抵达地面，因而区别于支柱根。呼吸根是红树植物从根系中分生出向上伸出地表的根系，富有气道，是适应缺氧环境的通气根系，常见有白骨壤的指状呼吸根，木榄的膝状呼吸根，海桑的笋状呼吸根等。

（2）胎生：不少红树植物的果实在成熟后仍然留在母树上，种子在果实内发芽，伸出一个具棒状或纺锤状的胚轴悬挂在树上，长8～40 cm，这种幼苗成熟时才下落，插入松软的泥滩中，几天后即可生根而固定于泥滩土壤中，或随潮水远播。

（3）旱生结构与抗盐适应：红树林处于热带海岸，这里云量大、气温高、海水盐度也高，因而所处的条件是生理干旱环境。红树林对这种生境的适应形态主要表现为叶片的旱

生结构（如表皮组织有厚膜而且角质化），叶片具高渗透压，树皮富含丹宁（抗腐蚀性）（红树属和木榄属，丹宁占树皮重量的 15%～20%，占树皮体积的 20%～25%）。抗盐植物是依靠木质部内高负压力，通过非代谢超滤作用从盐水中分离出淡水，使蒸腾流吸入盐分 1% 左右（如红树科的秋茄、红海榄均是）；泌盐植物是通过盐腺系统将盐分泌出叶片表面处，一般蒸腾流吸入的盐分多数从叶面盐腺排出体外（如马鞭草科的白骨壤等）。

3. 红树林中的动物资源

红树林中占优势的海洋动物是软体动物，以螺类、牡蛎为主，还有多毛类、甲壳类及一些特殊鱼类等。

红树林还能为各种蟹类、虾类和鱼类提供了良好的避难所，又可作为它们的繁殖和捕食的场所。很多鱼、虾在它们的生活史中游向大海以前都在这里度过。因此，一些红树林分布地区成为了鱼类和对虾的捕捞基地。

弹涂鱼及其近缘种的小型大眼鱼，身体都较小，大量生活在水中和泥表，成为红树林最引人注目的鱼类。这些称为"泥上飞鱼"的鱼类是很不寻常的，它们一生大部分时间都离开水，在淤泥上爬来爬去，有时甚至爬到红树根上，这些动作很像青蛙或蟾蜍。这些鱼也在泥地上掘洞穴作为避难和繁殖的场所，并且靠强有力的胸鳍"走动"或靠尾部和尾鳍提供的冲力完成一系列的"飞跃"或"跳跃"动作，快速通过空旷的淤泥区。

此外，红树林区作为滨海盐生湿地，也是鸟类的重要分布区，我国红树林鸟类达 17 目 39 科 201 种，其中留鸟和夏候鸟等繁殖鸟类达 83 种，占总鸟类的 41%，旅鸟和冬候鸟达 118 种，占 59%，有国家一级保护鸟类 2 种，国家二级保护鸟类 22 种。

4. 红树林的功能

红树林除了能为多种动物提供生活和繁殖的场所外，还能为人类提供木材、烧材以及家畜的饲料。一些地区的红树林还可用于旅游、教育和研究目的，每年有很多游人前来观赏红树林，尤其是生活在其中的大群珍禽。由于红树林生长靠近海岸线和潮汐泥土带，可以减少海岸侵蚀。它们也起着降低风力、减弱海岸风暴的作用。

照片 3-4  日本石垣岛的红树林（何春光摄，2004）

照片 3-5 中国海南东寨港的红树林（何春光摄，2005）

**思考题及要点**
1. 熟悉生态系统的基本特征。
2. 掌握生态系统的分布规律，生态系统分布的限制因素有哪些？
3. 了解主要的生态系统类型及其分布。
4. 掌握湿地生态系统的定义及其功能。
5. 了解红树林生态系统的特征及对环境的适应性。

# 中 篇
# 生物多样性的危机

## 第四章 物种的灭绝

　　自从地球生命诞生以来，新物种的形成和老物种的消失就在不断地进行，野生生物和人类共同经历了一个优胜劣汰、弱肉强食的漫长过程。在地球生命发展史上，曾发生过五次物种大灭绝事件（也称为物种大崩溃），这些事件是由诸多因素引发的，其中包括间歇性的强烈火山运动，以及外太空物体撞击地球等。每次大灭绝之后，都需要几百万年的时间，物种的数量才能恢复到原有的水平。科学家预言，第六次大灭绝事件正在到来，这一灭绝过程中充满了超自然的因素，那就是人类的以破坏环境为代价的现代文明。人类用智慧的枪支弹药在野生生物的天空上刮起了腥风血雨，用所谓的现代科学技术使地球变得千疮百孔。许多野生生物已经告别了大自然，告别了人类，以至于远古的物种变成了今日的神话，那么，今天生活在凄惨境地的濒临灭绝的许多物种谁能保证不是后人的神话呢？

　　在自然界中，环境破坏最严重的一面就是物种的灭绝。群落可以退化和缩小面积，但只要所有的原始物种都能够幸存，群落就有恢复的可能。同样，随着种群变小，一个物种的遗传变异会减少，但通过突变、自然选择和重新组合，遗传变异仍可能增加，物种生存进化的潜能也会增强。然而，一个物种一旦消失，其DNA中蕴藏的特有的遗传信息和其拥有的特征组合将永远消失，种群将不可能恢复，它所生活的群落将变得贫乏，且其所具有的对人类的潜在价值也将永远不会被认识了。物种的减少和灭绝，必将恶化人类的生存环境，限制人类生存和发展机会的选择，甚至严重威胁人类的生存和发展，根据地球生物在长期进化过程中铸造的神秘法则——食物链，可以设想，当地球生物物种减少到非常可怜的地步时，人类还会生存下去吗？

### 在世的死者

　　物种灭绝的残酷事实之一在于，在最后一个幸存者消失之前，这个物种就已经注定要彻底灭绝了。这是因为生物若想繁衍生息下去就至少要保持一定的种群数目。如今，动物名单上的许多动物都已不足这个底线数字了，如果得不到人类的援助，它们将势必走向灭亡。

## 第一节 物种的灭绝速度及灭绝过程

### 一、物种的灭绝速度

物种灭绝（species extinction）是指某一物种或种群彻底消失，它是一种自然现象，如果没有外来干扰，物种灭绝的速度与物种形成的速度大致相等。物种灭绝所以引起关注，是因为其灭绝速度远远超过了物种形成的速度。在已经过去的千年，物种灭绝速度是史前时期的1 000倍（表4-1）。10%～30%的哺乳动物、鸟类和两栖类物种普遍受到灭绝威胁，而这种结果的产生又恰恰是人类活动造成的。

表4-1 生物多样性的消失速度

| 年 代 | 每年绝迹的物种数 |
|---|---|
| 恐龙时代 | 0.001 |
| 1600～1900 年 | 0.25 |
| 1900 年 | 1 |
| 1975 | 1 000 |
| 1975～2000 年 | 4 000～40 000 |
| 2000— | |

地球上的物种多样性在目前的地质时期达到了前所未有的丰富度。那些发达的生物类群——昆虫、脊椎动物和显花植物大约在3万年前达到了它们的多样性顶点。动植物群落和生态系统之间形成了一种神秘、和谐而又美妙的生态平衡。生物在长期进化过程中，铸造了一条条彼此相关又互相依赖的食物链。比如一些有害生物之间的制约，其中哪一种也不会发展壮大，只要没有人类的干预，食物链的不同环节生物数量就趋向相对恒定，以保持自然平衡。由于食物链的作用，地球上每消失一种植物，往往有10～30种依附于这种植物的动物和微生物也随之消失。其中许多种类人类还无缘认识它们。自从人类种群开始增长时起，物种的丰富度就随之开始下降了。

### IUCN最新统计

总部设在瑞士的世界自然保护联盟（IUCN）（2007）科学家在世界范围内调查了4万种动植物，占全球已知物种的12%。根据统计结果，发布了《2007受威胁物种红色名录》，称全球目前有16 306种动植物面临灭绝危机，比2006年增加了188种，占所评估的全部物种的40%。785种动植物被正式归入"灭绝"，还有65种物种处于"野外绝灭"状态，即存在于人工环境中。同时宣称："目前白鳍豚可能已灭绝，而大猩猩10年内可能灭绝。"

数千年前人类第一次移民到澳大利亚和南、北美洲，从那时起开始有一些大型哺乳动物从这几个大陆消失，从中可以看到人类活动对灭绝速率的影响。狩猎和焚烧、毁灭森林可能是造成这些灭绝的直接及间接原因。所有大陆的史前记录均表明，人类侵占和破坏栖息地总是伴随着物种的高灭绝速率。最详细的灭绝速率来自于鸟类和兽类，因为它们相对较大，研究较深入。在1600~1700年间，鸟类和兽类的灭绝速率大约是每十年一种，在1850~1950年间却上升到每年一种。这种物种灭绝速率的上升意味着人类导致的第六次大灭绝正在到来。1980年，E. O. Wilson在哈佛杂志上发表预言：20世纪可能会发生或是必然会发生的最糟糕的情况，不是能源短缺、经济崩溃、核子战争、或是遭到某个极权国家的统治……而是因为破坏天然栖息地而减损了基因及物种多样性，这是后代子孙最不能原谅我们的。

## 二、物种灭绝速度的评估

自然界中有许多物种还没有被人类所认识就已经灭绝了，尤其是低等的动植物。那有什么办法来评估和预测物种灭绝的数量呢？

1. 根据认真研究过的动物测算灭绝速度，由此对其他物种进行评估

鸟类作为一种高级脊椎动物，人类对它的研究比较清楚，全球的种数大约是10 000种。在过去的100年，太平洋岛屿上每年消失1种，共消失100种鸟，则灭绝概率为1%。可以推断：至少1%的鸟类在过去的100年消失了。太平洋岛屿鸟类灭绝的因素主要为栖息地破坏与外来种的引入。进一步的研究结果表明，引起太平洋鸟类灭绝的因素与植物、哺乳动物和其他生物灭绝相似，所以，可以推断，至少1%全部其他物种都在上一世纪消失了。

100年中，全部物种1%的消失意味着什么？如果根据推测，地球总共有1 000多万种动植物，则至少10万种已经在过去的100年中消失了。也就是说，每年1 000种，或每天大约3种生物物种灭绝了。

2. 未来物种灭绝速度的预测

同样，我们仍以鸟类为例，根据对这一清楚了解物种的监测和评估，在未来的几十年，受威胁的1 100种鸟很可能灭绝，是上一世纪灭绝数量的10倍多，占全部鸟种数的10%。以此类推，如果地球全部物种的10%都在下个世纪灭绝，每年将至少失去10 000种，也就是说每天30种。这只是一个保守的估计，因为一个物种的消失直接引起相关物种的死亡而使物种灭绝的速度不可避免地加快。例如，一种鸟吃特定的花蜜，可以传递花粉，帮助植物繁殖。如果这种鸟死亡，可能会导致依靠这种鸟传粉的植物的死亡。

另外一种预测物种灭绝的方法是岛屿生物地理学模型，用来预测由于生境破坏而可能灭绝的物种数及比例。该模型预测，如果一个岛屿（或岛屿状生境）的50%被破坏，则该岛上分布的物种将有10%被消灭。如果这些物种是该区的特有种，它们就将灭绝。当90%的生境破坏时，将有50%的物种消失；而如果99%的生境不存在了，大约75%的原始物种就会消失。

基于这种生境消失预测出的灭绝速度有相当大的出入，因为每一物种群和每一地理区域都有其特殊的物种—面积关系。由于世界上绝大多数物种分布在热带森林中，估测热带森林中现在将来的物种灭绝速率，可以给出一个地球的大约灭绝速率。如果森林退化一直持续到国家公园和其他保护区以外的所有热带森林被砍伐，大约三分之二的植物和鸟类将

被推向灭绝。

结合其他数据的计算结果，科学家已经获得未来灭绝速度令人震惊的预测：除非人类的活动显著改变，否则我们有可能在21世纪里失去世界物种的一半。人类是加速现代生物灭绝的最大超自然因素，这是无法回避的事实。但是，承认人类破坏能力的同时，我们应该知道，人类也是唯一能拯救物种的生物，现在的灭绝不是不可避免的。我们必须拿出勇气正视今天地球生物灭绝中的人为因素，这不仅是去阻断野生生物的灭绝之路，也同时是在阻断人类毁灭的可能之路。

### 三、物种的灭绝过程

若将物种灭绝视作一个动态过程的话，物种灭绝和物种濒危的区别是它们分别处于某一特定物种走向消亡过程的不同阶段。物种多样性保护的对象是濒危物种而不是已灭绝的物种。然而，对于在自然状况下或人类活动影响下灭绝了的物种的濒危过程的认识，势必对现存濒危物种的保护具有重要的启发意义。下面，先讲述一个物种灭绝的实例。

松鸡原分布于美国东北部沿海地区，1932年在地球上灭绝。其灭绝过程可分为两个阶段：第一阶段即人类对松鸡的生存从未有过的强烈冲击——大量捕杀，该阶段使松鸡数量锐减，地理分布范围迅速缩减。第二阶段始于1916年，即一系列接踵而来的生物和物理学事件（森林火灾、松鸡的捕食者——苍鹰的大爆发、百年罕见的低温冻害天气等）使该种最终走向灭绝。倘若没有第一阶段突如其来的强烈冲击使之生存于一个小岛上，第二阶段中任何一个事件的发生都不可能产生如此巨大的效果，只会使其中的一个地方种群消失，不可能导致全部种群的灭绝。

由此可见，物种灭绝一般分为两个阶段：第一阶段就是对物种突如其来的强烈冲击，如本例中人类对松鸡的过度捕杀是造成松鸡最终灭绝的首要因素，这被称为物种灭绝的第一冲击效应。第二阶段就是一系列偶发事件，当一个强烈的冲击使一个物种的地理分布或其他适应体系支离破碎时，该物种很容易在一系列偶发事件中走向灭绝。

## 第二节 物种灭绝的内在原因

物种灭绝既有生物内在的因素，也有外部环境的原因；它既是偶然的，不可预测的，也是决定性的，由生物发展规律所决定的。对物种进入灭绝过程的第二个阶段后，施加任何一种压力，无论生物学还是物理学方面的，都将可能使其灭绝。

### 一、物种灭绝与进化

根据化石记录，每次物种大灭绝之后，随之而来的是许多次生物类群的强烈分化和增殖，一些全新的高级类群随之出现，即生物类群巨大的分化波。恐龙灭绝之后哺乳动物迅速扩展就是一个典型的例子。进化和灭绝看起来似乎是两种水火不相容的生物学现象，它既使生物走向完善，又使生物跌入深渊。然而，掀开面纱，究其本质便会发现，它们只是生命发展的两个不同侧面，既是对立的，又是统一的，构成了生命发展中永无止境的运动。

人们可以想象，如果没有物种灭绝，生物多样性不可能不断增加，物种形成便会被迫停止。这样，许多进化性创新，如新的生命体和新的生命形式便不可能出现。由此看来，灭绝在进化中的作用就是通过消灭物种和减少生物多样性来为进化创新提供更多的生态和地理空间。

### 二、灭绝与种间竞争

种间竞争是生态系统的一项重要生态过程，当竞争发生在两个种或两个同时利用同一种资源的种群时，两者中一方个体数目的增加都会导致另一方适合度的降低。竞争分为两种类型：

（1）资源利用性竞争：指两个种或种群同时利用同一种自然资源，但它们之间并不发生相互作用；

（2）互干涉竞争：指一个物种往往以某种行为阻碍另一物种的生存。

苏联生态学家高斯（1934）选择两种在分类上和生态习性上很接近的双小核草履虫和大草履虫进行试验。取两个种相等数目的个体，用一种杆菌为饲料，放在基本上恒定的环境里培养。开始时两个种都有增长，随后双小核草履虫的个体数增加，而大草履虫的个体下降，16天后只有双小核草履虫生存，而大草履虫趋于灭亡（图4-1）。

这两种草履虫之间没有分泌有害物质，其中的一种增长得快，而另一种增长得慢，因为竞争食物，增长快的种排挤了增长慢的种。当两个物种利用同一种资源和空间时产生的种间竞争现象。两个物种越相似，它们的生态位重叠就越多，竞争也就越激烈。这种种间竞争情况后来被英国生态学家称之为高斯假说。

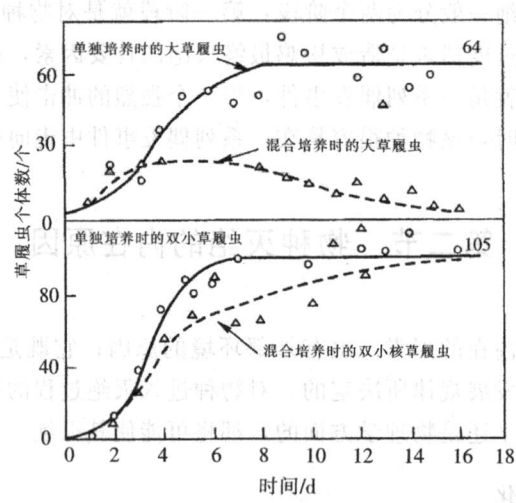

图4-1 两种草履虫单独和混合培养时的种群动态（自李博等，1993）

生态习性相似的种往往构成镶嵌分布型，使两个竞争物种可能长期共存。然而在较小的岛屿，一个新的物种的侵入有可能导致当地种的灭绝。这是因为较小的岛屿面积减少了当地种寻找其避难所的机遇，而在较大面积的岛屿和大陆可能找到避难所，从而能和侵入种建立镶嵌分布的关系。

种间竞争的实质是生物进化的表现，它导致物种灭绝的同时往往意味着竞争对手兴旺。况且，在自然界中，它一般不会直接导致物种的灭绝，只有在特殊情况下，如较小的岛屿、重大的地质事件以及人类干扰，才有可能使一个物种或种群走向灭绝。

### 三、物种灭绝与捕食者——猎物动态的关系

广义的捕食者概念，包括草食者、肉食者和寄生虫。在由捕食者与猎物种群密度构成的坐标系中，捕食者与猎物种群常常围绕着一个平衡点按照一定的周期摆动。捕食者种群跟随猎物种群的变化而变化，但落后于猎物种群（图4-2）。当受到外界条件影响后，随机干扰可能会增加其摆动的幅度，甚至触及某个坐标轴，进而一个种群灭绝，或两个种群同时灭绝。捕食者大爆发往往使猎物遭遇厄运。例如，松毛虫的大爆发使针叶林受到严重危害，原分布于美国东北沿海的松鸡的灭绝和苍鹰的大爆发有直接关系。

不同的草食者采食植物的不同部位，有些是食叶性的，有些是食果性的，有些则是食幼苗性或食种子性的。大量草食者的存在能够在短期内使一个物种的个体数量迅速减少，草食者和特定植物种个体数量的动态平衡更常见。只有在特殊情况下，如受新侵入或新引进的食草动物、昆虫、病害的流行以及恶劣气候等方面的影响下，这种动态平衡才会被破坏。在草食者和特定植物种之间长期以来建立的动态平衡被打破之后，系统中某些物种有可能会变得十分脆弱，在接踵而来的各种外界干扰下不能有效地应变而有可能灭绝。

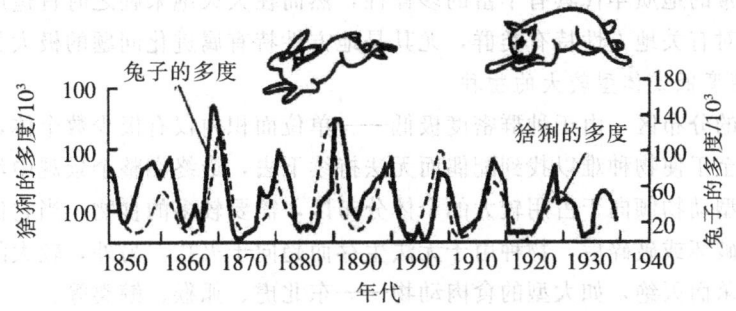

图4-2　20世纪90年间捕食者（加拿大猞猁）与猎物
（美洲兔）数量周期（仿R. L. Smith，1980）

### 四、物种灭绝与病菌及病害的流行

病菌与捕食者具有共同的特点，即病菌的生存往往建立在寄主或被食者生存活力的基础上。在这种情况下，病菌的致病能力较弱，这是在长期的协同进化过程中逐渐形成的。在这一过程中，被寄生物种对病菌逐渐产生了抗性，同时病原体的毒性也逐渐降低。由此推论，病害的广泛流行应该是相当罕见的。只有在长期存在的生态平衡被打破的情况下，该区域才有可能发生广泛的病害流行。病害流行通常可分为两种情形：①当易受感染的寄主物种从未受病菌感染的区域迁入病菌感染强烈的地区时；②当病菌传入没有病菌传染的地区时。

导致病害流行的一个因素是接触传染。种群成员的频繁接触为高毒性感染病菌的存活创造了必要的条件。现代城市居民最容易遭受严重的病菌流行的感染，而史前人类由于分别生活在较小的被隔离的区域，则很少发生病菌的广泛传播。显然，如果一个物种的不同

种群分别生存在相对隔离的地区,则可避免病菌的严重感染,避免因病菌的广泛流行所导致的灭绝。许多物种的镶嵌分布式样也许是生物在漫长的进化过程中逐渐发展起来的适应策略。

**五、物种对灭绝的脆弱性**

生态学家们已经观察到,不是所有的物种都具有一个相等的趋于灭绝的可能性,一些特殊的物种阶层在面临灭绝时特别脆弱。

1. 地理分布区狭窄的或特有类群

一些物种仅见于一个狭窄的地理分布区中的一个或几个地点,一旦整个区域受到人类活动的影响,这些物种就有可能灭绝。具有一个或几个种群的物种,在面对灾难时,要比具有许多种群的物种具有较低的脆弱性。

通过观察白垩纪后期的大灭绝中北美双壳动物和腹足类灭绝的幸存林,发现了一个十分有趣的现象,即分布于海岸平原的特有属和非特有属的幸存率,在双壳类中分别是9%和55%,在腹足类中分别是11%和50%。海岸平原区域特有属的灭绝率(91%,89%)明显高于非特有属(45%,50%)。后来对其他动物和植物类群进行的古生物学研究也有类似结果:地方性特有类群,尤其是属级水平上的地方性特有类群更容易灭绝。一些地方性特有属在正常的地质年代具有丰富的多样性,然而在大灭绝来临之时首遭厄运。这一现象引起了人们对有关地方性特有类群,尤其是地方性特有属进化问题的极大关注。

2. 种群密度低或体型较大的物种

一个物种的分布区,由于种群密度极低——单位面积内仅有极少数个体,这样的种群有可能太小以至于使物种难以找到配偶而无法持续下去,最终在整个景观中消失。与小型动物相比,大型动物倾向于占用较大的个体分布区,需要较多的食物。当它们的分布区由于人类活动被破坏或破碎后,物种由于无法生存而趋向于灭亡。另外,较大的个体也容易受到人类的捕杀而灭绝,如大型的食肉动物——东北虎、狐猴、鲸类等。

3. 不具备有效散布手段的物种

在自然界,环境变迁促使物种或是从行为上,或是从生理上去适应它们生境中的新条件。那些不能适应环境变化的物种,要么迁移到更适宜的生境,要么面对灭绝。在这一点上,鸟类要比不能飞翔的哺乳类更具生存能力。

4. 季节性迁移的物种

季节性迁移的物种信赖两种或多种截然不同的生境类型。如果任一类生境被破坏,那么这个物种就有可能无法持续下去。中华鲟是我国特有的名贵珍稀鱼类,也是当今地球上现存最古老的脊椎动物,有"活化石"、"水中熊猫"之称。其生物学特性决定了中华鲟资源一旦遭到破坏,就难以恢复。据监测,目前自然产卵繁殖的中华鲟数量已经出现了陡降期,专家预测,若不采取坚决果断的保护措施,不出50年,中华鲟将有灭绝的可能。每年中华鲟从海洋洄游到金沙江产卵繁殖,长江葛洲坝电站建成后,洄游的生态通道被切断了,现在宜昌市葛洲坝下的江段成了长江上中华鲟产卵繁殖的唯一水域,到这里繁殖的成年中华鲟大约有130头左右,它们每年一二月份从海洋游到长江的入海口,接着溯江而上,大约在五六月份到达宜昌江繁殖,一直在这里等到10~12月初产卵过后,再游回到海洋定居。这条欢乐之路却变成了中华鲟的死亡之旅,杀手就是长江上来来往往的各种船舶。

> **人类活动对中华鲟的生境威胁**
>
> 中华鲟的平均寿命在50年以上。但雄鲟需要9～10年、雌鲟需要17年以上才能进入繁殖期。据了解，现在宜昌江段每年都有10条左右的成年中华鲟被螺旋桨杀害，一尾中华鲟幼苗要经过千难万险，躲过无数天敌的追杀，10多年后才能长成成年鲟。然而，当它回到娘家长江里来交配产卵繁育后代时，却丧生在人类活动的屠刀下。据渔政部门的不完全统计，1984年9月到1985年年底，宜昌江段就发现被螺旋桨打死的成年鲟鱼78条。1986年至今，已有160多条成年鲟鱼因身受重伤而丧生。

5. 具有极低遗传变异的物种

种群内的遗传变异有时可以使物种适应一个变化的环境。当环境中出现了一种新的疾病时，仅有极低或根本没有遗传变异的物种具有更大的趋向灭绝的可能性。形态性状多样的类群常具有较高的遗传变异，而形态性状单一的类群则相反。观察了大量生物化石类群之后，人们发现在正常地质年代形态性状单一的类群容易灭绝，而那些形态性状多样的类群则具有较高的生存率。生物体的每一个外部形态都和它特定的生理功能相关联。形态性状多样的类群往往具有多样化的生理功能以及较完善的生态适应性。形态性状单一的类群似乎缺乏比较多样化的生理功能，缺乏对外界干扰的应变能力。

6. 需要特殊的或稳定环境的物种

一旦这种生境被人类活动所改变，它将可能不适合于物种的生存。例如，热带雨林往往被认为具有相对稳定的群落结构，其物种丰富性以及群落结构的复杂性对灭绝具有更强的抗性。在正常地质时期的确如此，然而，当环境的干扰超出一定范围时，如全球性气温变冷时，热带区系中那种似乎很精细的群落结构则显得十分脆弱；当遇到与高纬度区域同样强度的环境干扰时，热带类群就会遭受大得多的损失。此外，热带区系中的生物地理结构孕育了丰富的特有类群，在环境干扰下，这些特有类群很容易灭绝。

---

**思考题及要点**

1. 了解物种的灭绝速度和评估方法。
2. 熟悉物种的灭绝过程。
3. 物种灭绝是一种自然现象，当前人类为什么如此关心它？
4. 种间关系可以导致物种的灭绝吗？
5. 物种灭绝的脆弱性表现在哪些方面？

# 第五章 物种灭绝与生境破坏

人类活动对生命界进化的冲击，首先表现为对地球生态系统的巨大改变。一些大型动物由于人类的大批杀戮而绝种，更多的动植物种类是因为人类改变其环境而灭绝。地球表面40%的区域被人类用做农业、城市、公路和水库，那些天然的动植物区系被农作物、混凝土建筑和其他人工产品所替代。森林的破坏程度和人口的稠密程度的相关关系是不言而喻的，但同时更和人类获取自然资源的方式以及人类对自然认识的观念密切相关。

## 第一节 生境的有关概念

### 一、生 境

生境（habitat）是生态学的概念，指的是动植物的个体或种群的天然栖息场所，是动物个体、种群或群落在其生长、发育和分布的地段上，各种生境因子的总和（空间尺度相对较小）。对于生境一词，往往有两种不同的解释。植物学家们把它理解为自然地理位置，动物学家则认为生境也包括植物。J. A. Bailey（1984）提出：生境是一种生物群落，或是生物群落的一种，在其内可以生活着一个野生动物或一个种群。他的定义强调了生物学群落。更多的研究认为，野生动物生境应该指为多种或单一种野生动物提供生活所需要的空间单位。这里的空间单位可以指某一种动物所需要的，也可以指很多种动物都能够满足的生活环境。野生动物总是以特定的方式生活于某一生境之中，同时动物的各种行为、种群动态及群落结构都与其生境分不开。所以生境也可以说是指生物个体、种群或群落的组成成分能在其中完成生命过程的空间。一个特定物种的生境是指被该物种或种群所占有的资源（如食物、隐蔽物、水）、环境条件（温度、雨量、捕食及竞争者等）和使这个物种能够存活、繁殖的空间。所以要了解某一特定物种或种群为什么生存于某一地区的某一范围之中，就必须研究物种与生境之间的生态关系和进化历史，了解区域气候变化的历史，以及人类活动引起的土地利用类型的改变等。

自然界的生物都有其特定的生活环境，都有各自适宜的环境条件，生境作为生物生存的空间，决定着资源、庇护所、筑巢位置和交配的有效性，决定种内和种间竞争的强度等。一个进化上精明的个体会平衡利弊之间的关系，选择那些能使繁殖成功达到最大的生境，生境选择理论正是基于这一前提的。目前，这方面的研究比较深入且广泛，但是，就物种多样性保护而言，保护生物学更关注的是由于人口数量的增加和人类行为导致生物生境的消失。

## 二、生态位

生态位（niche）这个名词最初是由 Joseph Grinnell（1917）在研究加利福尼亚嘲鸫的生态位关系时，以食物和生境要求来定义的。总体而言是从物种如何适应环境而存活的角度去定义的。在这个概念中，生境只是生态位的一部分。R. H. Whittaker 等（1973）在一篇题为"生态位、生境、生态环境"的文章中对这种宽泛的定义提出了异议。他们认为应该用"生境"来描述物种出现的环境范围，而生态位则表示物种在群落中的功能地位。生态位的这种表述也正是英国生态学家 Charles Elton（1927）在经典著作《动物生态学》中倡导的。根据 Elton 的看法，生态位描述的是生物在群落中的位置，在其生物学环境中的地位，尤其是猎物和天敌的关系。这样，生态位和生境恰好相互补充。然而，最终在生态学和进化生物学中真正有意义的是生态位与生境的融合，R. H. Whittaker 等（1973）称它为生态生境（Ecotope），但是很多生态学家只是称它为生态位。事实上，要把生态位与生境干净利落地区分开在很多时候是不可能的，原因之一是一个物种在某一特定的生境中是否出现可能取决于其他物种的存在与否。

### 多维小生境

20 世纪 50 年代，生态学家 G. 艾文林哈钦森用数学形式体现出小生境的概念，其中每一个环境因素均视作空间的一个独立维度。例如，假若某一物种有三条基本要求，那么它的小生境范畴就构成了一个三维方块。如果有十条必备的条件，就构成了十维空间。虽然这样的空间无法形象化，但可以用来替一个物种勾画出统计轮廓图来。

## 三、分布区

分布区（distribution area）是指某种生物所占有的地理空间（这个空间尺度比较大），在这个空间里，这种生物能充分地生长发育，并通过生殖繁衍出有生命力的后代，是一个生物地理学的概念。生物的生境与分布区都是生物多样性保育最关注的对象。一般来说，随着生境变为碎片，种群数量减少，同时物种的分布区也不可避免地要出现收缩。

## 四、生境因子与生境结构

生境因子（habitat factors）是指构成生境的所有参数，也称为生境要素，主要由三大部分构成：物理化学因子（包括温度、湿度、盐度等）、资源性因子（包括能量、食物、水、空间、隐蔽条件等）、生物之间的相互作用（包括竞争、捕食、寄生等物种间相互作用等）。生境结构（habitat structure）被定义为物种需要的生境要素在空间上的分布。生境结构通过改变、转换、调节资源性因素、物种间相互作用等而影响该物种，因此，生境结构是物种所占据的环境及资源变量实际值及范围。在一定程度上，生境结构的概念等同于生态位。根据高斯的竞争排除理论，也可以说不同的物种需要不同的生境结构。在不同生物地理区域中，生物对当地的气候环境有不同的适应机制，每一生物都生存于一定的土壤与基质之中或之上，并要求适宜的温度和适宜的光照范围。生境要素的时间与空间结构配置也是生境的重要属性。

野生动物生境的三大最基本的要素——食物、隐蔽条件和水及这些要素在空间的排列方式直接影响到生境的适宜度。这三大要素在野生动物的家域（home range）中理想的位置应分别位于一个三角形的顶部，从而构成了野生动物的生活三角区（图 5-1）。从理论上讲，这个三角区不宜太大，因为太大会给动物生活带来许多不便，也会消耗过多的能量，从而影响繁殖和生存能力。三角区的面积应以动物在两天之内即可到达或获得这 3 个项点上的资源为佳。

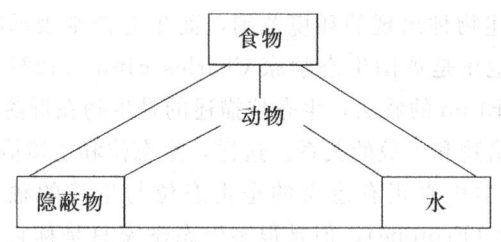

图 5-1 野生动物生境的三角区示意图

### 五、关键性的生境

在自然界中，有许多关键性的小生境对物种的保护极为重要，如果不注意对该种生境的保护，或在恢复过程中不对该类生境进行恢复，那么生物多样性的保育工作将事倍功半。

1. 森林中的倒木和其他朽木质残体

粗死木质残体（包括残桩、腐朽原木和数量更多的树枝）在原始森林中构成了数量众多的小生境，其在北方针叶林中材积可达 $100\ m^3/hm^2$，在亚马孙的热带森林中为 $100\sim200\ m^3/hm^2$。数量极大的一批小型生物生活在木质残体中。在芬兰大约有 20 000 种生物生活在森林中，在北方的针叶林中的物种大概有 1/4 生活在死亡树木构成的小生境中。这些物种中有一大部分是真菌和昆虫，它们正是生态系统的基本成分之一——分解者，或者是植物种子或花粉的传播者。如果移走森林中的倒木和枯立木也会除掉许多鸟类和其他动物建巢和越冬的场所。可以想象，没有分解者的生态系统将是什么样子。而鸟类和其他动物的丧失也会导致连锁性的灭绝，所以这类生境的保护至为关键。

2. 舔盐地和矿物质库

这类生境为野生动物提供主要的矿物质，特别是多雨的内陆地，舔盐地的分布可测定出一个地区脊椎动物园的多少和分布状况。尤其对那些有特殊生理需求的物种，如果没有这类生境，缺乏这类生境的地区就应列为禁区。以淡水龙虾为例，它们的外壳由碳酸钙构成，是它们从水里提取的一种矿物质。它在水质硬的河流里可以茁壮成长，因为硬水里含有可溶的钙元素，而水质软的河流基本不可能生存了。

3. 深 潭

溪水和河流的深潭对于鱼类和水生动物在旱季水位降落时是可能仅有的避难所，这些水资源对于那些一定距离范围内的陆生生物来说可能也是仅有的饮水资源。

4. 梯度生境

许多食果和食蜜脊椎动物及昆虫需要连续不断地获取食物，不同种类的植物果实成熟的时间有差异，它们能取得的一个途径就是在不同季节不同群落间移动，以探索新的食物资源。沿高度等级上升会有规律地出现一系列不同的植物群落，这种梯度生境对于这类动物的生存价值极高。

> **稀奇古怪的小生境**
>
> 有时人类纯属意外地创建了一些恰好适宜生物生存的小生境。潮湿的啤酒杯垫应当算是其中最离奇的生境之一了。有一种线虫似乎酷爱这些平浅而又醉人的生活环境，只是野外难得一见。

## 第二节 生物对生境的适应性

适应（adaption）是指生物在受到内部和外部环境的刺激时而产生的生理与遗传反应，进而提高生存力。生物总是不断地适应其生境。在各个地质年代里，外界压力导致了物种的进化及新物种的产生。通过自然选择，野生生物在形态、生理、行为上产生了适应周围环境的变化。生活于顶级群落中的野生动物多为特化种，在相对稳定的环境中，种间竞争激烈，自然选择使动物向着适应范围狭窄进化，形成k—选择策略的物种；而在不稳定的环境中，机会主义者（r—对策者）则更适应于变化的环境。一种动物的适应性使其在一个特定的生境或在一有限的生境范围内生存和繁殖，而在其他环境中其适应性就会降低。有些野生动物种类特化程度高，对食物和隐蔽条件有特殊的要求，对环境变化十分敏感。由于高度特化，它们已无法调节自己以适应生境的改变。因此，大多数稀有的、濒危的或灭绝了的野生动物种类都是特化种，难以适应由于人类干扰造成的生境退化。

因为热带森林的四季变化不明显，食物、水分充足，隐蔽条件较好，所以热带森林的物种组成最为丰富，生存在热带森林的物种也对生境产生了特异性适应。当人类活动改变其生境时，这些物种很可能就会灭绝。没有受到冰川影响的亚热带常绿阔叶林，在冰川时期成了许多动物的避难所，并保存了一些古老的类群，如大熊猫、金丝猴和扬子鳄等，故动物种类比较丰富。季风影响和四季明显变化，使动物群的季相变化比热带森林显著，有些种类具有冬眠现象；物种的优势现象明显，动物在各栖息地间有频繁的昼夜和季节性迁移，在不同季节对生境有不同的要求。春秋两季有大量旅鸟过境和候鸟迁来越冬，对生境的要求比较复杂，数量也呈规律性的周期变动。在温带落叶阔叶林区，冬夏温差大，生活节律有明显的季节变化，夏季因大批鸟类迁来和旅鸟过境，物种的多样性与生物量均达到全年的最高峰；冬季的低温与食物短缺，使许多动物作长距离迁移，留下来的物种不仅能积累脂肪以增强抵抗力，部分物种还有贮藏食物的习惯。这些行为都与特定的生境条件相适应。寒温带针叶林区低温和雪是主要限制因素之一，动物形成了对雪和漫长而寒冷的冬季的适应性。

温带草原食物单调，景观开阔，缺乏隐蔽条件，啮齿类发展了洞穴生活的能力，同时有贮存食物的习性；有蹄类均具有迅速奔跑、集群生活和敏锐的视觉与听觉，这些行为都有利于躲避食肉兽的捕食。夏秋两季食物丰富、气候适宜，是草原动物繁殖或育肥的良好季节。早春干旱，冬季寒冷，大多数鸟类南迁。

在干旱荒漠地区，植被稀疏，种类贫乏，数量少，少数昆虫及鸟类、啮齿类和爬行类占优势；在高山融雪水形成的绿山或温岛等隐域性地区表现为高密度集中的多是r—对策者。生存于干旱荒漠生境中的物种对高温干旱与开阔景观表现出适应性，如在夜间活动以避开高温和水分丢失，有些种类有夏眠的习性等（张荣祖，1979；马乃喜，1995；陈化鹏等，1992）。

## 第三节 生境破坏及对物种的影响

生境的破坏（habitat destruction）是指一个或多个物种的生境在数量、质量或空间结构上发生的变化。一般可以分为以下几种类型：生境丧失（habitat loss）、生境破碎化（habitat fragmentation）、生境退化与污染（habitat degradation and pollution）。生境的破坏直接危及到物种的生存，目前被列为生物多样性丧失的第一大因素。

### 一、生境丧失

生境消失被确认为是大多数目前正濒于灭绝的基本威胁。当一片森林被砍后，土地转为它用时（如城市用地），生活其中的物种就失去了同样数量（面积）的森林生境。在中国的海南岛，20世纪50年代初尚有天然森林1 300万亩，森林覆盖率为25.7%，到1979年仅余497万亩，森林覆盖率为9.8%；西双版纳在20世纪50年代初期有森林约1 730万亩，森林覆盖率为60%左右，而到1985年，森林面积仅存780万亩，覆盖率降到27%。在这种情况下，生境丧失的过程是非常清楚的。

湿地是生物多样性最高的生态系统，也是生产力较高的区域。近年来由于人类对湿地资源的过度利用，已导致全球湿地急剧丧失，严重威胁到依赖于湿地的生物生存。

据不完全统计，中国沿海地区由于开垦和城乡占地，累计已丧失滨海滩涂湿地面积相当于沿海湿地总面积的50%。全国围垦湖泊面积达130万$hm^2$以上，由于围垦湖泊而失去调蓄容积300多亿立方米，超过了我国现今五大淡水湖面积之和。昔日"八百里洞庭"的洞庭湖已从20世纪40年代末期约43万$hm^2$，减少至目前的24万$hm^2$，水面缩小40%，蓄水量减少34%。围垦恶化了湖区的水情，直接减少了对江河洪水调蓄的容积，使洪水出现频率升高。

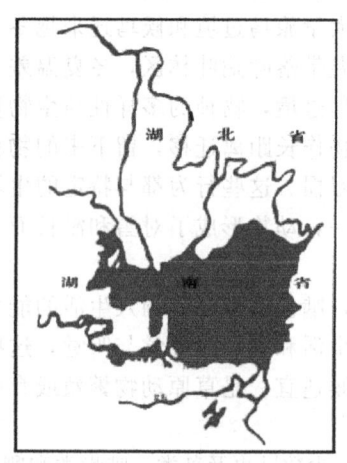

图5-2 1825年洞庭湖面积6 270 $km^2$

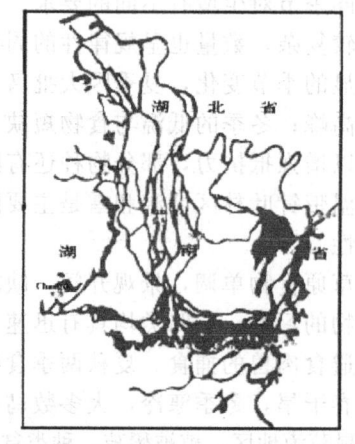

图5-3 1958年洞庭湖面积3 141 $km^2$

中国黑龙江的三江平原沼泽及沼泽化土地广泛分布，湖泊、沼泽、河道和草甸面积约

200万hm², 其中沼泽面积约有130万hm²。三江平原自50年代起开垦了大量湿地,至今已开垦的耕地占三江平原总面积的36.4%,而湿地则由原占有总面积的46.7%,减少到现在的10.3%,每年约以80万亩的速度锐减。由于湿地面积的减少,引起三江平原区域生态环境的恶化和生物多样性的损失。自20世纪50年代以来,三江平原降水量逐年减少,出现干旱化趋势;江河径流量减少,许多河流汛期没有洪水,枯水期常发生断流,地下水位平均下降深度为3~8 m;湿地水面和含水量的下降,使一些湿地和开垦地出现盐碱化并逐步扩大。由于湿地植被被破坏,三江平原近80%以上的耕地常年遭受风蚀的侵袭,地表土被刮走,有机质含量下降,部分地区已出现沙化现象并有扩大的趋势。随着三江平原湿地独特的生态环境的破坏和人们对野生动植物资源的滥捕乱猎、乱采滥伐,其生物种群数量大幅度减少,野生植物种群、群落构成和区系都发生了明显的改变,原始针叶林面积已极少,伴生次生林面积扩大,湿地植物构成呈现退化的趋势。

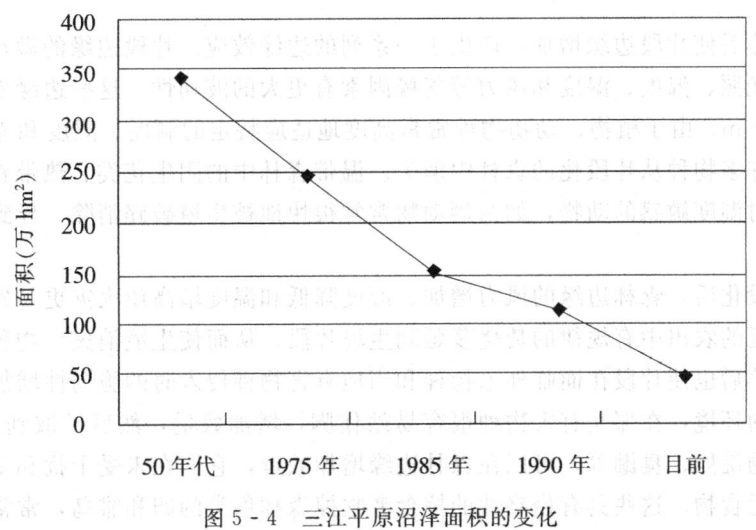

图5-4 三江平原沼泽面积的变化

同样,由于围垦、砍伐和海岸带开发,红树林湿地也丧失严重。中国的红树林湿地已从20世纪50年代的5万hm²,下降到至今仅有的1.4万hm²,即72%的原始红树林已经消失。红树林在抵御风暴潮、提供近岸鱼类栖息地方面具有不可替代的作用。红树林生境的丧失直接导致了台风灾害的增加,而在原先红树林地带建起的海边鱼塘、虾塘已经成为主要污染源之一。

## 二、生境破碎化

生境除了被彻底破坏消失外,原来连成一片的大面积生境常常被道路、农田、城镇和其他大范围的人类活动分割成小片。生境破碎就是指由于某种原因,一块大的、连续的生境不但面积减少,而且被分割成两个或更多片段的过程。

生境破碎会以微妙的方式威胁物种的生存。首先,破碎有可能限制物种潜在的散布和移植能力。由于有被捕食的危险,许多生活在森林内部的鸟类、兽类和昆虫将不敢穿越即使是很短的一段开阔地带。结果导致许多物种不能移植到土生物种消失后的破碎生境。鸟类迁徙能力是非常强的，但相距仅千米的两个森林片段中的鸟类竟有50％以上的不同，可见生境破碎对物种扩散的影响。更严重的是，当由于生境破碎造成动物的扩散减少时，那些结肉质果或黏性种子、依赖动物传播种子的植物也将受到影响。因此这个生境片段中的物种数量将一直趋于衰落。

其次，生境破碎有可能降低土生动物觅食的能力。许多动物种类，不管是单个的或是群体的，都需要能够在广泛散布的，具有季节性资源的生境中移动，这些资源如水果、植物的种子、青草等。但当生境破碎后，局限于单个生境片段中的物种就有可能无法在原有的家域内迁徙，以寻取那些稀有资源。例如，篱笆能够阻止大型草食动物如羚羊、野牛的自由迁移，迫使它们到一个不适宜的生境过度啃食，且最终导致这些动物挨饿。

生境破碎后也可以把一个广泛分布的种群分割成两个或更多的亚种群，每一个亚种群局限于一定的区域，由于近亲繁殖等因素使遗传多样性减少，从而使种群陷入衰落和灭绝的境地。

生境破碎后使片段边缘增加，产生了一系列的边缘效应。片段边缘的微环境与森林内部不一样，光照、温度、湿度和风力等气候因素有更大的波动性。这些边缘效应可影响至森林内部500 m。由于植物、动物物种常常高度地适应特定的温度、湿度和光照水平，这样的变化使许多物种从片段化的森林中消失。温带森林中的阴生花类、热带森林中的慢演替树类以及对湿度敏感的动物，如两栖动物常常很快地被生境破碎消除，导致群落的物种组成改变。

森林片段化后，森林边缘的风力增加、湿度降低和温度增高使火灾更易发生。火灾有可能是从邻近的农田中有规律的焚烧蔓延到生境片段，从而使生境消失，物种灭绝。

生境破碎后也使片段在面临外来物种和当地有害物种的侵入时的脆弱性增加。森林边缘是受到干扰的环境，在那儿有害物种很容易站住脚，增加数量，然后扩散到片段的内部。如杂食性动物浣熊、臭鼬等，可以在森林边缘增加数量，它们在未受干扰和受到干扰的生境中均能获得食物。这些具有侵略性的掠食者吃掉森林鸟类的卵和雏鸟，常常使深入到森林数百米内的许多鸟类不能成功繁殖。

生境破碎也使野生种群和家养动植物较易发生接触，家养物种的疾病就可以容易地在野生种群中传播，而它们对这些疾病常常仅有较低的免疫力。一旦接触的水平提高，同样有疾病从野生种群向家养动植物甚至人类传播的可能。

### 三、生境退化与污染

就算一个生境没有消失和受到破碎的影响，该生境中的群落和物种也可能深深地受到人类活动的影响。外在因素使生物群落可能被破坏，物种有可能被推向灭绝，但它们并不能改变群落中居于支配地位的植物的结构，因此这种破坏并不会立即显现。由于人类活动，季节性干旱气候下的许多生物群落退化成了沙漠，这样的群落包括热带草原、灌丛和落叶林，以及在地中海地区、澳大利亚西南部发现的温带灌丛带和草原。虽然这些地区最初适于农业生产，但重复种植将导致土壤侵蚀和土壤含水能力的丧失。土地可能被牛、绵羊等家养牲畜习惯性地过度啃吃，木本植物可能被砍伐用作烧材。结果导致生物群落渐进的、不可逆转的大规模退化和表层土壤的丧失，最终使该地表面沙漠化。沙漠化进程在非洲萨赫尔区最为严重，在那儿，大多数土著大型哺乳动物种类受到灭绝威胁。

生物生存环境的退化还表现在由于受到人类生产、生活过程中排放的杀虫剂、化学品、污水、废气的影响，生境质量降低，不仅危及生物的适应性，也影响人类的健康。

1. 土壤污染

Rachel Carson 在 1962 年出版的《寂静的春天》一书中描述了土壤的生物富集的过程，即 DDT 和其他有机氯杀虫剂，随着它们在食物链中不断增加而越来越集中。它们在杀死农作物上的昆虫和喷洒于水中杀死蚊子的同时，也伤害了野生生物种群，特别是捕食大量昆虫的鸟类，富集杀虫剂的鸟类会变得虚弱并趋向于产出异常薄壳的卵。由于不能成功地养育幼雏，这些鸟类的种群在全世界均出现剧烈衰落。有些杀虫剂直接毒害了一些珍稀濒危物种。在农村，农民为了防止野生动物取食庄稼及病虫害的发生，在农田喷洒农药，或在播种时用农药拌种，当珍稀濒危物种丹顶鹤在农田觅食时，经常误食有毒食物。在干旱季节，由于农药拌过的种子发芽较晚而残留在田中，中毒情况更易发生。2002 年春季，在吉林省通榆县境内，就有 7 只丹顶鹤相继吃农药而中毒，其中有 2 只因中毒太深无法抢救而死亡。

2. 水污染

水污染一方面破坏了鱼类、甲壳类动物的食物来源且污染饮用水，另一方面是破坏了水生群落。杀虫剂、除草剂、石油废物、重金属、清洁剂及其他工业废物能够杀死生活于水环境中的有机体，这些化学品，即使含量很低，也可以由那些在进食时过滤大量水的水生动物富集到致命的水平。而捕食那些滤食性水生动物的鸟类和哺乳类，就面临被毒害的威胁。

我们知道，N 和 P 等都是动植物生活必须的物质，可是这些物质过多，会引起水体的富营养化，造成藻类等浮游生物大量繁殖，在湖泊中形成"水花"，海水中形成"赤潮"。这些生物在繁殖生长时消耗了水中大量的氧，从而使其他水生生物死亡，结果导致群落仅由那些耐受污染水体和低氧含量的物种构成，从而变得十分贫乏和单一。

水面过多的悬浮物质遮盖了水下植物叶片和其他绿色植物，降低了透光性，从而减少了光合作用。水体的混浊度增加会使动物的视物、觅食发生困难而难以生存。

近年来，近岸海域水体污染严重，总体呈继续恶化趋势。其中，尤以无机氮和无机磷营养盐污染最为严重，超标面很广。从辽东湾、渤海湾、胶州湾一直到江苏、浙江、福建等地的近岸海域赤潮现象频繁发生，1998 年我国海域监测到赤潮发生 22 起，对近海养殖业造成了严重的危害，经济损失惨重。局部海域油类污染也较为严重，不仅破坏了海滨景观，也直接造成了生物多样性丧失。

3. 空气污染

(1) 酸雨。各种化学工厂向空气中排放的大量的硝酸盐和硫酸盐物质，在大气中与湿气结合产生硝酸和硫酸，这些酸与云系结合从而形成酸雨。酸雨降落到地面可直接危害动植物物种，水中酸性降低，许多鱼类要么不能产卵，要么全部死亡。绝大多数的两栖类在其生活史的部分阶段需依赖各种水体，水中 pH 值的降低相应地引起卵和幼体的死亡率增加。

图 5-5 酸雨影响的湖泊和森林

（2）臭氧产生和氮沉积。汽车、发电厂和其他工业活动释放的各种碳氢化合物和氮氧化物，在太阳光存在时，与大气反应而产生臭氧和其他次级化学品，统称为光化学烟雾。我们知道大气平流层的臭氧能过滤掉有伤害作用的紫外光辐射，但地表层的高密度臭氧能破坏植物的组织，使它们变得脆弱，从而危害生物群落，减少农业产量。空气中的氮氧化物如果沉积到地面还会引起水体的富营养化。

（3）有毒金属。各种含铅汽油、采矿和冶炼企业向大气中释放大量的铅和其他重金属，对植物和动物的生命具有直接毒性。在一些大型冶炼厂的周围，数英里范围内寸草不生，一片死寂。

---

**思考题及要点**

1. 什么是生境，它对物种生存有什么重要意义？
2. 物种对生境的适应对策有哪些？
3. 生境破坏主要体现在哪些方面，对物种有什么样的影响？

# 第六章 物种灭绝与外来物种

在生物进化和人类社会发展的漫长进程中，由各种原因导致的物种传播迁移从未停止过。进入21世纪，随着人类社会经济的发展，国际贸易、外交往来、旅游业等都将显著增长。经验表明，在这种情况下，外来种的传播概率亦将随之上升。

美国世界观察研究所（1994）最近发表的调查报告指出：高山、大海和沙漠过去曾是阻止物种扩散的天然屏障，然而随着贸易、旅游和其他人类活动的加剧，越来越多的物种正在跨越屏障作环球"旅行"。由于物种在全球范围内的扩散规模日益扩大，世界各地本地物种的生存安全受到了威胁。这种被人们称之为"生物入侵"的生物污染会损害地球上的生物多样性。报告的作者、该研究所主编克里斯·布赖特（1994）指出：化学污染是惰性的，不会再生和繁殖，会随着时间的推移而逐渐消失；但是外来物种入侵以后，就会扎根繁殖并不断扩张，甚至对本地物种的生存安全构成威胁。地球上大多数的湖泊和江河系统、大多数沿海地区、几乎所有的岛屿甚至南极都受到这个问题的困扰。美国在1994年估算出杂草每年给美国经济造成的损失至少为200亿元左右。在农业部门，影响46种主要农作物、牧场、干草放牧区和动物健康的杂草所造成的损失和防治费用每年总计达50亿元。

生物入侵还破坏基础自然资源。农作物病虫害的扩散导致南美国家放弃了100多万$hm^2$的耕地；大西洋水母几乎扼杀了黑海的渔业；南美的风信子侵入非洲后使东非的维多利亚湖濒临死亡，沿湖国家肯尼亚、乌干达和坦桑尼亚的经济遭受巨大损失，新西兰、日本等岛国或与其他大洲相隔离的澳大利亚，明显感觉到外来入侵种问题给当地的生物多样性所带来的巨大压力以及给经济带来的危害。生物入侵正在打乱着全球的生态平衡。

## 第一节 基本概念

外来有害物种的入侵已对世界构成巨大威胁，成为当今世界除环境污染之外的第二大问题，也是除生境破坏之外生物多样性减少的第二大因素。因此，研究外来物种的入侵途径与机制，制定防范和应对对策及控制技术，对于生物多样性的保育意义重大。

### 一、本地种

外来物种和本地物种（native species）是一个相对的概念，要对外来物种定义，首先要了解本地物种的概念。《韦氏词典》从物种分布的时空范围出发把本地物种定义为：自然起源于一特定的地域或地区的物种。《简明牛津生态学词典》中把本地物种确定为"物种自然地出现一地,因而既非随意也不是有意引入的"。世界自然与自然资源保护联盟(IUCN)物种委员会将本地物种定义为:本地物种或称当地物种(local species)、土著物种(indigenous species),是指出现在其(过去或现在的)自然分布范围及扩散潜力以内(即在其自然分布范围内,或在没有人类直接或间接引进的情况下而可以出现的范围内)的物种、亚种或以下的分类单元。

### 二、外来物种

外来物种(exoticspecies 或 alien species)是相对于本地种(或乡土种,土著种)而言,包括动物、植物和微生物。一种生物以任何方式传入其原产地以外的国家或地理区域,并在那里定殖,建立自然种群,这种生物即可称为外来种。随着生物技术的发展,转基因生物培育成功。由于转基因生物本身是自然界并不存在而由人类创造的生物,对一个生态系统来说,转基因生物的进入就是外来种的入侵。为此,广义的外来种也可包括这些遗传饰变的生物体。

### 三、外来入侵物种

当任何一种外来种进入以往未曾分布过的地区,并能通过繁殖延续自己,改变或威胁本地生物多样性,对生态系统、栖境、物种、人类健康带来威胁的,就称为外来入侵种(alien invasive speices),这一过程称为生物入侵(biological invasion)。生物入侵是一种普遍存在的现象,在地质学尺度上,这深远地影响着地球的生物分布。但近代的大部分生物入侵源于人类的活动,而这种入侵造成的危害之大,影响之远,都是任何历史时期所不及的。

根据《生物多样性公约》(1992)、国际自然与自然资源保护联盟(IUCN,2001)以及《保护中国的生物多样性(二)》(2001)对外来入侵物种的定义,可归纳外来入侵种具有以下几点特征:一是非本源地的物种,即外来物种;二是借助外力或自身的力量而被引入(更多的人类的力量);三是在被引入地的自然或人工生态系统中建立自然种群;四是给当地的生态系统或景观造成了明显的损害或影响(生态的和经济的)。

### 四、归化种

归化种最初也是一种外来物种,引入的目的多为作物生产、预防病虫害、园林花卉之用。这些物种进入本地生态系统后,能够自我繁殖,产生后代,但种群数量并不扩张,没有危害到当地的生物多样性和人类的生产生活。相反,它们却在丰富着本地的物种,并给当地带来巨大的效益。中国的许多粮食作物多是从外国引进,历史比较久远,多已形成归化种。粮食作物排名第三位的玉米传入中国已达 400 余年;陆地棉于 19 世纪后期引入中国,成为我国主要栽培品种;花生引入中国约 600 余年;甘薯和马铃薯分别于 16 世纪和 17 世纪引入中国;从国外引入的牧草已达 20 属,204 种。同样,中国的植物资源也被引到国外,例如,美国加利福尼亚州的树木花草 70% 以上来自中国,意大利引种的中国园林植物约有 1 000 种,德国现有植物的 50% 来源于中国,世界花卉出口最活跃的国家之一荷兰约有 40% 的花木由中国引入。仅从以上概述即可看出,这些被引进的外来种不但丰富了那里的生物多样性,而且对人类的生存和社会经济的发展也起到十分重要的作用。随着社会的进步和全球经济发展的需要,国家或地区之间的外来种的引进将会长期持续下去。

**五、外来物种的传播途径**

外来种的传播途径大体可分为两大类,即人为传播和非人为传播。

第一类为人为传播,包括两种情况:

(1) 有意引进,例如引进各种农作物或畜禽优良品种、观赏植物、改善土壤质量和环境的非本地植物、天敌昆虫和授粉昆虫等。

(2) 无意传入,在各种国际交往的过程中,随进口的货物、交通工具及其他载体,外来种无意识地偶然传入新的区域。国家和地区间的贸易和旅游等活动是外来种跨越高山大洋传播扩散的主要途径。

第二类为非人为传播,借助自然因子传播到达新的区域,这些自然因子包括风雨、气流、江河、动物的迁移等。

**六、10%定律**

外来种进入新区之后的表现不是静止不变的,即使是人为引进的优良物种,一旦自身变异或条件改变,就有可能转益为害。中性的外来种在一定条件下则维持着相对的稳定。有害的外来种,传入新区之后干扰那里的生态系统,直接危害农作物、森林、畜禽或牧场以及人类的健康和生命。据统计研究,所有被引入的外来物种中,大约有10%在新的生态系统中可以自行繁殖,在可以自行繁殖的外来物种中又有大约10%能够造成生物灾害成为外来入侵种,被称为10%定律。

**养鱼爱好者释放外来鱼类——美国的案例**

在美国,宠物商店中出售的大多数鱼类都是外来物种,主要是从中南美洲、非洲和东南亚进口到美国的。根据记录,每年有超过2 000个物种大约1.5亿尾外来的淡水和海洋鱼类被进口到美国,用于观赏鱼贸易。不幸的是,每年都有一些外来的鱼类被释放到野外。养鱼爱好者们在搬家时或许不能把他们的鱼也带上,或者他们仅仅是不再有兴趣去继续维持他们的水族箱。有时,如果鱼已经长大到水族箱再也容不下时,或者它们已经奄奄一息时,养鱼爱好者们也会把它们释放到野外。现在,在美国的开放水域里已经捕捉到185种不同的外来鱼种,其中有75种已经确立了繁殖种群。在这些引入的事件中,有一半以上要归咎于水族箱内观赏鱼的释放或逃逸。

## 第二节 外来入侵种的入侵机制

外来物种进入一个新的地区,最后是否构成危害取决于两个因素:一是进入新环境的外来物种的自身特点,二是这个环境是否容易被外来物种入侵。

## 一、外来物种自身生物生态学特征

外来种进入新的生态系统中，如果温度、湿度、海拔、土壤、营养等环境条件适宜，就会自行繁衍。造成危害的外来物种一般都具有"入侵型"的生物生态学特性，主要表现在：传播能力强，繁殖能力旺盛，对环境的生态适应性强，具有顽强的生命力。这四者是统一的整体，而较强的传播能力是关键。此处所言传播首先包括外来种自身的运动能力（如昆虫飞行、植物攀援等），其次包括它们以自身适当的形态充分借助各种媒体进行远距离迁移的能力（如借助气流、水流或交通工具等），并且在到达侵入区之后能够很快地适应环境，迅速繁殖，扩展种群规模，显示出较强的竞争力。这正是外来种具有生态学意义的传播行为，也是其成功入侵的必备条件。

### 1. 传播能力强

外来种当中有的种子非常小，可借助风和流水传播到很远的地方；有的种子可以通过鸟类或其他动物远距离传播；有的物种与人类的生活和工作关系紧密，如外观美丽或具有经济价值，很容易通过人类活动被无意传播。

---

**美国白蛾的传播能力极强**

美国白蛾原产地在美国和加拿大南部，危害果树、观赏树木等落叶树木200种以上。主要被害树种有苹果树、李树、梨树、桃树、杏树、桑树、榆树、柳树、槭树、樱桃树等。幼虫群集于叶上吐丝作网巢，在巢内取食枝叶。如需食料，则把网不断扩大。网巢可长达1 m或更大，稀松不规则，可把枝叶甚至小枝条一起包进（杂有虫粪、蜕皮），如天幕状。网巢出现于仲夏到秋季，故又称为秋幕毛虫。严重时整个树木枝叶被吃光，造成很大损失。除成虫能飞翔逐渐自然扩散外，它主要靠交通运输扩散。幼虫及蛹常可随果品或包装木材远涉重洋，4～7龄以上的幼虫可耐饥9～15天，对远距离传播十分有利。如1940年它随美国船舶进入匈牙利布达佩斯，可能就是以蛹态随货物传入，到1946年已扩大到1万平方千米面积，大量阔叶树和灌木叶子被吃光，1947年增到4.5万 $km^2$，1948年扩散面积已达20万 $km^2$！很快蔓延到欧洲其他国家。1945年，借着日本战后木材奇缺，美国原木大量倾销日本，美国白蛾由此进入亚洲。1958年在汉城发现此虫；1979年在我国辽宁省边境几个县城也发现此虫，20年间向北扩展了700 km，平均每年35 km。美国白蛾最难对付之处在于幼虫能到处安身和做茧化蛹。辽宁省新金县发现：卡车停在树下时常爬上很多幼虫，大部分是4～5龄幼虫。它们随车长途跋涉中虽然死亡一些，但还是会有一部分化蛹羽化。20世纪80年代，此虫在我国陕西武功突然暴发成灾。据调查，它是随着朝鲜送来检修的飞机传入的。

---

### 2. 繁殖力强

外来种能够产生大量的后代种子，繁殖世代较短，结果时期长，种子具有存活时间长、体积小、量大、寿命长等特点，本身还具有很强的无性繁殖（如营养繁殖）能力，可以通过根、芽、茎、孢芽或孢子等大量繁殖。成功入侵者常常与单亲模式和繁殖有关，即自体受精、单性繁殖（无配生殖），或克隆繁殖。一年生杂草要么是自体受精，要么是无性生殖；多年生杂草则可能是自花传粉，或进行广泛的营养繁殖。

### 紫茎泽兰繁殖速度快

紫茎泽兰有着极强的适应能力和传播能力。它耐阴、耐旱、耐寒和耐高温，并兼有有性繁殖和无性繁殖两种繁殖方式。4~5 年生的紫茎泽兰通常有 15~20 个生殖枝，每个枝条平均有 1 252 个花序，每个花序平均含花 71.2 个。据估计 1 亩建群的紫茎泽兰一年可生产出 4.63 亿个瘦果。1 000 个瘦果的质量才有 0.05 g，瘦果小得和尘土一样，生有冠毛，可以随风飞扬，到处传播，同时藉根状茎行营养繁殖，更加强了其传播及侵占能力。

3. 生态适应力强

许多外来种适宜生存范围非常广泛，可以在多种生态系统中生存，其中许多物种可以跨越热带、亚热带和温带地区。有的可以在极其贫乏的土壤中生存，喜干旱和阳光充足的地方（生态退化常形成这种生境）。有的则以某种方式渡过干旱、低温、污染等不利条件，一旦条件适合，就开始大量滋生，如种子可以在土壤中存活多年，一旦条件好转，就开始发芽。

### 谷斑皮蠹的生态适应力强

谷斑皮蠹是著名的危险性仓库害虫，被列为国际植物检疫对象，可污染许多种贸易农副产品，出现几率多且难于防治。严重危害时，玉米堆上层的幼虫数可超过玉米粒数。1946 年随贸易传入美国，1953 年在加利福尼亚州造成经济损失高达 2.2 亿美元。此虫生长的温度范围在 21~40℃，1 年可繁殖 5 代，部分幼虫的滞育期可长达 4~8 年。该虫抗低温能力强，2~4℃ 时能生存 12 个月，-10℃ 时可生存 72 h。它抗干燥能力亦强，能在相对湿度 2%，食物含水量 2%~2.5% 的条件下充分生长发育。尽管许多国家对它实行排斥、封锁、围堵，但几十年间它已传到许多国家。

4. 生命力顽强

被认为是世界上最难防治的马铃薯金线虫，浸染马铃薯根部，吸食根部液汁。远距离传播主要靠寄主作物及带有线虫的土壤。受到侵染之后，5 年之内马铃薯严重减产达 60%~70%。线虫的孢囊则在土壤中长期存活，即便不种植马铃薯也可达 30 年之久。

### 大瓶螺的生命力

大瓶螺是一种淡水螺，1981 年由一位巴西籍华人引入到广东。这种外来种需要有水才能正常生长繁殖，它却可以在干旱季节埋藏在湿润的泥中度过 6~8 个月，一旦发生洪水或稻田被灌溉时，它们又能再次活跃起来，并大量繁殖形成危害。大瓶螺能够成功入侵源于其高繁殖率（至少在夏季）和旺盛的生命力。世代平均仅为 26 天，每一只螺（雌雄同体）在 20 周的繁殖期内每日可生产 10~70 枚卵。这种螺采食多种食物，可在其他螺无法生存、被有机污染的生境中旺盛生长，这些特性使之能在多种淡水中，特别是已受污染或被人类活动干扰的地点集群繁衍。

5. 生态位宽，分布广

许多外来入侵种适宜生活范围非常广，可以在多种生态系统中生存，其中许多物种可以跨越热带、亚热带和温带地区。有的可以在极其贫乏的土壤中生存，喜干旱和阳光充足的地方。如果是动物，食性广往往是成功入侵的因素。例如原产澳大利亚的帚尾袋貂1858年作为发展毛皮产业被引进新西兰，至1984年，该袋貂已经在该国92%的土地上都有分布。最主要的原因之一就是该动物不仅可以树叶、花、果为食，还可以以昆虫、鸟蛋、雏鸟和真菌类为食。

## 二、被入侵生态系统的易入侵性

当前，有关物种入侵的研究更多的是关注物种本身的入侵力方面，而且已经取得了巨大的进步。在确定作为接受地点抵抗力特点方面却研究得很少。几乎所有的生态系统都或多或少有外来物种的入侵，但其中一些生态系统更容易受到入侵。与其他生态系统相比，易受入侵的生态系统具有一些共同特点。

1. 具有足够的可利用资源

一些研究发现，低的养分、水分和光照的可获得性能够降低生境的可入侵性。外来种必须有足够的可利用资源（食物、光照和水）才能成功入侵。在退化的生态系统中，物种单一，一些资源被过度利用，而另一些则没有被充分利用。外来物种正是借助这些没有被充分利用的资源才得到发展的。例如，在四川和云南地区造成严重危害的紫茎泽兰，其入侵的就是大面积退化的草场。受突发性的自然干扰，如火灾、洪水和干旱等破坏后的生态环境，常常是外来物种入侵的首选地。在稳定的生态系统中，空间、光照和水等资源已经被充分利用，没有闲置生态位，外来物种必须形成相当势力后，才可能与本地物种竞争。

光量通常是天然森林中一个十分重要的限制因子。外来入侵种的存在往往与光量呈相关。在单一化的人工林中可能不遵守这个规律，例如，在四川大片单一的云南松林中，虽然郁闭度较高，却有大量紫茎泽兰生长。这很可能是因为物种单一，资源利用不平衡，存在很多其他可以利用的资源，给紫茎泽兰提供了可乘之机。

2. 缺乏自然调控机制

繁殖能力强的物种，在其原来的生态系统中必然有天敌生物，或以其为食，或寄生，或能够与其竞争，或能够分泌物质抑制其生长，从而控制其种群数量。可是在引入的地区，如果没有这种自然控制机制，这些物种就有可能肆无忌惮地爆发。在岛屿或隔离地区（如湖泊、被隔离的水域等）被入侵的可能性比较高，就是因为这些地区缺乏控制机制。

### 凤眼莲的天敌

凤眼莲，又名水葫芦，原产南美，大约于20世纪30年代作为畜禽饲料引入中国，并作为观赏和净化水质植物推广种植，现广泛分布于南方10多个省市。在中国最大的高原湖泊——滇池，由于水质污染，凤眼莲疯长，致使很多原来自然分布的本地水生生物处于绝灭的边缘。在我国，凤眼莲的天敌很少，只是最近才发现有一种蜗牛和一种鳞翅目昆虫以及少数病原菌。但在凤眼莲的原产地南美洲，却有200多种天敌昆虫取食凤眼莲，这是凤眼莲在南美没有造成危害而在我国成灾的重要原因之一。

3. 物种丰富度与可入侵危险性

研究发现，物种的多样性可以增加对入侵的抵抗力。在物种竞争水平不高的生境中，外来种入侵的成功率相对较高。一些干旱地区、盐沼和高山、沙地或高低不平的土壤生境、片断化生境、河岸生境、岛屿生境等，由于地理或历史隔离，本地生物多样性水平较低，成为外来种最易入侵的生境。

但是这个观点并不总是正确的。通过调查发现，外来种的物种丰富度与本地种的丰富度具有正相关关系，说明入侵种更趋于入侵当地植物多样性高的地方。

在物种多样性高的地点都具有有利于生物多样性的生物或非生物因素，例如，湿度、营养、环境异质性和物理因子等，它们既有利于本地物种的生物多样性，也有利于入侵者生长，这可能是物种多样性与入侵性呈现正相关的基本原因（徐汝梅，2003）。何春光等（2005）曾对吉林省的外来入侵种进行过详细的调查，发现外来入侵种多分布于中、东部地区，而并非西部地区。因为中东部地区具有有利于生物定居的环境因素，如丰富的降雨、充足的营养、多样的生境以及各种物理因子等，它们既有利于本地种的生存，也为外来入侵种创建了良好的空间生态位和营养生态位。对吉林省经济和生态环境造成危害的外来入侵种，如稻水象甲、日本松干蚧、栗山天牛等多分布于中、东部地区。吉林省西部地区干旱少雨，土地"三化"问题严峻，生态环境极为脆弱。在该区引进了大量的外来物种，如作为牧草或饲料引进的紫苜蓿、白香草木樨以及用来治盐、治碱、防风固沙等耐性较强的植物，却没有在该区迅速增殖扩散而对该区造成危害，但同时热带雨林中几乎没有害虫暴发又支持"多样性阻抗假说"。

4. 生态系统的完整性与入侵的危险性

所谓生态完整性（ecological integrity）是指一个地方的生态系统结构和功能是完整的，其组成部分及生态过程是可持续的，人类的利用及相关设施与当地生态系统在类型、数量和时间等方面的承受能力是相协调的。许多研究支持生态系统完整性的地方生态入侵的危险性小。如自然的森林和草原，外来种的数量相对较少，而人为构建群落外来种数量则相对较多。这一点特别体现在郁闭度高的环境中，外来物种入侵的危险要比开放的地区小。在未受干扰的森林中，因为树冠的郁闭很好地限制了物种入侵，零星的外来入侵种出现在临时打开或受到干扰的地方，通常也不会受到危害。在保护完好的森林地区的物种入侵通常和人类有意引入的耐阴物种有关。例如根据目前对薇甘菊分布区域的调查，在郁闭的原生林中，没有薇甘菊生长，有薇甘菊的地方都是疏林、空地及生长早期的树林。

5. 人类进入频率比较高的区域

人类进入生态系统的频率与外来种入侵的机会存在相关性。这些原有的生态系统本身不一定具有很高的被入侵的可能，但是由于人类频繁的出入，容易带入外来物种。同时人类的频繁活动常使生态系统受到干扰，这些干扰也容易给物种入侵创造机会。如重要的港口、口岸附近，铁路、公路两侧，还有人为干扰严重的森林、草场。

## 第三节 外来入侵物种的影响

### 一、外来入侵种对生物多样性的影响

外来入侵种已经成为当前生态退化和生物多样性丧失等的重要原因，特别是对于水域生态系统和南方热带、亚热带地区，已经上升为第一位重要的影响因素。我们都知道，当环境一再持续恶化，物种不断消失，栖息地不断被侵蚀，大气、水和土地的污染越来越严重，生态系统迟早会崩溃。外来入侵种很可能就是导致生态系统崩溃的导火索，因为它减弱或改变了物种之间的相互作用关系。在这种情况下，要维持原有的高度丰富的生物（物种）多样性是不可能的。外来入侵种对生物多样性的影响是多方面、多层次的，下面从生物多样性最重要的三个层次给予分析。

1. 对遗传多样性的影响

外来入侵种对遗传多样性的影响是难以察觉的。随着生境片段化，残存的次生植被常被入侵种分割、包围和渗透，使本土生物种群进一步破碎化，还可以造成一些物种的近亲繁殖和遗传漂变。有些入侵种可以同属近缘种，甚至不同属的种（如加拿大一枝黄华可与假薯紫菀杂交）。这种杂交也可能消灭掉本地种，特别是当本地种是稀有物种时。入侵者与本地种的基因交流可能导致后者的遗传侵蚀。从美国引进的红鲍和绿鲍在一定条件下能和中国本地种皱纹盘鲍杂交，在实验室条件下已经获得了杂交后代，如果这样的杂交后代在自然条件下再成熟繁殖，与本地种更易杂交，结果必将对中国的遗传资源造成污染（梁玉波等，2002）。

2. 对物种多样性的影响

每种动植物作为生态系统中的一个成员，在其原产地的自然环境条件中各自都处于食物链的相应位置，相互制约，所以种群保持着相对稳定的状态，这是自然界的普遍规律。一旦有外来种侵入新的区域，就会干扰那里原有的生态平衡，通过占据本地种的生态位或与本地种发生竞争，而使本地种受到威胁甚至灭绝。在美国受到威胁和濒危的958个本地种中，有约400种主要由于外来种的竞争或危害而造成的。外来海洋入侵生物与土著海洋生物争夺生存空间与食物，危害中国土著海洋生物的生存，如大连从日本引进的虾夷马粪海胆能够咬断大型藻类的根部，不仅破坏了海藻床生态群落的稳定性，并与中国土著海胆争夺食物与空间，已对其生存构成严重威胁。

克拉马思草，又称金丝桃，是一种欧洲和亚洲原产的多年生杂草，已传播到世界上许多半干旱和亚温带区，主要是澳大利亚、新西兰、阿根廷、智利、南非和北美。该草传入美国后，于20世纪初在加利福尼亚北部的克拉马思河一带首次发现，并因此被美国学者称为克拉马思草。在以后的若干年中蔓延到加利福尼亚整个低海拔的山谷、峡谷和沿海平原，侵占了有价值的牧场，到20世纪40年代中期已经遍及81万 $hm^2$ 土地。随着其分布区的不断扩大，该草成为当地绝对优势植物，取代了当地畜牧业最有价值的本土牧草和引进的牧草。再如，大米草原产欧洲，于20世纪七八十年代引入中国作为沿海护滩植物，在许多地区对护滩固岸起到了很好的作用。但近年来在原引入地以外的某些地区，滋生扩

展,形成优势种群,已经对当地生物多样性构成威胁。

### 外来鱼类是导致新疆本地鱼类濒危、灭绝的首要因素

盲目引入外来鱼种,已对中国淡水生物多样性造成了严重威胁。例如,从20世纪50年代开始,先后从长江、珠江和额尔齐斯河水系往新疆塔里木河进行鱼类引入。当时的出发点是为了增加本地河流中淡水鱼的种类,在一段时间也确实达到了这个目的,使塔里木河中的鱼类从原来的15种增加到41种。但由于引入的外来种与原有的土著种在生存空间、食物资源占有等方面发生激烈竞争,从而威胁到原来土著种的生存,其中新疆大头鱼和塔里木裂腹鱼数量急剧减少,分布范围变小,处于濒危状态。更为严重的是,从北疆的额尔齐斯河将河鲈引入南疆的博斯腾湖,导致了原自然分布于该湖的新疆大头鱼绝灭。

外来种在其侵入区内,除了直接的生存竞争对当地生物多样性进行干扰以外,还以其他表现形式对当地生态系统产生影响。在南非,对14种引进的农作物造成严重危害的130多种害虫均系本地种,它们原来并不取食这些作物,而是由于引进的外来植物促使这些本地种昆虫改变了食性。

3. 对生态系统多样性的影响

由于一些外来物种通过直接作用减少了当地物种的种类和数量,形成单优群落,间接地使依赖于这些物种生存的当地其他物种种类和数量减少,最后导致生态系统的单一和退化,改变或破坏了当地的自然景观,改变了生态系统的多样性。

外来种一旦入侵一个生态系统,首先引起生态系统组成和结构的改变,同时对生态系统的资源获取和利用产生影响,并使系统的干扰频度和强度发生改变,系统的营养结构也产生变化,能彻底改变本土生态系统的基本功能和性质,导致整个生态系统的崩溃和生态景观的改变。被称为"植物杀手"的薇甘菊原产于南美洲,20世纪70年代在香港蔓延,80年代传入中国东南沿海,现在该植物蔓延到珠江三角洲,严重危害天然林、人工速生林、果园、公园等风景区和绿地,并进一步威胁到整个华南地区。在深圳内伶仃岛,该种植物象瘟疫般地滋生,攀上树冠,使大量树木因失去阳光而枯萎,从而危及到岛上600多只猕猴的生存。一种侵入澳大利亚北部的豆科灌木,将当地80万 $hm^2$ 的热带湿地变成了一片单一的灌木林,本地水鸟因此被迫迁出。

外来入侵物种对生态系统的破坏及威胁是长期的、持久的,与人类对环境污染破坏不同。当人类停止对某一环境污染后,该环境会逐渐恢复,而外来物种入侵后,即使停止继续引入,已传入的个体并不会自身消失,而会继续大肆繁殖和扩散,要控制和消除往往十分困难。所以,外来入侵物种对生态系统的影响具有不可逆转性。

### 栗疫病改变了一个森林生态系统

美国栗木的死亡清楚地显示,一个完整的生态系统是如何被彻底改变的。直到20世纪早期,在美国东部的落叶林中,栗树仍然是丰度最高的阔叶树种之一,在所有树木中所占的比例在某些地区可以达到25%,在美国东部,它也是最重要的经济林木之一,可以提供用于家具制造和建筑的优质木材。其果实具有很高的经济价值,同时也是野生动物的重要食物来源。在20世纪初,一种来自中国的真菌性栗疫病菌被意外地引入,毁灭了

368 264.26 km² 范围内的 10 亿棵栗树。尽管美国栗树作为一个物种现在仍然存在，但从生态意义上来说它已经灭绝了——不再是生态系统中有功能的一部分了，它的消亡永久地改变了美国东部落叶林的生态。

### 二、对社会经济的危害

外来种侵入新区后，占据适宜生态位，种群迅速增殖、扩大，发展成当地新的优势种。这是一个生态学过程，其带来的直接后果是对人类社会经济的损害。

仙人掌原产北美，有数百种之多。1938 年到了澳大利亚后，迅速扩张，到 1990 年已侵占了 40 470 hm² 的土地，到 1925 年继续扩大为 242 817 hm²。在美国已有 4 500 余种生物入侵成功，仅夏威夷州就有 2 000 余种外来生物定居，而且每年仍有二三十种不断侵入。据统计，美国每年因外来物种入侵造成的经济损失高达 1 300 亿美元。

我国因外来种入侵造成的经济损失也相当惊人，几种主要外来入侵物种每年造成的经济损失达 574 亿元人民币，仅对美洲斑潜蝇一项的防治费用，每年就需 4.5 亿元。松材线虫病，原产地北美，是松材线虫寄生于松树体内而导致树木迅速死亡的一种毁灭性病害，被称为"松树的癌症"。松树一旦感染这种线虫，一般情况下，患病后没有任何拯救措施，当年得病当年死亡。1982 年在南京中山陵首次发现，现已扩散到江苏、安徽、广东三省五市十二个县，5 100 hm² 松林受害，累计死树超过 100 万株。有专家估计，我国 70 年代发生在林业上的外来种病虫（美国白蛾、松材线虫病、松突圆蚧），其危害损失每年超过 20 亿元人民币。目前，松材线虫、美国白蛾等森林入侵害虫每年发生严重危害的面积约在 150 万 hm²；飞机草、水葫芦、大米草、空心莲子草、微甘菊等外来杂草已蔓延到了难以控制的地步，与此同时，新的危险性入侵物种还在不断出现并构成威胁。大量的外来种给国家和社会经济造成了巨大的损失。我国为控制这几种新传人的外来疫情，阻止其扩展蔓延，每年投资数百亿元资金。

稻水象甲是典型的生活在湿地中的外来入侵种，为鞘翅目象虫科昆虫（照片 6-2），原产美国，由于危害性大，传播速度惊人，被国际植保组织确定为世界性的检疫性有害生物。属于半水生性昆虫，卵及幼虫生活于水稻田及池塘中，成虫于地面枯草上越冬。稻水象甲抗逆性强，耐饥饿，耐窒息，冬季能抵御 $-20$ ℃ 低温，能适应各种恶劣环境，繁殖率高，扩散能力强，能潜水、会游泳、善飞翔，并有很强的附着能力。该虫于 1976 年进入日本，1988 年扩散到朝鲜半岛。1988 年首次发现于河北省唐山市，到 1997 年，它已在 8 省 54 个县市出现，破坏了 310 000 hm² 的水稻田。每年造成经济损失达 4.3 亿元，使全国水稻减产 50%。该虫于 1993 年进入吉林省的集安市，至 2000 年底，稻水象甲已经发现分布在通化、白山、延边、吉林 4 个市（州）14 个县（市、区）82 个乡镇，发生面积 7 744 hm²，因稻水象甲的危害，每年损失稻谷达 1 500 万 kg，每年要耗费近百万元资金对这一害虫进行防治，直接经济损失达 2 000 多万元。

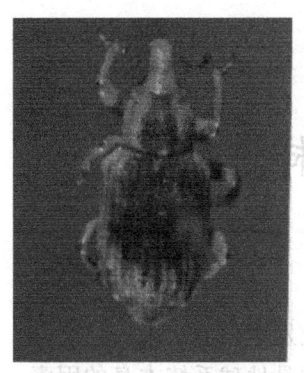

照片6-1 吉林稻水象甲对水稻根和叶的危害（何春光摄）

### 三、对人类健康的影响

传染性疫病是外来物种入侵的典型例证，大凡新型的传染病，一些是直接通过旅行者无意带进来的，还有一些则是间接地从人们有意或无意引进的动物体上传染的。如外来动物大瓶螺，是人畜共患的寄生虫病的中间寄主，巴西龟也是疫病的传播媒介。豚草和三裂叶豚草所产的花粉是引起人类花粉过敏症的主要病原物，可导致"枯草病"等。造成口蹄疫的一种病毒也是外来物种，它侵害牛、羊、猪、骆驼、鹿等偶蹄性牲畜动物（两瓣蹄子的兽类），因为病变发生在口腔、蹄部等处，又呈现在畜间传染流行的疫势，称之为口蹄疫。在畜间发生流行口蹄疫时，也曾偶见传染给人而发病，是一种人畜共患的传染病。

---

**思考题及要点**

1. 掌握本地物种、外来物种、外来入侵种的定义，理解它们与归化种的区别？
2. 了解外来物种的传播途径。
3. 掌握外来入侵物种的入侵机制。
4. 作为生物多样性的第二大致危因素，外来入侵种是如何影响生物多样性的？
5. 了解外来入侵种对社会经济和人类健康的影响。

# 第七章　气候变化与生物多样性危机

物种灭绝与气候变化密切相关，据统计，在地球生命史上发生的五次大灭绝事件，其中有四次与气候变化有关。导致气候变化的因素比较多，有的是地球系统本身的因素，如火山喷发、海—陆—气相互作用、地壳运动、地球转动等，有的是地球以外的因素，如太阳辐射、银河系尘埃等。但近年来，人类的剧烈活动，尤其是资源的不合理利用，正在使地球的气候发生异常变化，而这种异常变化也正在威胁着地球上的各种生命形式。

## 第一节　气候变化

由人类活动引起的气候变化已成为深刻影响21世纪全球可持续发展的一个重大问题。政府间气候变化专门委员会（IPCC）第四次评估报告明确指出，最近100年（1906~2005年）全球平均地表温度上升了0.74℃，自1850年以来，最暖的12个年份有11个出现在近期的1995~2006年，过去50年的升温速度几乎是过去100年升温速度的2倍，也就是说地球变暖的速度在加快（图7-1）。全球气候变暖不仅影响人与生物的生存环境，也影响经济发展和社会进步（秦大河等，2005）。

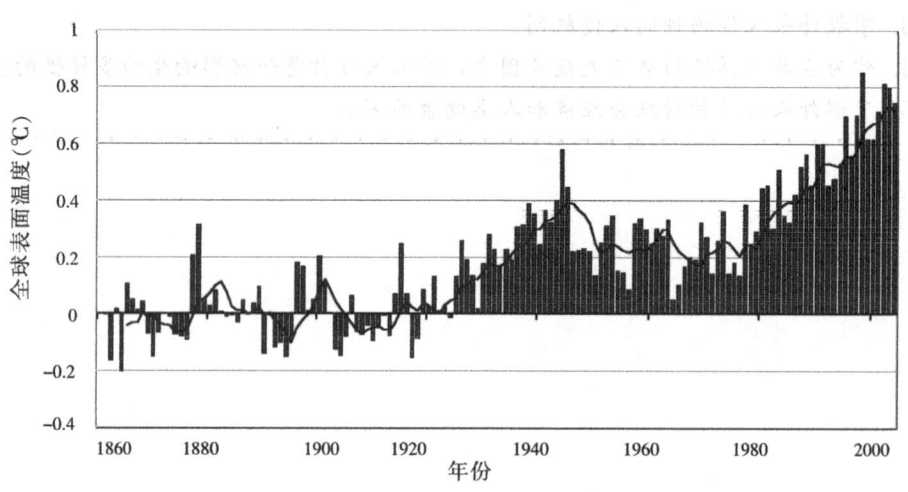

图7-1　过去140年地球表面升温幅度较大
(From Hadley Centre for Climate Prediction and Research)

## 一、气 候

气候（climate）一词源于希腊语 Klima，意思是倾斜，指的是地平线上太阳光线倾斜的角度。古希腊人知道，如果太阳入射角较小，则气候较冷，因此接近赤道的地方较热，而高纬度较冷。决定一个地方气候的因素比较复杂，它与太阳辐射、地球轨道参数、地表性质、大气本身的物理化学性质等因子密切相关。不同地区由于所处的纬度位置不同，接受的太阳辐射能量多少不一，受海陆大气环流系统影响的程度不同，各地的气候也都有各自不同的特点。

气候可以定义为全球或某一特定地区天气和大气状况及气象要素（气象要素有气温、降雨量、风、日照、辐射等，包括这些要素的分布型）在足够长的时间内（通常是30年）反映出来的极值、均值和变率等统计特性。世界气象组织（WMO）规定把30年的气象要素和气象现象的统计性质作为比较稳定的气候标准值（normal），但这个标准值并不是一成不变的。许多研究表明地球气候处在不断的变化过程中。为适应观测系统的逐步完善及气候变化，不同时期采用了不同的30年标准值，现推荐使用1971~2000年平均值作为标准值。

## 二、气候变化

气候变化（climate change）指气候平均状况随时间的变化，如30年平均气温或降水量的变化。按时间尺度又可以分为4种：① 冰期—间冰期旋回，时间尺度$10^4$~$10^5$年；② 千年尺度气候振荡，时间尺度$10^3$年；③ 十年及百年尺度气候振荡，时间尺度$10^1$~$10^2$年；④ 年际气候变率$10^0$年。

在自然界中，由火山喷发、地球转动、太阳辐射等自然因素引起的地球变暖和变冷周期性地发生着。在全新世中一共出现三次暖期，第一次暖期被称作大暖期。大暖期出现的时间因地而异，在欧洲为6 000~4 000年 BP，南半球为6 000~10 000年 BP，中国则在5 000~6 000年 BP 前，那时全国温度比现在高2℃以上。第二个暖期是中世纪温暖期，发生在公元前900~1 300年间。这次暖期的温度变幅小，并且从半球尺度看，出现时间有一定差别。中世纪温暖期后是长达300多年的小冰期，1850年小冰期结束后气温开始突然上升，进入第三次增暖期。虽然这次增暖期温度上升幅度不及大暖期，但明显超过中世界的温暖期。每次的气候巨变都伴随着生物的大灭绝。

我们通常所指的气候变化是指自1900年代以来发现的地球气候的变化。最近我们看到的和预计今后80年将发生的变化，主要是由于人类的行为引起而非自然变化。全球温度在过去300年上升超过了0.7℃，因此气候变化已经发生。20世纪温度增加了0.5℃，最严重的变暖发生在1910~1940年间和1976年至今。

最近1 000年内，1990年代是最温暖的，5个最温暖的年度有4个发生在90年代。1998年是1861年有记录以来全球最温暖的一年。1995年是225年以来炎热天数最多的一年，超过20℃的天数为26天。而冷天的数量（平均温度低于0℃）则从20世纪以前的每年15~20天，减少到最近几年每年大约10天。

### 三、人类活动引起的全球气候变化

人类活动引起的气候变化主要包括人类燃烧化石燃料、硫化物气溶胶尝试的变化、陆面覆盖和土地利用的变化等。人类活动排放的温室气体主要有6种，即二氧化碳（$CO_2$）、甲烷（$CH_4$）、氧化亚氮（$N_2O$）、氢氟碳化物（HFCs）、全氟化碳（PFCs）和六氟化硫（$SF_6$）。其中对气候变化影响最大的是$CO_2$，它具有非凡的特质：光线可以穿透，可偏偏堵死了热量的去路。这就是"温室效应"的秘密所在，它所产生的增温效应占所有温室气体总增温效应的63%，且在大气中的存留期最长可达200年，并充分混合，因而最受关注。HFCs和PFCs是CFC的替代物，虽然它对臭氧层损耗大为减轻，但对气候变化的增温效应明显。温室效应势必会造成人类亲手引发的最大的环境变化。

地球上对大气中$CO_2$浓度的直接测量是从1957年夏威夷的Mauna Loa站开始的（图7-2）。其结果清楚地表明$CO_2$浓度从1957年以来是直线上升的，大致从315 ppmv（1ppmv为百万分之一体积）上升到2000年的368 ppmv。根据各种不同的测量与代用资料（主要是南极冰芯），人们重建了过去40万年和$76\times10^4$年大气$CO_2$浓度的变化。结果表明从10世纪到18世纪中期大气中$CO_2$浓度水平大致稳定地维持在280 ppmv。从1750年开始（大致对应工业革命开始的年代）$CO_2$浓度开始上升，并且近50～100年呈加速上升趋势。这显然与工业化以后$CO_2$排放量增加密切相关。

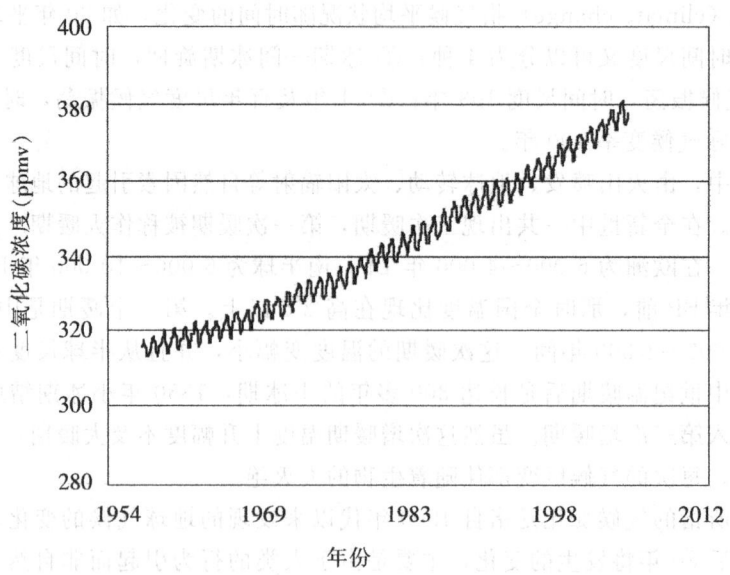

图7-2 大气二氧化碳浓度的变化（夏威夷Mauna Loa站）

除了人类活动产生的大量温室气体造成全球气候变暖外，人类的另外一些因素如土地利用的变化也会造成气候变化。这主要有两个原因：一是陆地物理特征的变化能影响辐射、热量和水的交换；二是植被类型、密度和有关土壤特性的变化通常引起陆地碳储存和通量的变化，进而使大气$CO_2$含量发生变化。土地利用的变化又包括两种类型：一类是直接由人类活动引起的变化，如毁林、造林、农业灌溉及城市化、交通等；另一类是间接变化，即气候变化或$CO_2$含量的变化可使生物群落的结构和功能发生变化或造成生物群落本身的迁移。从中长期的观点看：第二类变化可能很重要。例如，气候变暖后，高纬度地区生长延后，从而造成生物物质密度、生物化学循环率、光合作用、呼吸作用和森林火灾增加，进而造成反射率、蒸散发、水文和区域碳收支的明显变化。而第一种变化如城市化可通过影响地面粗糙度而影响地方性风场，这是蒸发特征和射出波长波辐射改变的结果。这种城市化现象对于区域气候影响的量级虽然不大，但它会影响台站仪器的温度记录，因而应消除这种城市化的影响。

## 第二节  气候变化对生物多样性的影响

对于一个长期适应于某一特定气候的物种或分类群，其适应性以及适应性的调节范围总是有限度的。高纬度地区冬季的寒冷和短光照使得长期生存在热带地区的植物种类难以适应。每一个物种或分类群都有其固定的生活节律（生物钟），它的调节幅度是很有限度的。气候的变化或变迁超过了某一物种或分类群的调节限度，就可能导致该物种或分类群出现响应。由于气候变暖，植物开花、卵孵化，青蛙产卵都在提高。在英国，蝴蝶在春天的出现较20年前平均提前了6天。在欧洲，树木呈现秋色的时间每10年晚0.3~1.6天，许多迁徙的鸟类正在改变着它们的旅行日程，越来越多的研究显示动植物为了适应气候变化不断地改变着其活动范围和行为。许多情况下，这样的变迁正在引起生态混乱。例如迁徙的鸟类到达欧洲的时间太晚以致其产下的后代错过了毛虫的生长旺季。

生物多样性对全球气候变化的反应包括：地理分布的改变、生理发生改变、生活周期发生改变、迁徙习性和栖息地发生改变、生存能力降低，一些物种甚至会发生灭绝。

### 一、气候变化与物种灭绝

气候的变化往往造成大量物种灭绝。根据化石记录，晚白垩纪全球气候的干旱化使38%的海生生物属彻底灭绝，陆地动物遭受灭绝的规模更大；第三纪始新世末期，由于气温迅速变冷，许多在古新世后期和始新世占优势的植物类群灭绝；第四纪冰川的影响又使大量的植物类群销声匿迹。地球上几次灾变事件，如火山喷发和造山运动等，其引起物种大灭绝的根本原因是先改变了地球的气候，继而影响了物种的生存。短时期内大量的火山爆发时，其效应与小行星与地球相撞所产生的气候效应相似，大量的火山灰冲入大气层，增强了地球对光的反射能力，使辐射到地球表面的太阳光迅速减少，导致地球表面的气温急剧下降。几次生物区系的危机均发生在火山爆发和造山运动时期。如奥陶纪后期、泥盆纪后期和白垩纪后期所发生的3次生物大灭绝事件均伴随着火山爆发和造山运动。大多数火山爆发的持续时间和生物大灭绝时期相吻合。另外，小行星碰撞对地球气候的影响力是巨大的。小行星在大气中燃烧以及和地球的相撞会产生大量的岩石碎片并弥散在大气中，至少要持续一个星期。这种尘埃云会阻碍所有的太阳光线射入地面，由于光线强度极低、光合作用不能进行，因此在几个月之内地球表面温度迅速下降，并一直维持在零度以下。除此之外，大气中会出现氰化物、氮氧化物等有毒气体，并可能导致全球性酸雨以及臭氧层的破坏等。这种气候的大骤变势必对生物圈产生重大的影响，而全球性气温急剧变冷往往就是生物大灭绝即将来临的征兆。

就动植物总体而言，生物多样性正日渐减少，而全球升温很可能意味着进一步的锐减又要紧跟而来。在无脊椎动物方面，英国科学家考察南极后认为，如果南极海水温度像预期那样上升，地球上会失去大量扇贝、双壳软体动物及大海蜘蛛等动物。对11种物种进行跟踪观察发现，气温升高2～3℃，它们就会窒息。南极周围水温上升比陆地快1倍多，最近15年来已升高1℃，21世纪内气温可能上升3℃。而生长在这一带的动物生长速度慢，100年内只能繁衍几代，对气温变化的适应得经过好几代。因此，数千种冷血动物可能濒危绝迹。

英国、荷兰、澳大利亚、南非、巴西、美国和墨西哥7个国家的19位科学家在这些国家的不同地区，对1 103种动物和植物特有种或近特有种进行了系统的研究，最近在Nature上发表了最新的研究成果。他们认为：在2000～2050年期间，澳大利亚昆士兰山地森林由于气候变化，在最低情况下（气温升高0.8～1.7℃，$CO_2$提高到500 ppm）造成物种灭绝的概率为7%～13%；最高情况（气温升高超过2.0℃，$CO_2$提高到550ppm），灭绝概率将达到43%～58%；在巴西塞拉多地区的植被由于栖息地高速度破坏，在2000～2050年期间当地原有物种的34%将会灭绝；而气候变化在中等情况（气温升高1.8～2.0℃，$CO_2$提高到500～550 ppm）下，木本植物物种将会有48%～56%灭绝，而在最低情况下则会有38%～45%的物种灭绝；在南非，同一期间山龙眼科27%的当地原有物种灭绝。而在中等情况下，物种灭绝概率可能在21%～40%之间。上述三地均处于南、北半球气候相对湿润区，其物种对气候变化相对中国而言要稳定得多，因此在气候相同变化情景下，中国的物种灭绝估计不会低于上述数字。

### Monte Verde 金蛙绝灭

生活于哥斯达黎加的Monte Verde森林的当地特有物种Monte Verde金蛙最后一次见到是在1987年。20世纪70年代以来，由于温度上升，云层升高导致在这里生活的特有鸟类、爬行类和两栖类种群发生巨大变化，其中有21种蛙类在这个森林消失。由于Monte Verde金蛙只生活于这片森林中，它在当地的消失，代表了这个物种在整个地球上的消失。

### 二、气候变暖对生态系统的影响

温室效应曾经在促进地球生命的繁荣上起过重要作用，没有它，地球表面的温度会剧烈下降。但是，由于人类的剧烈活动所造成的气候变暖，势必影响生物的分布状况，因为物种不能很快调节自己以适应比自然过程快得多的变化。我们知道，不同的气候类型对应不同的生态系统分布，以气候变暖为标志的全球气候变化必将对陆地生态系统产生严重的影响，而植被的变化又通过影响植被与大气之间的物质和能量交换影响气候系统，进一步加剧环境的恶化。短周期植物如草地植物与农作物，对气候变化适应较快，而长周期植物的适应则较慢，如森林。我国学者周广胜等（1996）的研究表明：年均气温增加2℃，降水增加20%，对于我国大部分地区是有利的，其水热条件都向好的方向转变，但青藏高原将变得干热，有沙漠化趋势；而年均温增加4℃，降水增加20%条件则对我国不利，森林和草原面积大减少，沙漠化趋势严重，特别是青藏高原。张新时等（1994）的研究表明：在气温增加 4℃，降水增加 10% 的条件下，青藏高原东南部山地植被有明显森林化趋势，山地森林面积增加 6.4%，尤其是热性与温性森林面积显著增加；高山草甸面积则显著减少，大部分转为山地寒温针叶林；高山草原面积减少过半，多转为温性草原；高原西部的高寒荒漠虽大多转变为温性荒漠，但从冻荒漠与亚冰雪带的转暖而得到补偿；高原山地温性荒漠在增温后增加近 12%，表明荒漠化趋势强烈，植被垂直带上移 560~1000 m，多年冻土层大部分消融，山地雪线上升，冰川退缩与高原湖泊萎缩。

Krajick K.（2004）在《科学》上发表文章指出气候变化在影响着高山生态系统。在高山地区，植物和动物在一个很狭小的角落里生存。与温带种不同，它们应对变化的适应能力较差，而它们定居的生态"孤岛"随着全球变暖正一步步地在减小。随着气候变暖，更多的低海拔物种会向上入侵，它们可能会使顶部生存的生物被淘汰出局。蝴蝶种群，生长缓慢的高山植物和水生物种都会受牵连，尤其是一种小型的哺乳动物鼠兔正面临着绝灭的危险，因为它们的适应能力有限。然而，并不是所有的变化都是不利的，例如，在秘鲁的安第斯山脉 Quelccaya 冰层，研究者报道，54 种高山植物种类，23 种地衣和世界上已知生存在最高海拔的两栖动物已经开始在冰川融化的地方定居了。

### 三、气候变暖对珊瑚礁湿地生态系统的影响

珊瑚礁是世界上物种丰富度最高的海岸湿地生态系统类型之一。气候变暖会造成冰山的消融和格陵兰冰盖的收缩，海平面可能升高 0.2~1.5 m。这种海平面的上升将淹没低矮的海岸湿地群落。对于生活于特定水下深度以获取光线、水流组合的珊瑚种类来说，海平面的上升具有潜在危害。这种危害主要体现在海平面上升的速率与珊瑚生长速度的相对关系上。如果珊瑚礁生长接近海平面上升的速率时，有利于珊瑚的生长，特别是海平面上升的速率适度高于珊瑚礁生长的速率时，珊瑚礁会较快生长。反之，当某些珊瑚有可能生长得不够快而赶不上海平面上升速度的珊瑚礁，将渐渐被"溺死"。如果海水温度也上升的话，破坏有可能加剧。珊瑚礁生长的适应水温为 18~30℃，最佳适宜温度为 23~27℃，若以 30℃ 为珊瑚礁生长的阈值，夏季我国各珊瑚礁区的表层海水温度将超过珊瑚生长的上限温度，可能会出现珊瑚白化和死亡事件。1982~1983 年太平洋异常高的海水温度导致生活于珊瑚内的共生藻类死亡，珊瑚随即遭受到大批死亡的厄运。另外，气候变暖、海平面上升也会造成海岸湿地损失，造成生物多样性减少，尤其是欧美地区。海平面每上升 1.0 m，将使美国海岸湿地损失 26%~82%。

### 四、气候变暖动物将面临饥饿的威胁

气候变暖对动物灭绝的影响到底有多大，目前还很难评估。但是受害者名单一定很长。某些物种或许直接就被上升的温度击垮了，还有一些受到影响比较微妙。生物学家认为气温上升 2℃ 以上，对分布区狭窄的珍稀动物的影响可能是灾难性的。1989 年美国科学家到加州 Sequoia 国家森林公园考察新孵化的蝴蝶时，发现一个山坡上有大量蝴蝶死亡。这些蝴蝶的死亡不是由疾病或中毒造成的，而是因为当年气候变暖，冰雪提前融化，蝴蝶也提前孵化。可是产生花蜜的植物对气候变化不敏感，没有开花，蝴蝶由于采不到花蜜没有食物而提前死亡。又如黄领土拨鼠，春季从冬眠中苏醒的时间比 23 年前提早 38 天，这时栖息地上仍被冰雪覆盖，它们很难找到食物。

温度变化对北极地区的野生动物影响尤为显著。如北极熊，它们的捕食活动大都安排在冬季，离开陆地在海冰上四处寻找海豹。而在比较温暖的环境里，海冰每年都推迟成型日期，于是随着夏日渐渐走到尽头，北极熊将面临缺乏食物的危险。某些鸟类也有同样的遭遇，阿拉斯加大学鸟类学家从1975年开始研究库帕岛黑海雀的筑巢。开始几年筑巢的对数逐渐增加，最高时达到225对，以后随着气温变暖而逐步下降，到目前已下降到110对。因为黑海雀是以一种生活在海冰下的鳕鱼作为食物的，1990年气候变暖，海冰提前融化，未融的冰离岛屿越来越远，幼鸟羽毛丰满前，亲鸟不能飞到离巢20mi（1mi＝1.609 344 km）远的地方取食。最近几年，幼鸟还未出巢，海冰离岛屿的距离已超过150 mi远。因此黑海雀的筑巢数越来越少。

### 五、全球变暖将引起疾病肆虐

美国的一些生态学指出，全球变暖会使植物、鸟类、昆虫、海洋生物以及人类都可能遭到流行病的袭击。疾病将向北方、纬度更高的地方蔓延。气候变暖正以多种更适合传染病蔓延的方式扰乱自然生态系统。例如，冬天本来可使很多病菌受到抑制，但暖冬会使病菌及其宿主依然活跃，使以前寒冷的地区也受到病菌的侵袭；由于气候变化病原体还可能通过变暖的水传播到生活在不同气候环境下的宿主中；陆地生态系统中的一些细菌、真菌、病毒、昆虫甚至啮齿类动物对温度及湿度极其敏感，由于气温升高它们到了新的区域后，可能对以前未受侵害的野生动植物种群带来毁灭性的灾难。

冬季变暖还会使很多野生生物种群抑制病原体的能力下降或消失。夏季延长，高的气温还使疾病传播的时间变长，有些疾病是人类和某些动物共患的，使人类面临危险增大，同时也可能使一些物种灭绝。

无论是目前正在肆虐的禽流感，还是新近在西非爆发的高致命性马堡病毒，全球气候变暖对于各种新生疾病"难辞其咎"。泰国研究发展所J. P. Gonzalez（2005）表示，候鸟已成为禽流感病毒的主要病媒，而它们的生活习性与气候息息相关。因此科学家需要建立一个气候变化引起病媒活动范围变化的系统，通过了解病媒范围来预知疾病的威胁程度。气候变化造成的新生传染性疾病的发生和传播的原因极其复杂，除了新认识的传染性疾病以外，还包括一些"旧病复发"的病毒，这些都将受到气象学家和生物学家的双重关注。

### 六、气候变暖对生物入侵的影响

从整个生物圈的角度，全球变化会使气候带范围发生改变，这必然会改变物种与资源的分布区域，结果促进生物入侵。研究表明，大气中$CO_2$浓度的增加，会延缓草原群落的演替过程，这就为外来种进入群落提供了更多的机会。气候变暖使原产热带的外来种分布范围扩大，喜暖的$C_4$植物可能取代$C_3$植物。进一步的研究发现：科罗拉多北部的低草草原在1964～1992年的23年中，随春季最低温度的增高，主要本地种 *Bouteloua gracilia* 的净初级生产量呈线性减少，而外来禾本科草本植物密度则呈指数增加。因此，在全球变暖过程中，最低温度的升高对生物分布的影响可能最为重要。

美国的豚草与传入中国的外来入侵种豚草同属不同种。在美国大平原高草草原的加温控制试验表明，植物茎的数量和生产量增高，覆盖度增大。豚草根系渗出物、叶片淋余物和凋落物分解产生的次生代谢物质可抑制其他物种的生长，气候变暖后，豚草可压倒高草群落中其他物种而占有优势。它还具有较大的花粉粒，大的花粉粒带有较多的过敏蛋白，而且在较高气温下会增加花粉蛋白质及过敏物质的含量，导致人类过敏症状的加剧。

气候变化促进了生物入侵，反过来生物入侵在全球范围内影响了生物群落的结构与功能，继续反馈性地影响了全球环境。因而气候变化对生物入侵的促进会对地球环境产生长远的影响。

**思考题及要点**
1. 我们所理解的气候变化应包括哪些方面？
2. 气候变化会对生物多样性产生哪些影响？

# 第八章 人类活动与生物多样性危机

20 世纪是科学技术飞速发展的时代，同时也是人类对地球自然资源大肆掠夺的时代。人类的活动加快了地球生态系统的毁坏和成千上万已存在数百万年物种的灭绝。如前所述，生境破坏、物种入侵、全球变暖等因素都可以导致物种的减少和灭绝，这些因素都与人类活动密切相关。根据对夏威夷群岛物种灭绝和减少的实验研究发现：人类活动产生的各种压力同时或先后作用于物种，使它们的数量下降。除了以上这些压力因子外，还包括人口增加、过度收获，被保护生物学家概括为 HIPPO 效应（R. B. Primack，2000）。

### HIPPO 效应

**生境破坏**（habitat destruction）：例如，夏威夷的森林已被砍伐了 3/4，不可避免地导致了许多物种数量下降甚至灭绝。

**入侵物种**（invasive species）：蚂蚁、猪和其他一些外来种取代了夏威夷的土著物种。

**环境污染**（pollution）：夏威夷的淡水、海岸带的水域和岛上的土壤都被污染了，使得更多的物种衰弱和灭绝。

**人口增加**（population）：更多的人口意味着更强的 HIPPO 效应。

**过度收获**（overharvesting）：早期波利尼西亚人占领夏威夷的时候，一些物种，特别是鸟类，被人类捕捉到几乎灭绝的境地。

## 第一节 人类兴起与人口爆炸

### 一、人类兴起及人类与环境关系发展演变

现代人似乎是在约 300 万年前从灵长类祖先那里进化而来的，他们最初生活于东非的一些裂谷区，并逐渐将自己的生存范围由中非、欧洲及亚洲扩展到了澳洲，还跨过了白令海峡进入了美洲。

早期的人类都是狩猎—采集者，他们使用原始工具来获取猎物和采掘野菜，人类对环境的影响与其他大型动物的影响相比差别很小。那时候的人口数量波动，可能取决于能不能在局部环境中找到食物，也取决于疾病的蔓延程度。简而言之，早期人类对生态系统的影响较小，而生态系统对早期人类的影响较大。

人类对环境产生第一次大的冲击，可能是自从使用了火之后。早期的人类所以使用火，最初也许是为了驱赶暗藏的猎物，或者借以改善草原来吸引猎物。用火和原始工具作

武器，使早期人类具备了对定居环境产生有效影响的能力。澳洲大型动物区系有如此众多的物种灭绝，最有可能的原因是：早期的土著人使用了火，并对环境造成了冲击，才使景观产生了迅速的改变，也使许多物种无法再继续生存。火烧后的生境对取食低矮草类的动物来说是适合的，但不适合依赖灌木而生存的动物。

人类对环境产生的第二次大的冲击，应该是农业的发展。原本众多的森林遭到了焚烧，并被开发成建筑材料、工具及木柴。砍光了树木的林地，有的被用来放牧山羊、绵羊及牛等家畜，有的则被用来种植最初的农作物小麦，后来又种植大麦。这样就基本挤了本地植物，因为它们不能忍耐动物啃食，也不能忍耐土壤表面受到干扰。农业技术的发展，如使用犁和车轮，进一步扩大了耕地的面积，也使得土壤暴露开始遭受侵蚀。由于农业的快速发展，人口密度增大，便引发了对环境的高强度利用。环境问题很快显现出来：土壤侵蚀，这一严重问题正在世界各地迅速发生着，历经成千上万年漫长岁月形成的土壤，正以极快的速度被风雨一层一层地剥离。土壤侵蚀造成土地沙漠化，不断增加的人口压力使林木的覆盖减少，而家畜密度的增加还会导致过度放牧（overgrazing）。这两个因子都加快了土壤的侵蚀，促进了荒漠形成的条件，结果导致沙尘暴的形成和土地的消失。20 世纪 30 年代，发生在美国的一次历史上最严重的土壤侵蚀事件给人类留下了惨痛的教训。

### 惨 痛 的 教 训

20 世纪早期，农业机械化不断增加，向远方市场的运输得到了改进，但它也刺激了农民，使他们在每一平米土地上种植和过度放牧。20 世纪二三十年代，美国中西部各州的广大地区都处于农业耕作之下，可其后不久，长期的干旱导致了作物减产，一度肥沃的土地，表层被晾干形成尘土。强风带起了这些尘土，并演变成沙尘暴，刮得很远，造成了广泛的土壤侵蚀。1934 年 5 月，持续了 4 天的沙尘暴，把 3 亿吨的沙土吹遍了整个美国。在纽约，方圆 2 400 km 的天空一片黑暗。远在 480 km 以外的大西洋船只，甲板上也落满了沙尘。农民被迫放弃了自己的土地，到别的地方谋生。

然而，这一惨重的教训并没有被充分吸取，土地依然在沙漠化，沙尘暴依然还在发生，甚至有愈演愈烈的趋势。

人类对环境的第三次冲击开始于西欧的工业革命。从那个时候起，人类对环境的冲击不再是局部性的，而是变成全球性的。在这一时期，多数人认为，"人类在控制自然，自然资源是取之不尽的，自然资源在等待着开发"。在这种思想的操纵下，工业经济发展速度极快，人们的生活水平也在显著提高，但对自然界的冲击也更强烈了。

### 二、人口爆炸与人类对地球资源的占用

距今约 10 000~12 000 年前，即第一次农业革命之前，人类的生存一直都要依赖可得到的自然资源。那时候，地球上人口的数量可能还不到 500 万。农业革命使人口得到了增长，也使移民到新的地区成为可能。所以到距今约 5 000 年前，即铜器时代开始的时候，世界人口增加到了 1 亿。但即使是到了相当近的年代，即公元 1650 年左右，世界人口也只有 5 亿。而 20 世纪所增加的人口比此前人类历史上所有阶段的总人口数还要多。1999

年10月12日这一天前后,世界人口达到了60亿。并且,人口数还在以每年1.4%的速率增加,相当于每天增加20万人,或者说每星期增加一个大城市的人口数。这个速度虽然已经开始减缓,但由于基数太大,所以还呈指数增长,到了2005年,世界人口数已达65亿(图8-1);人口越多,增长的就越快,由此人口数的增加也就越快。这样的结果是,人口数最终达到天文数字,除非能够扭转这种趋势,使得增长率降到零或变成负数。人口快速增长在很大程度上归功于健康的改善,因为它使人类的死亡率得到了下降。工业革命促进了农业的发展,也促进了人口的增长,带来了人口大爆炸,同时也对生物多样性带来了巨大冲击,导致物种灭绝的HIPPO效应也就越大。事实上,对生物多样性破坏的原动力就是HIPPO中的第二个P,即人类的人口数量增加,占据了陆地和海洋的大部分空间,消耗了大量的环境资源。

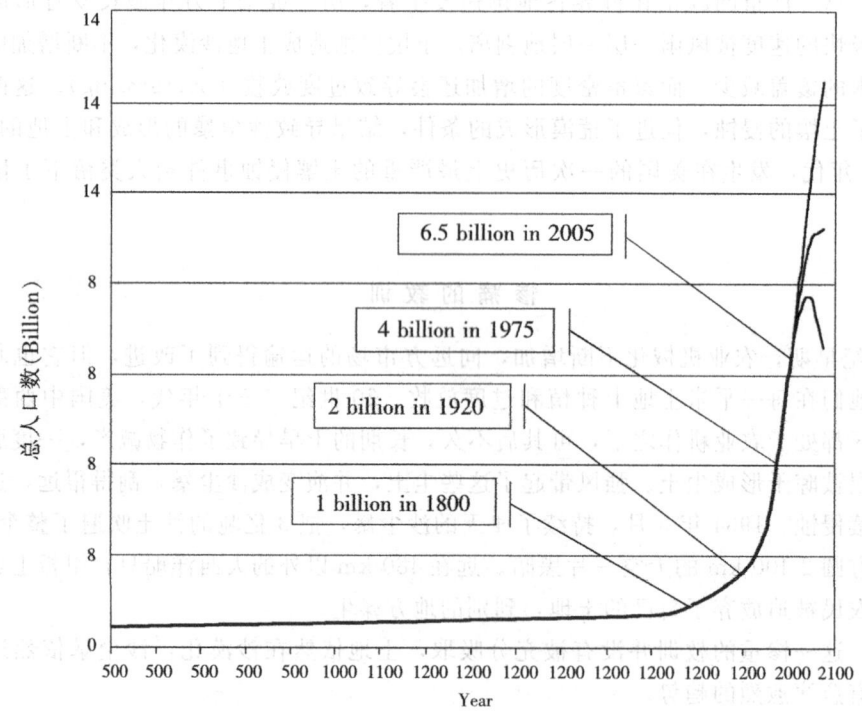

图8-1 人口的指数式增长

(Source: UN Population Division 2004; Lee, 2003; Population Reference Bureau)

目前,全球的人口已超过65亿,到21世纪中叶将达到80亿或更多,人均淡水拥有量及可耕地面积将降低到环境资源专家们所预计的危险程度。生态足迹(ecological footprint)——指人类为了满足自身对食物、水、住房、能源、交通、贸易和废物处理等各方面的需要,而占有的人均生产性土地和浅海面积——在发展中国家大约是1 hm$^2$ (2.6英亩),美国约为9.6 hm$^2$ (24英亩),全世界平均水平是2.1 hm$^2$ (5.2英亩)。如果在当前的技术条件下,全世界每个人都达到目前美国人的生态足迹水平,那么将需要4个以上的地球。发展中国家的50亿人口可能从来不曾想过要达到这种奢侈水平。但是,为了使其百姓能过上像样的生活,这些国家也加入到工业世界的行列而毁坏世界上最后的自然环境。人类成了改变地球物理环境的巨大力量，如果不及时采取措施控制自己的行为，很有可能重蹈"复活岛"的旧辙。

### 生态足迹的概念

生态足迹（ecological footprint，也有学者译成生态基区、生态脚印、生态立足点、生态占用）是20世纪90年代初由加拿大生态经济学家提出的。通常是指为了维持某一地区人口的现有生活水平，所需要的一定面积的可生产土地和水域。科学家们首先需要收集一个区域或国家人口大量的衣、食、住、行以及他们所产生的废弃物方面的数据，然后把它们折算成可以生产或吸收这些资源的陆地或水域生态系统的面积。可以形象地理解成一只负载着人类和人类所创造的城市、工厂、铁路、农田……的巨脚踏在地球上时留下的脚印大小。

通过生态足迹的计算，可以非常直接明了地告诉我们：某一地区、某一城市乃至某一国家的人们，为了维持目前的生活水平，所需要的可生产土地和水域的面积。生态足迹理论是一种非常有效直观的理论，其意义不在于强调"事情到底有多坏"，而是探讨人类持续依赖自然以及要怎么做才能保障地球的承受力，进而支持人类未来的生存。这有利于我们转变思考问题的视角和方式，从而对目前的全球生态问题有更深刻和更全面的认识。

## 三、千年生态系统评估

如果用国内产品和人均消费来评估世界的财富，那么人类的财富在不断增长；但如果用生物圈的状况来衡量世界的财富，那么人类的财富在不断减少。前者称为市场经济，后者称为自然经济。用自然经济计算得出的结论与市场经济计算得出的结论完全相反，它是由全世界的森林、淡水、海洋生态系统的健康状况来衡量的。一个被称为生命行星指数（living planet index）的专业术语出现在世界银行和联合国环境规划署的数据库中。根据世界自然基金会的计算结果，该指标在1970~1995年的25年间下降了30%。在20世纪90年代早期，它下降的速率已经达到了每年3%。这么快的速度是前所未有的。

### 生命行星指数

人类活动正以空前的速率改变着全球的生物多样性。然而，有关物种状况的相关信息多是定性描述，很难定量地反映全球生物多样性变化的趋势。为了评估物种丧失或下降的趋势，必须采取一致的取样和分析方法，使用一些指标来定量估计物种随时间的变化情况。为此，由联合国环境规划署（UNEP）、世界自然保护监测中心（UNEP－WCMC）和世界自然基金会（WWF）一起创立了生命行星指数。该指数是根据森林、淡水及海洋生态系统中各种野生种群大小的变化趋势，反映自1970年以来地球生态系统及生物多样性的改变，即用该指数来衡量地区自然生态的健康状况。

人口过多和环境恶化正在世界各地发生，它使得自然栖息地越来越小，生物多样性不断下降。现实的世界是被市场经济和自然经济同时控制着的，人类正和剩余的生物作最后一次斗争。如果人类再继续把自己的意志强加于这个世界，那么赢得的只是一次卡德摩斯式（cadmean）的"胜利"（指牺牲极大的胜利）：先失去生物圈，然后整个人类也将不复存在。

### "复活岛"（Easter Island）的启示

复活岛是太平洋岛屿上一个偏僻荒凉的小岛，面积不足 400 km²，人口最多时也不过 7 000 人，它距最近的大陆——南美洲西海岸有 3 000 km 之多，距最近的有人居住的岛屿——皮特凯恩岛也有近 2 000 km 之遥。但是它的一部文明兴衰史，却是昭示人类未来的一面镜子。

考古学家证明，复活岛曾经有过辉煌的文明，并认为复活岛的居民属于波利尼西亚人，公元 5 世纪达到复活岛，当时已是全球大迁徙的晚期，据估计，移民不超过 20~30 人，他们一度过着非常悠闲的生活。Flenley 等人（1991）的最新花粉分析表明，这个岛曾经覆盖有棕榈林，但 1 200~800 年前的人类定居使这些森林遭到了破坏，森林中的动物随之消失，并可能导致了当时人们赖以生存的生态系统的崩溃。而这一切均缘于当时的造神运动，构成了对林木的最大需求。

随着人口的增加，形成不同的部族，社会活动也越加频繁和规范。各部族都有专门的祭祀中心，即被称为阿库的大石头平台。人们在这里举行葬礼、祭祀和纪念亡故的族长。每座阿库都建有一到数尊石像，每尊石像约 6 m 多高，几十吨重。在采石场制作，再运输到全岛各处的阿库上。因为缺乏运输设备，岛民就砍伐森林，用圆木滚动雕像。1550 年，复活岛上人口达到 7 000 人，部族之间的争斗开始加剧。人们竞相建立阿库，以树立本族的权威。到 16 世纪，岛上共建了几百个阿库，建立了 600 多尊雕像。就在此时，由于岛上森林被砍伐殆尽，运输雕像的工作不得不停了下来。几百尊未被完成的雕像遗落在采石场周围。森林的消失随之而来的后果就是物种的灭绝，最终导致生态系统的崩溃。18 世纪登上复活岛的欧洲人看到，除了火山口的底部外，岛上的森林已经荡然无存，最后剩下的几个人生活在一个小村庄里，唯有那些可怕的雕像还提醒着该岛曾经一度辉煌。

地球就像一个大复活岛，千百万年来，人类为了获取更多的食物，开发更多的资源，创造了一个高度发达的社会。但地球上的资源终究是有限的，尤其是那些更新较慢的人类依赖的生物资源，一旦消耗殆尽，厄运将降临，人类也将无路可逃。

2005 年 3 月 30 日，联合国在北京、伦敦、华盛顿、东京等全球八大城市同步发布《千年生态系统评估综合报告》。95 个国家的 1 360 多名科学家经过 4 年的研究表明：人类赖以生存的生态系统有 60% 正处于不断的退化状态，自然资源的 2/3 已被损耗。科学家们警告，未来 50 年内，这种退化也许还会加剧，随之而来的生态系统突变将给人类带来巨大灾难。报告中列举了一系列让人触目惊心的数字：20 世纪的最后几十年，世界煤炭资源损失了 20%，另外 20% 的煤炭资源正在退化。也是在同一时期，35% 的世界森林资源消失了。1945 年以来，新增耕地面积比 18 和 19 世纪的总和还多，目前约 1/4 的地球表面已变为耕地。1980 年以来，世界上约有 35% 的红树林和 20% 的珊瑚礁被毁，另外有超过 20% 的珊瑚礁严重退化。至少有 1/4 的海洋鱼类储备被过度捕捞。据最近一份研究报告的估计，金枪鱼、剑鱼和鲨鱼等海洋肉食动物的总量只剩下 10% 左右。

近 40 年来，由于灌溉、家庭及工业用水翻了一番，河湖水量严重萎缩。如今，人类已经消耗了 40%~50% 的地表淡水资源。在某些地区，如中东和北非，对可再生水资源的利用甚至达到 120%。1960~2000 年，水库容量增加了 4 倍，结果，被拦截在大坝后的水估计是自然河道储水量（不包括自然湖）的 3~6 倍。江河水量持续下降，中国的黄河、非洲的尼罗河、北美的科罗拉多河等有时甚至无法到达海洋，河水为三角洲带来的泥沙和食物也因此减少了，贝类、鱼类和鸟类的生存受到威胁。然而在另外一些地区，水土流失使河水中的泥沙过多，对当地的生态也会造成破坏。

### "千年生态系统评估"的由来

"千年生态系统评估"（The Millennium Ecosystem Assessment，MA）由前联合国秘书长安南于 2001 年 6 月宣布启动，是一项为期四年的全球性合作项目，得到联合国基金会、全球环境基金和世界银行等国际组织的资助。这是首次在全球范围内对生态系统及其对人类福利的影响进行的多尺度综合评估，目的是为政府决策提供可靠的地球生态系统变化的信息。这份报告是全球有史以来有关生态系统最全面和最深入的调查报告，也是目前为止最大规模的科学合作之一。

另一方面，人类为了向土地索取更多的粮食，大量使用化肥。1985 年以来，全球使用的复合氮肥（1913 年问世）就占了总使用量的一半还多。磷肥的使用以及磷在耕地土壤中的积累则是 1960~1990 年间的 3 倍。虽然目前这一速度已经减缓，但磷可以在土壤中存留几十年之久。此外，部分氮肥和磷肥随着雨水的冲刷和地下水渗透进入小溪、河流，并最终进入海洋，从而导致藻类等植物生长过盛，过量消耗水中的氧气，使其他水生生物死亡。

随着经济的繁荣，人们对物质的欲望愈加膨胀，高消耗的生活方式在发达国家迅速蔓延，并被那些快速发展的国家所仿效，如中国、印度和巴西等国，越来越多的人在醉心追求基本生活需要之外的物质财富。这意味着生态系统将受到进一步开发，同时也将更加脆弱。结果是，人类利用大自然的无私馈赠"创造"了巨大财富，但为之付出的代价越来越大。报告指出，地球生态系统服务功能每年提供价值 15 万亿英镑的物产，如新鲜的水、清洁的空气和鱼等，但这些自然资产被人类以前所未有的速度挥霍着，世界上大约 2/3 的自然资源损耗严重，人类的账户上已经亏空不少。实际上，我们的发展是以自然资产的亏空为代价的，人类在花明天的钱过今天的日子，欠了自然一笔巨债。此外，人类以快于自然更新的速度用光了生态系统所提供的服务，等于是挪用了本应属于下一代的资产。现在该是清查账户的时候了。只有认识到自己欠下的债务，并防止它越滚越大，才能实现消除饥饿、贫困和疾病的梦想，才能实现可持续发展，才能防止地球生态系统发生突变。

### 联合国《千年生态系统评估报告》十大观点

1. 世界上的每个人体面、健康、安全地生活都必须依赖于自然和生态系统提供的服务。
2. 为满足对食物、淡水、纤维和能源的需要，人类在过去几十年中给生态系统带来了前所未有的变化。

3. 这些变化改善了数以 10 亿计人的生活，但同时减弱了自然产生其他关键服务的功能，如净化空气和水、减少灾害损失、制造天然药物等的能力。

4. 报告发现的最严重问题是：自然条件下鱼类的可怕现状，居住在自然条件特别是供水条件恶劣的干旱地区 20 亿人口的脆弱生活环境。

5. 人类活动已经将这个星球逼到了大规模物种灭绝的边缘，这更加威胁到人类自身的福祉。

6. 因生态系统被破坏造成的自然条件缺失是达到《千年发展目标》确定的减少贫困、饥饿、疾病等项目的重大障碍。

7. 除非人类对待生态系统的态度改变并行动，否则生态系统将在未来 10 年面临更大压力。

8. 地区团体如果拥有自然资源的所有权，能够分享自然资源开发带来的收益，能够参与决策的话，自然资源可能会得到更好的保护。

9. 不需要更先进的技术和知识就能够大幅减轻人类活动对生态系统的影响，但这些技术和知识需要利用，直到人们都改变生态观念，不再把生态系统当做可以不受限制加以利用的资源，并把生态系统的价值考虑进去。

10. 更好地保护自然财产需要政府、商界、国际机构等各组织参与，生态系统的生产力取决于在投资、贸易、补贴、税收、法规等方面的政策。

## 第二节　过度利用生物资源

人类自诞生时起就一直在猎取和收获生存所必须的食物和其他资源，在人口数量尚少和采集方法尚不完善的时代，人类能够在动植物的环境中持续地收获和猎取它们而不造成物种的灭绝。然而，由于人口数量的增加、经济的快速发展及科技的不断进步，人们对环境的利用程度也逐步增强了，获取生物资源的方法和效果也得到了明显的提高，最终导致生物多样性濒危，这也就是 HIPPO 效应中的最后一个（overharvesting）。人类大刀阔斧、毫无节制地砍伐森林、流失的是水土、破坏的是生物赖以生存的环境，引来的是沙尘暴、洪水等灾难；人类用智慧的枪支代替了吹管、长矛和弓箭，肆意对准珍禽野兽，在野生动物的天空刮起了腥风血雨；人类大胆地敲开了自己的近亲山猴的头颅，生吞那还在"思维"的大脑，以满足惊心动魄的食欲，显示主宰者的万能；人类利用强大机动力的捕鱼船和高效率的"工厂船"，在世界所有的海洋中捕捞鱼类，渔船尚未靠岸，各种深加工的鱼产品就已经准备出厂入市了。

根据种群增长的逻辑斯蒂方程（logicstic equation）（方程 8—1），如果不停地从种群中收获个体，而且获取率超过个体的更新率，那么即使这个种群达到了最大增长率（r），它也会相应地崩溃。物种是否会受到过度开发的威胁，还可以部分用其增长能力（r）来预测。许多常被狩猎的大型兽类，r 值都是很低的。因此，这些动物的种群很容易被过度狩猎（overhunting）所耗尽，即使是停止了狩猎，也要花很长时间才能够恢复。

$$\frac{dN}{dt}=rN\left(\frac{K-N}{K}\right)\qquad\text{方程 8-1}$$

式中：$dN/dt$——种群大小在时间上的变化；

$r$——种群通过繁殖而增长的能力；

$N$——种群的大小；

$K$——容纳量。

从各种各样的例子来看，生物资源开发利用的总体情形都是相似的，即物种在局部尺度上被获取，然后市场得到建立，并产生了利润。接下来，其他感兴趣的人也要来开发这个物种，以便分享一块利润。当种群数量开始不足，而且收获也变得困难时，市场就会向消费者抬价，生产者之间也会出现竞争，并产生一种驱动力去提高收获中的效率。可随之而来的，通常是资源的进一步耗尽。在原目标的供给量出现萎缩的时候，人们还常常把自己的开发活动转向其他地区或有关物种，以此谋求新的利润。但紧接着，这些资源将被重新耗尽，市场还会出现最终的崩溃，或者出现某种形式的强行约束。生物资源开发利用的形式主要有以下几类：

**一、装饰品**

随着经济的发展，人们生活水平的提高，人类对自己的装饰要求显著提高。即使在一些尚未工业化的社会，高强度的开发已经导致了地方物种的衰落和灭绝。例如，夏威夷国王们所穿的节庆斗篷是用一种叫马莫鸟的羽毛做的，单个斗篷就需要 70 000 只鸟来提供羽毛，结果造成这个物种灭绝。

藏羚羊是中国的一级保护动物，也是世界上唯一生活在高海拔地区的羚羊，海拔 4 800 m 以上的高原是它的乐土，能耐高寒，能在缺氧的环境下高速奔跑，食量很少。海拔 5 000 m 以上它几乎没有天敌，唯一的敌人是偷猎者，因此，它具有最优秀的基因。由于一条藏羚羊绒沙图什（藏羚羊绒制成的披肩）在欧洲市场上能卖到 1.6 万美元，素有"软黄金"之称，所以国际藏羚羊绒的非法贸易极为猖獗。20 世纪 90 年代以来，由于受巨额利润的驱使，盗猎分子疯狂捕杀，藏羚羊的数量以令人难以想象的速度锐减。国家林业局保护司副司长陈建伟说，"正是由于在部分国家和地区一直存在着藏羚羊绒加工及贸易，给盗猎分子带来丰厚的收益，刺激了盗猎活动越演越烈。近年来每年被盗猎的藏羚羊数量平均在两万头左右"。如果不加以控制，以这样的速度进行下去，不超过 5 年，藏羚羊物种就会灭绝。

犀牛生存在地球上已经超过 4 千万年了，它们的平均寿命可达 35 年，平均体重 3.5 吨，从而使它们成为仅次于大象的最大陆生动物。犀牛有一支或两支角，成分和人的指甲相似，它们的主要用途是自我防卫。20 世纪初，地球上大约有 10 万头犀牛，但现在只剩下约 15 000 头。现在只有在保护区、国家公园和私有土地上才看得到它们的身影。在北也门地区，犀牛角主要被用来制成传统匕首的柄。在当地，匕首成为也门男人身份的象征，每根犀牛角的售价还因此上涨了 21 倍，偷猎问题也变得尖锐起来。20 世纪 70 年代，由于石油产量大幅度递增，许多也门人越来越富有，对犀牛角的需求量也极速增长起来，最终导致犀牛种群数量的锐减。

非洲象曾一度布满了整个非洲大陆，但象牙需求对它们的地理衰退起到了很大作用。

20 世纪 80 年代，象牙贸易在非洲很盛行，偷猎象的案例迅速增多，有的甚至就发生在国家公园里。一对象牙能给当地的偷猎者换来大量的钱财，可是真正的利润却被"中间商"所得，他们在远东市场上出售着象牙。国际上目前虽有对象牙的贸易禁令，但这不可能是长期的解决办法。

## 二、药　品

冬虫夏草是一种冬虫夏草菌侵入到一种叫蝙蝠蛾的幼虫体内，并吸收虫体内的营养进行繁殖生长，使虫体内充满菌丝而死亡。第二年春夏，天气转暖，菌自幼虫头部生出子座，钻出地面，外面像一根小小的枯草。虫、菌结合，是我国特产的名贵中药材之一，核心分布区地处长江、黄河、澜沧江、雅鲁藏布江、怒江等大江大河源头的高寒草甸。在国内由于采挖过度，真品减少而需求增长，所以价格一路走高。目前，受商业炒作驱动及市场非理性消费的影响，我国"冬虫夏草热"已进入恶性循环的怪圈。20 世纪 60 年代，在西藏 1 千克虫草仅可换得两包 3 毛钱一包的香烟；到了 20 世纪 70 年代，青海省的冬虫夏草国家收购价也为每千克 21 元；20 世纪 80 年代，在成都荷花池药材市场每千克 300 元，1995 年西藏的冬虫夏草每千克 2 000 元左右；现在上等冬虫夏草每千克已高达 30 万元，中国内地冬虫夏草价格 30 年上涨千倍以上，比同等重量的黄金还贵，在香港、日本、韩国甚至欧洲都一段时间成了有价无市的紧俏品，被形象地称为"软黄金"、"雪山印钞机"。最近中国科学院一项实地考察表明：冬虫夏草主产区产量已不足 25 年前的 10%，原分布密集区 40% 的地块已多年未发现生长冬虫夏草。经研究比较，25 年前冬虫夏草生长密集区仅存 1~5 条。究其原因主要在于采挖过度。不管冬虫夏草生长在什么时期，采挖者见到就采，冬虫夏草正遭受着人为的灭顶之灾。

犀牛角被传统中医认为具有神奇药效，用来治疗头痛发烧、心脏肝疾病、皮肤病、解剧毒等，有人还认为它有拯救垂危病人的奇效。这一需求量使得犀牛角价格大涨，在中国内地、中国台湾及韩国等地，一根犀牛角的价格估计在 6 万美元左右。1970~1994 年间，由于对犀牛角的过度开发，黑犀的数量已经减少了 95%。

在人类的眼中，虎的药用价值非常高，全身几乎都可利用。如中国人把虎骨看做名贵的中药，认为泡制的"虎骨酒"能除风去寒，对风湿症有疗效；其他如虎肉、虎血、虎须等，人类都将它们入药以滋养自己。19 世纪末，东欧一些国家的人来到了西亚虎的生存地，为了能获得全身是宝的西亚虎，他们开始了对西亚虎无情的大量捕刹，资料表明，在 1890~1900 年，仅十年中西亚虎就被猎杀了 3 000 多只。西亚虎所生存地区的一些王公贵族也以捕虎为乐趣。如沙俄时期的一个王宫大臣在 1912 年写给他的朋友的一封信中就承认他曾射杀过 1 150 只西亚虎。这样，由于多年狂杀滥猎，到了 20 世纪 40 年代西亚虎只剩不足 10 只了。1980 年，最后一只西亚虎在加斯比奥的丛林中孤独地死去。据官方调查：最后 10 只西亚虎除 2 只是正常死亡外，其余 8 只全部是被贪婪的猎人所杀。从此，西亚虎永远地从地球上消失，人们再也看不到它的王者风范了。

## 三、食　品

渡渡鸟是一种不会飞的鸟，仅产于非洲的岛国毛里求斯，肥大的体型总是步履蹒跚。由于岛上没有天敌，它们安逸地在树林中建窝孵卵，繁殖后代。16 世纪后期，带着来复枪的欧洲人来到了毛里求斯，不会飞又跑不快的渡渡鸟厄运降临。欧洲人来到岛上后，渡渡鸟就成为他们主要的食物来源。从这以后，枪打狗咬，大量的渡渡鸟被捕杀，就连幼鸟和蛋也不能幸免。开始时，欧洲人每天可以捕杀到几千只到上万只渡渡鸟，可是由于过度捕杀，很快他们捕杀的数量越来越少，有时每天只能打到几只了。1681年，最后一只渡渡鸟被残忍地杀害了，从此，地球上再也见不到渡渡鸟了，除非在博物馆的标本室和画家的图画中。

鲸是地球上最大的动物，自9世纪以来一直是商业捕捞的目标。在美国麻省的Nantucket沿海，鲸曾经是很多的，它们还经常进入港口。捕鲸船用不着远离海岸，就能捕获想要的鲸。到了19世纪，蒸汽捕鲸船和叉枪出现了，捕获量和利润也急剧上升。随着近海鲸数量的减少，人们不得不向更远的远海和海岸行驶，去寻找新的目标。20世纪初，人们组织了捕鲸船队，并配备了能在海上处理鲸体的设备，极大地提高了捕鲸的效率。1930~1931年捕鲸最高产量记录达总重360万t。但这还没有达到年捕鲸个体数量的峰值，直到1960~1961年才达到9万只的高峰。这两个数值的不同步现象，反映出种群在被耗尽的同时，鲸的个头也在变小，这正是过度开发的特征之一。

### 四、宠物与观赏植物

人们对高档罕见的宠物的需求正在增加，特别是西方发达国家。这就给某些物种赋予了明显的货币价值，所以它们从野外被捉了回来，并为了人类的利润而被交易。在许多发展中国家，这是一笔不菲的收入，也必然会导致过度开发。20世纪80年代，南美出口的鹦鹉已知就有200多万只。生活在玻利维亚东部和北部的金刚鹦鹉，由于原本就非常稀有，因而成了珍稀值钱的宠物。目前，该鸟在野外只剩下100对左右，并可能成为世界上最稀有的金刚鹦鹉之一。

观赏植物在国际市场上正在快速兴起，每年贸易额可达数千万美元。对某类植物的需求，如兰花和仙人掌，已经造成了对它们的过度开发，仅墨西哥一国，每年就要出口50 000多种仙人掌，其中有很大比例都是采于野外的。

### 五、国际走私活动

生物多样性是人类的生存基础，这些动植物除了为人类提供丰富的营养、美丽的装饰和显著疗效的医药外，还可以作为人类的宠物被收买。这些功能使野生动植物具有了极高的市场价值，有些珍稀濒危物种在国际市场上的价格要远远高于黄金。在正常贸易受到限制的情况下，受高额利益的驱使，国际野生动物的走私活动逐渐猖獗起来。目前，野生植物走私是仅次于毒品、军火的走私活动。据估计全球每年野生动植物的走私贸易额达500亿美元。巴西是世界上生物物种最丰富的国家之一，据调查发现，每年从巴西被盗卖的动物高达3 800万只，这些动物大多流入发达国家的黑市，经加工变成各种奢侈品、补品或者被当做有钱人的宠物。红毛猩猩被称作世界上最憨态可掬的哺乳类动物，主要分布于苏门答腊和婆罗洲，偏向素食，当地森林生长的树叶、竹笋和野果都是它们的选择，不过，它们的最爱是榴莲。红毛猩猩全身长着红褐色的长毛，上肢比下肢长，手足的拇指都很短，没有尾巴。它们通常过着小群居生活，母猩猩带着数只小猩猩，而雄性则独自散居在附近，仅在发情时回到母猩猩的居住地。母猩猩很尽职地照顾后代，以至于非法捕猎者总是要先射杀母猩猩，才能顺利地捕获小猩猩。据称全世界目前仅存五六万只红毛猩猩，而它们中有超过 3/4 居住在苏门达腊和婆罗洲岛上。捕猎者将它们走私出口到世界各地，特别是东南亚各国以及我国的台湾省。在巴西，每年都有将近 1 000 只红毛猩猩被职业的偷猎者、走私犯，甚至农场的工人偷偷地盗卖出国。泰国、台湾地区以及其他的一些亚太地区都有红毛猩猩的黑市。CNN 的记者最近发现，在印尼的黑市上，只需要合人民币约 1.6 万元就可以得到一只可爱的红毛猩猩，而当地的居民对此习以为常。泰国的娱乐用品公司企图为顾客们提供有生命的长毛绒玩具，使其成为走私幼猩猩最终的大买家。他们滥用濒危野生动植物种国际贸易公约（CITES）所颁发的执照，通过对海关进行贿赂，以及其他的暗箱操作，长期从事这样肮脏的生意。2003 年 9 月，100 多只非法走私入境的猩猩在曼谷城郊的一处大公园——萨法里世界被发现。在那里，它们进行拳击比赛表演，引来大量路过的游客驻足观看。如果说这样半公开的表演伤害了红毛猩猩，那么那些偷偷饲养红毛猩猩作为宠物的事情就更无法统计了。在国际走私市场上，红毛猩猩不是最贵的，比它还贵的如金刚鹦鹉、巨蜥以及一些珍稀的鱼类高达上万美元。这些动物被当做宠物收养在一些私人的动物园，甚至就是稍微宽敞一点的庭院里。收养者自以为爱好动物，但动物保护主义者认为，这样的收养行为助长了走私犯的猖獗，培养起一个巨大的全球范围内的动物走私黑市。这样的收养行为一般十分隐蔽，仅有少数行为会被揭发出来。

由于我国的野生动植物需求量增加，而国内的野生动植物资源有限，于是周边国家的野生动植物通过边境贸易的形式大量进入我国。我国一直未能对野生动植物资源的边境贸易进行有效的监管和调控，非法贸易严重威胁着我国及周边国家的生物多样性保护和持续利用。

### 濒危野生动植物贸易公约

1975 年，濒危野生动植物物种国际贸易公约（Convention on International Trade in Endangered Species of Wild Fauna and Flora，简称 CITES）开始生效，其宗旨是要保护野生的生物，防止活体植物或其身体器官国际贸易对它们造成的开发。为了实现这一目的，参加国之间已经达成协议，并列出了禁止贸易的保护物种名录，其他物种也通过限制贸易而得到了保护。该公约在一定程度上限制了国际贸易对生物资源的过度利用，但对于非法贸易，如走私等活动起不到制约作用。因此，公约中要强化各国之间对走私活动的严厉打击。

## 六、过度开发的间接后果

过度开发除了直接威胁被开发的物种外，还间接影响这些物种所在的群落和生态系统。所有物种在生态系统中都有自己的角色（如初级生产者、顶级捕食者、传粉者等），许多物种的角色可能不止一种。如果过度开发耗尽了这些物种，其他物种通常能去接替同样的角色。这个时候虽然生物多样性会有所下降，但群落仍能得到保留。然而，有些物种在生态系统中的作用是唯一的，而且也是重要的。它们一旦消失，系统就会发生根本性的变化。

### 渡渡鸟灭绝的启示

渡渡鸟是仅产于非洲毛里求斯岛上的一种体型肥大的鸟类，由于人类的过度猎杀，于1681年灭绝了。渡渡鸟灭绝后，与渡渡鸟一样，毛里求斯特产的一种珍贵树木——大颅榄树也渐渐稀少。本来渡渡鸟是喜欢在大颅榄树的林中生活，在渡渡鸟经过的地方，大颅榄树总是繁茂，幼苗茁壮。到了20世纪80年代，毛里求斯只剩下13株大颅榄树，这种名贵的树也快要从地球上消失了。1981年，美国生态学家坦普尔来到了毛里求斯研究这种树木，这一年正好是渡渡鸟灭绝的300周年，坦普尔细心地测定了大颅榄树的年轮之后发现，它的树龄正好是300年，就是说，渡渡鸟灭绝之日也正是大颅榄树绝育之时。经过推断认为：大颅榄树的果实被渡渡鸟吃下去后，果实被消化掉，种子外面的硬壳也消化掉，这样的种子排出体外才能发芽。最后通过吐绶鸡实验证实了这一点，并挽救了大颅榄树的命运。可以说，渡渡鸟与大颅榄树相依为命，鸟以果实为食，树以鸟来生根发芽，它们一损俱损，一荣俱荣。

今天，在世界的许多地方，人们正以最快的速度开发各种资源。如果市场存在某种产品，当地人就会在他们的环境中搜寻，以发现和出售这种产品。不管是贫穷饥饿的人，还是富裕贪婪的人，他们会尽其可能地利用各种方法收集这种产品。人类对物种灭绝的影响不仅远远超过其他任何生物类群，也是地球历史上任何一个灾变事件所不能相比的。但人类也是唯一能拯救物种的生物，我们必须正视地球生物物种灭绝中的人为因素，不仅是阻断生物的灭绝之路，也是阻断人类自身的毁灭之路。

---

**思考题及要点**
1. 了解人类的发展史与环境演变的关系。
2. 正确理解人类的发展史也是人类对资源的利用史。
3. 如何理解千年生态系统评估的主要观点？
4. 理解人类对生物资源过度开发的驱动力及对生物多样性带来的影响。

# 下篇
# 生物多样性的保育

## 第九章　生物多样性信息收集与管理

开展生物多样性保护的首要任务就是要查清生物多样性的本底及动态变化情况，包括生物多样性的编目和生物多样性信息动态管理，具体工作包括物种分类、编制名录、物种保护优先的排序（即濒危等级的划分）、优先保护地区的确定以及生物多样性保护信息系统的建立与维护等。保护优先序的确定应具有科学依据，而不是仅取决于人类的喜好。基于物种生存现状的物种濒危等级是长期以来确定保护优先序和实施保护计划的主要科学依据。近些年来，一些分类学家提出区分物种的系统演化意义，从分类学角度提出了确定物种保护优先序的标准。在这些工作基础上建立的生物多样性信息管理系统将是生物多样性保护的根本依据。

### 第一节　物种编目与种群的信息收集

#### 一、编目内容及意义

物种编目是指对地球上存在的生物类群加以鉴定并汇集成名录。编目与分类学关系密切，但并不等同。分类学研究包括了编目的内容，但侧重于研究分类单元的亲缘关系和等级关系。编目则强调对现有的类群进行登记和评估，有时甚至只要求将登记的对象区分开来，分成可识别的分类单元，给予编码登录，而不必全部都给予详细的鉴定和命名，对于包含数以百万计有待描述的物种的类群（如节肢动物）而言，这是很有必要的。

编目应包含各分类单元的名称或代码以及分布地点这两项基本内容，详细的编目还应包括与物种生物学和生态学有关的信息（如发生时间、栖息地类型、种群大小等）。编目可在不同的地域级别开展，如全球范围、区域范围、国家范围或地区一级。编目信息可通过直接的野外调查和分析获得，也可对已有的文献（各类分类学论文、专著和地方志等）和资料（野外考察记录、标本收藏记录、动植物贸易记录等）进行整理收集。物种编目信息可以直接输入生物多样性信息管理系统形成物种的基础数据库。

编目的意义在于：①确定某一区域已鉴定物种的名录，表明物种存在与否，直接提供物种的地理或栖息地分布信息，这是进行其他分析的基础；②可直接利用编目数据进行区域范围（如生物地理区、国家、气候带）物种多样性特征（物种丰富度、特有性等）的分析和比较，确定特有性集中地区和物种高度丰富地区，这些信息对制定保护决策甚为重要；③编目可作为自然监测的一个重要手段，某一地区的物种种类和分布的变化可通过编目进行监测，并可选择某些环境敏感类群作为环境指示类群进行长期的跟踪编目，达到环境监测的目的，从这个意义上来说编目和监测是自然保护中相互紧密联系的两个环节；④编目内容直接反映人类对自然界生物种类认识的深入程度。

对于关心生物多样性保护与资源可持续利用的人们，要开展保护，编目是先决条件。在当前环境变化迅速、生物资源丧失严重、分类调查及研究的经费和力量严重不足的情况下，编目作为记录和监测地球生物资源一条经济有效的途径，不仅有必要而且相当迫切，对于像我国这样的生物资源丰富的发展中国家更是如此。

### 二、编目的程序和原则

编目的程序应包括设计、资料收集、补充调查、鉴定和编制名录（或数据库）等步骤。其中设计就是根据编目的目的选定地域范围和涉及类群，规定编目的条目和格式，制定实施计划和经费预算。资料收集是指尽可能全面地收集和利用有关区域和类群的已发表和未发表的资料，包括各类分类学论文、专著、地方志、采集记录、标本鉴定记录、动植物贸易记录和个人交流资料等，并根据编目计划的要求进行补充采集和调查。对获得的资料和标本进行整理，标本交有关分类专家进行鉴定。汇总全部分析资料和标本鉴定结果，将其编制成名录，可能时录入数据库。

编目分为一般编目和保护编目。一般编目是为了登记、评估和监测生物资源，涉及的类群和生境范围都要求尽可能多样。保护编目是为环境监测和保护规划提供依据，很大程度是监测项目，主要涉及对环境变化敏感和具有生态代表性的类群，通常应包括脊椎动物、植物和陆生节肢动物的类群。

为了达到编目的基本要求，满足监测目的，有必要对编目项目进行设计，制定采样方案和编目标准。概括起来，编目项目要遵循以下原则：

（1）目标明确：明确编目项目的目标，以此为依据确定编目的类型，从而进一步确定对象、地理范围、调查和分析方法及结果汇总的方式。

（2）深度和广度结合：在满足编目目标要求的前提下，既要能体现时间、空间和对象的科学性，又要有所突出，有所侧重，优先选择。在一些地点要长期定点调查，在另外一些地点只能进行不定期的抽样调查。对一些重点类群可作深入、全面的调查，对另外一些类群只能作一般性调查（如只调查其组成和变动趋势）。

（3）标准化：包括采样方法（工具和操作）标准化，采样方案（样方大小和布局、采样频率和重复）标准化及记录表格（内容和形式）标准化，以保证调查结果的可比性。

（4）调查信息的完整性：在采样设计时，要尽可能地考虑与调查对象有关的各种变异因素，如空间分布的差异（海拔、坡向、生境等）和时间变异（时刻、季节、年代周期性等）。可以运用生态学知识，作一些统计学分析，可增加信息获取量，传统采集往往忽略了这种考虑。

（5）可行性：要考虑可用的经费和人力资源、调查方法是否能为调查者接受，以及采样设计是否可行等影响调查的主客观因素，并应尽量选择分类基础较好且容易鉴别的类群作为编目和监测的对象，保证调查方案实施的可行性。

### 三、种群生物学信息收集参数

在种群信息收集过程中，应尽可能保证信息收集全面而具体，尤其是针对珍稀濒危物种，这样建立起来的数据库可以为种群的生存力分析提供详实而科学的数据。从种群生物学角度，收集的信息参数主要包括以下几方面：

1. 形态学：①物种的形状、大小、颜色、表面构造如何？②这些特征的功能是什么？③在其地理分布范围内，物种的形态是怎样变化的？④种群中所有个体看起来是否相同？⑤物种身体各部分形状与各自的功能是如何联系的？⑥怎样帮助其在环境中生存？⑦新生代在外貌上是否与成体不同？

2. 生理学：①一个个体需要多少食物、水、矿物质和其他必需品才能维持其生存、生长及繁殖？②利用资源的效率是多大？③物种对极端气候如冷、热、风和雨的脆弱性有多大？④繁殖期为何时？⑤此时有什么特殊需要，对疾病和寄生虫的敏感性如何？⑥幼体是否对疾病、不利气候和被捕食尤其脆弱？

3. 行为：①一个个体怎样活动以适应环境而生存？②在种群中个体怎样选择配偶和繁育后代？③个体间的相互作用方式怎样？④是协作还是竞争？⑤个体以怎样的方式与其他种如捕食者、猎物或同一资源的竞争种之间相互作用？⑥个体以什么特定食物或资源为食？⑦它如何取得食物？⑧亲代是怎样帮助子代的？

4. 遗传：①种群中有多大的形态特征变异和生理特征变异？②受基因控制的成分有多大？③可变的基因比例有多大？④种群中一个可变基因有多少等位基因？

5. 分布：①在环境中物种出现在哪些地方？②个体是群居、随机分布还是有规律的分布？③一天或一年中物种是否在栖息地间迁移或迁徙到其他不同的地理区？④在栖息地间的迁移是否有困难？⑤在移居新的生境时能否适应？

6. 环境：①物种出没的栖息地类型是什么？②每一个栖息地面积是多大？③条件如何？④环境是否为物种生存提供了足够的资源？⑤竞争种、捕食者和有害种是否数量很多？⑥在时空上环境的变异多大？⑦环境受灾害干扰影响的频率多大？

7. 统计：①初始成体的生命周期多长？②在有利和不利条件下成体的死亡率是多大？③个体生长是快还是慢？④初次生育的年龄大小和形体大小？⑤每一个体生育多少个子代？⑥种群幼体和成体是否混居？

## 第二节　物种保护优先序

自然界中那些特有的、珍稀的、濒危的或者在生态系统中起关键作用的物种应受到最优先的保护。物种的灭绝是一个动态过程，从这一角度来看，物种灭绝和物种濒危的区别是它们分别处于某一特定物种走向消亡过程的不同阶段。我们要保护的是濒危物种，所以濒危等级的划分对确定物种保护优先序极为重要，等级越高的物种越具有最优先的保护权。

对物种进行濒危等级划分还具有两方面的重要意义。从科学的角度，划分濒危等级能对物种的濒危现状和生存前景给予一个客观的评估，并提供一个相互比较的基础，在一定程度上既是以往调查和研究结果的一个汇总，又提出了需要深入和补充研究的内容。从实用的角度，能将物种按其受威胁的严重程度和灭绝的危险程度分等级归类，简单明了地显示物种的濒危状态，提供开展物种保护及制定保护优先方案的依据。一些国际和国家的物种保护行动计划（包括有关的公约和立法）也以此为依据。IUCN 的红皮书和红色名录为这两方面提供了最好的例证。

### 一、濒危等级划分的标准

濒危等级划分的标准也兼顾科学性和实用性。科学性要求这类标准客观、准确和精细，尽可能地使用定量而不是定性的数据，所使用的数据尽可能全面、充足和精确。实用性则强调标准的简单、实用，要满足不同水平操作者和各个类群的实际需要（这就要求操作起来有一定的灵活性）及某些情况下的应急需要。因两方面的要求有时是相互矛盾的，所以标准的制定常处于一种两难的境地。为了达到科学严谨和实用方便两者之间的平衡，对 IUCN 物种濒危等级和 CITES 附录等级标准进行了反复修订。对于物种濒危等级的标准，在早期主要使用了容易操作的定性指标，为了克服定性指标的主观性和随意性，现在越来越多地引入了更客观的定量指标。

确定物种濒危等级的定性指标有：种群数（现状：多或少；变化趋势：增加或减少），种群大小（现状：大或小；变化趋势：上升或下降），种群特性（是否都是小种群），分布范围（或发生范围）（宽或窄），分布格局（有无破碎化或岛屿化现象和趋势），栖息地类型（单一、少数或多样），栖息地质量（现状：好或坏；变化趋势：改善或退化），栖息地面积（现状：大或小；变化趋势：增大或减小），致危因素（存在与否），灭绝危险（有或无）。主要的定量指标有：种群个体总数（特别是成熟个体数），亚种群数，亚种群个体数（特别是构成小种群的阈值），分布面积（或占有面积），分布地点数，栖息地面积，以及在一段时间内（年或代）以上各指标的上升或下降的比率和物种或种群灭绝几率（利用种群生存力分析方法计算）。

### 二、IUCN 濒危物种等级

濒危物种红皮书（Red Data Book）概念始于 20 世纪 60 年代，最早由 Peter Scott 爵士提出，其目的是根据物种受威胁的严重程度和估计灭绝的危险性将物种列入不同的濒危等级。IUCN 根据收集到的可用信息编制全球范围的红皮书，不久这一概念被一些国家所采纳，用于编制国家或地区级的红皮书。书中涉及的类群也从早期的陆生脊椎动物扩展到无脊椎动物和植物。红皮书内容逐年增加，最后不得不用仅含有 IUCN 批准的濒危物种名录的所谓红色名录（Red List）来取代它。须要指出的是 IUCN 红色名录规定的等级适用于国际或全球范围的有关物种，而一些仅针对国家范围内物种的红色名录规定的等级仅适用于特定的国家，两者应有所区别。IUCN 目前采用的濒危物种等级系统分类如下（图 9-1）：

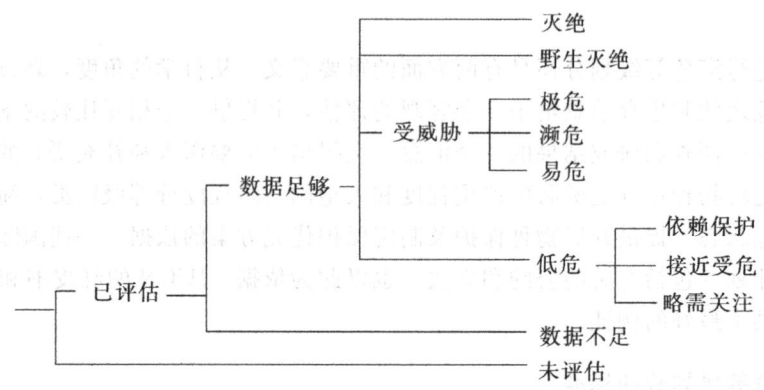

图 9-1　IUCN 濒危等级系统（蒋志刚，1997）

### 濒危物种红皮书的作用

● 提供有关濒危动植物的种群分布、数量现状和趋势、濒危等级和受威胁的原因、已有的和建议新采取的保护措施等方面的科学资料，作为国家制定生物多样性特别是物种多样性保护政策和法规的可靠依据。

● 为各级政府部门在制定行动计划和确定优先项目及争取资金时提供科学依据。

● 为社会公众提供物种濒危信息，促进全社会对濒危保护物种的关注，并为之作出可能范围内的一份贡献。

● 为科研、教学部门从事生物多样性保护的科学研究提供必要的基础资料。

（1）灭绝（Extinct，EX）：一分类单元如果没有理由怀疑其最后的个体已经死亡，即可列为灭绝。

（2）野生灭绝（Extinct in the Wild，EW）：一分类单元如果已知仅生活在栽培和圈养条件下或仅作为一个（或多个）驯化种群远离其过去的分布区生活时，即为野生灭绝。对一分类单元来说，若干适当的时间（昼夜、季节、年份），在其整个历史分布范围内，对其已知和可能的栖息地进行了彻底调查，未记录到任何个体，即可认为该分类单元为野生灭绝。调查应在与该分类单元的生活史和生活型相应的时间范围上进行。

（3）极危（Critically Endangered，CR）：一分类单元在野外随时灭绝的几率极高（符合下文关于"极危"的标准），即可列为极危。

（4）濒危（Endangered，EN）：一分类单元虽未达到极危，但在不久的将来野生灭绝的几率很高（符合下文关于"濒危"的标准），即可列为濒危。

（5）易危（Vulnerable，VU）：一分类单元虽未达到极危或濒危，但在未来的中期内野生灭绝的几率较高（符合下文关于"易危"的标准），即可列为易危。

（6）低危（Lower Risk，LR）：一分类单元经评估不符合列为极危、濒危或易危任一等级的标准，即可列为低危。列为低危的类群可分为 3 个亚等级：① 依赖保护（Conservation Dependent，cd）：已成为针对分类单元或针对栖息地的持续保护项目对象的类群，若停止对有关分类单元的保护，将导致该分类单元 5 年内达到上述受威胁等级之一；② 接近受危（Near Threatened，NT）：未达到依赖保护但接近易危的类群；③ 略需关注（Least Concern，IC）：未达到依赖保护或接近受危的类群。

（7）数据不足（Data Deficient，DD）：对一分类单元无足够的资料，仅根据其分布和种群现状对其灭绝的危险进行直接或间接的评估，即可列为数据不足。列入该等级的分类单元可能已得到较好的研究，其生物学特性已相当清楚，但有关多度和分布的适当的数据缺乏。因而，其数据不足不能列入某一受威胁或低危等级。将一些类群列入该等级表示需要获得更多的资料，这一点很重要。在很多情况下，对在数据不足和受威胁等级之间作出选择应十分小心谨慎。如果怀疑某一分类单元的分布范围相对局限或关于该分类单元的最后记录已过去了很长一段时间，即可认为该分类单元处于受威胁状态。

（8）未评估（Not Evaluated，NE）：未应用有关标准评估的分类单元可列为未评估。

## IUCN 濒危等级标准

1. 极危（CR）：一分类单元在野外随时灭绝的几率极高，即符合下列标准（1～5）中的任意项时，即可列为极危。

（1）种群以下列两种形式之一下降：

a. 根据以下任意项（须予以指明）观察、估计、推测或怀疑种群在过去的 10 年或 3 代内（取较长的时间）至少已下降 80%：①直接观察；②适合该分类单元的多度指数；③占有面积、分布范围和（或）栖息地质量下降；④实际或潜在的开发程度；⑤引入类群、杂交种、病原体、污染物、竞争者或寄生物的影响。

b. 根据上述②、③、④或⑤中的任意项（须予以指明）推测或怀疑种群在今后的 10 年或 3 代内（取较长的时间）将至少下降 80%。

（2）据估计分布范围小于 100 $km^2$ 或占有面积小于 10 $km^2$，且有估计显示下列任意两项：

a. 严重破碎化或已知分布地点仅有一个。

b. 依据观察、推测或估计以下任意项持续下降：①分布范围；②占有面积；③栖息地的面积、范围和（或）质量；④分布地点或亚种群数；⑤成熟个体数。

c. 以下任意项极度波动：①分布范围；②占有面积；③分布地点或亚种群数；④成熟个体数。

（3）种群成熟个体估计数小于 250，且符合下列两项之一：

a. 3 年或 1 代内（取较长的时间）估计持续下降不小于 25%。

b. 依据观察、估计或推测，成熟个体数和种群结构以下两种形式之一持续下降：①严重破碎化（即亚种群包含成熟个体估计数均不多于 50）；②所有个体都属于唯一的亚种群。

（4）种群成熟个体估计数小于 50。

（5）定量分析表明 10 年或 3 代内（取较长的时间）野生灭绝的几率至少达到 50%。

2. 濒危（EN）：一分类单元虽未达到极危，但在不久的将来野生灭绝的几率很高，即符合下列标准（1～5）中的任意项时，即可列为濒危。

（1）种群以下列两种形式之一下降：

a. 根据以下任意项（须予以指明）观察、估计、推测或怀疑种群在过去的 10 年或 3

代内（取较长的时间）至少已下降50%：①直接观察；②适合该分类单元的多度指数；③占有面积、分布范围和（或）栖息地质量下降；④实际或潜在的开发程度；⑤引入类群、杂交种、病原体、污染物、竞争者或寄生物的影响。

b. 根据上述②、③、④或⑤中的任意项（须予以指明）推测或怀疑种群在今后的10年或3代内（取较长的时间）将至少下降50%。

（2）据估计分布范围小于5 000 hm²或占有面积小于500 km²，且有估计显示下列任意两项：

a. 严重破碎化或已知分布地点不多于5个。

b. 依据观察、推测或估计以下任意项持续下降：①分布范围；②占有面积；③栖息地的面积、范围和（或）质量；④分布地点或亚种群数；⑤成熟个体数。

c. 以下任意项极度波动：①分布范围；②占有面积；③分布地点或亚种群数；④成熟个体数。

（3）种群成熟个体估计数小于2 500，且符合下列两项之一：

a. 5年或2代内（取较长的时间）估计持续下降不小于20%。

b. 依据观察、估计或推测，成熟个体数和种群结构以以下两种形式之一持续下降：①严重破碎化（即亚种群包含成熟个体估计数均不多于250）；②所有个体都属于唯一的亚种群。

（4）种群成熟个体估计数小于250。

（5）定量分析表明20年或5代内（取较长的时间）野生灭绝的几率至少达到20%。

3. 易危（VU）：一分类单元虽未达到极危或濒危，但在未来的中期内野生灭绝的几率较高，即符合下列标准（1～5）中的任意项时，即可列为易危。

（1）种群以下列两种形式之一下降：

a. 根据以下任意项（须予以指明）观察、估计、推测或怀疑种群在过去的10年或3代内（取较长的时间）至少已下降20%：①直接观察；②适合该分类单元的多度指数；③占有面积、分布范围和（或）栖息地质量下降；④实际或潜在的开发程度；⑤引入类群、杂交种、病原体、污染物、竞争者或寄生物的影响。

b. 根据上述②、③、④或⑤中的任意项（须予以指明）推测或怀疑种群在今后的10年或3代内（取较长的时间）将至少下降20%。

（2）据估计分布范围小于20 000 km²或占有面积小于2 000 km²，且有估计显示下列任意两项：

a. 严重破碎化或已知分布地点不多于10个。

b. 依据观察、推测或估计以下任意项持续下降：①分布范围；②占有面积；③栖息地的面积、范围和（或）质量；④分布地点或亚种群数；⑤成熟个体数。

c. 以下任意项极度波动：①分布范围；②占有面积；③分布地点或亚种群数；④成熟个体数。

（3）种群成熟个体估计数小于10 000，且符合下列两项之一：

a. 10年或3代内（取较长的时间）估计持续下降不小于10%。

b. 依据观察、估计或推测，成熟个体数和种群结构以以下两种形式之一持续下降：①严重破碎化（即亚种群包含成熟个体估计数均不多于1 000）；②所有个体都属于唯一的亚种群。

(4) 种群很小或分布局限，属于下列两种形式之一：

a. 种群成熟个体估计数小于 1 000。

b. 种群具有极度局限的占有面积（典型情况为小于 $100km^2$）或分布地点（典型情况为少于 5 个）。这样的分类单元容易在今后未能预料的某个时候在很短的时间内受制于人类活动（或由于人类活动影响加剧的随机事件）的影响，因而在很短的时期内可能沦为濒危或灭绝。

(5) 定量分析表明，物种在 100 年内野生灭绝的几率至少达到 10%。

### 三、中国植物保护红皮书

动植物红皮书主要是为生物多样性特别是物种多样性保护提供基本信息资料，内容以突出物种濒危现状为特点。世界自然保护联盟（IUCN）的濒危物种《红皮书》和《红色名录》中关于濒危物种等级标准，简单而易于接受，得到了国际上的广泛承认。中国动植物红皮书的等级参考了 IUCN 红皮书等级制定，彼此相关但不相等。已出版的《中国植物红皮书》第一卷中采用"濒危"、"稀有"和"渐危"3 个等级，其定义为：

(1) 濒危：物种在其分布的全部或显著范围内有随时灭绝的危险。这类植物通常生长稀疏，个体数和种群数低，且分布高度狭域。由于栖息地丧失或破坏，或过度开采等原因，其生存濒危。

(2) 稀有：物种虽无灭绝的直接危险，但其分布范围很狭窄或很分散，或属于不常见的单种属或寡种属。

(3) 渐危：物种的生存受到人类活动和自然原因的威胁，这类物种由于毁林、栖息地退化及过度开采的原因在不久的将来有可能被归入"濒危"等级。

需要说明的是，《中国植物红皮书》只是根据国际通用标准编写的一本保护我国植物物种的专著。该书并无专门的法律法规与之配套，并且该书主要考虑的是植物物种的濒危程度。

1996 年 9 月 30 日，我国第一部专门保护野生植物的行政法规《中华人民共和国野生植物保护条例》由国务院正式颁布，并于 1997 年起实施。《国家重点保护野生植物名录》就是该条例的配套文件。国家林业局、农业部自 1999 年颁布实施的《国家重点保护野生植物名录（第一批）》中，共有 246 种、8 大类，以蕨类植物、裸子植物等木本植物为主。由于近年来观赏花卉消费提高，盗采野生花卉资源问题严重，有的野生花卉濒临灭绝。农业部、国家林业局开始制定《国家重点保护野生植物名录（第二批）》，其中，牡丹、芍药、杜鹃、金银花等 173 种和至少含兰科、兜兰属、黄连属、牡丹组（所有种）、隐棒花属等五类观赏性强，经济价值高的植物都即将被列入。这是我国野生植物保护管理工作的一个里程碑，它标志着这项工作从此纳入了法制化轨道。今后书刊报章和广播电视等传媒中出现中国野生植物保护等级时，均应以该名录为据。

### 四、中国动物濒危等级划分

中国动物红皮书的濒危等级划分中，对"绝灭"这一级未予采用。因为如果野外和饲养的种群都已消失，保护行动也就无的放矢。采用了"野生绝迹"这一等级。如野马和麋鹿在其自然栖息地野生种群已经消失，但目前尚有放养或饲养种群留存，这就为保护行动提供了基础和希望。增加了"国内绝迹"一级，这是出于对本国实际的考虑。如高鼻羚羊，国内已然绝迹，但国外尚有野生种群留存，可以从国外引回，重建国内野生种群。

总之，确定我国的濒危物种受威胁等级，目的是为客观地列出我国的受威胁物种。物种在全球的受威胁等级不一定适合我国的国情。在全球被划为易危的种，在我国可能因种群相对稳定而定为低危种。反之，在全球定为低危的种，由于我国数量很少并正在衰退，或许仅仅因为处于全球分布区的边缘，而可能被划分濒危。我国的濒危动物等级划分使用了野生灭绝、国内灭绝、濒危、易危、稀有和未定等六级。

（1）野生绝灭：一物种因繁殖失败，以致该物种所有野生个体死亡，即适应环境变化方面的自然失败，但该物种人工饲养或放养的种群尚有残存，如麋鹿。

（2）国内绝迹：一物种或亚种的野生种群在国内已经消失，但并没有在国外的分布区内灭绝，如高鼻羚羊。

（3）濒危：一物种的野生种群数量已经降低到濒临灭绝或绝迹的临界程度，且其致危因素仍然存在，如朱鹮、华南虎。

（4）易危：一物种的野生种群数量已明显下降，如不采取有效的保护措施，势必沦为"濒危"者，或因接近某"濒危"级别，而必须加以保护以确保该"濒危"种的生存，如金猫、云豹。

（5）稀有：一物种从分类定名以来，总共只有为数有限的发现记录，或者从发现起就数量少，且其数量少的原因不是由于人工或环境影响所致，如沟牙鼯鼠、林跳鼠、海南猕鼠。

（6）未定：一物种的情况不甚明朗，但有迹象表明可能属于或疑为濒危或渐危，如普氏原羚。

国家对珍贵、濒危的野生动物实行重点保护，为有效保护珍稀濒危野生动物，1988年11月8日第七届全国人民代表大会常务委员会第四次会议通过了《中华人民共和国野生动物保护法》，与之相对应，1989年1月13日，经国务院批准，颁布《国家重点保护野生动物名录》。根据《野生动物保护法》和有关法律、法规的规定，由林业部和农业部共同拟定的名录共列出国家一级重点保护野生动物96个种或种类，如大熊猫、金丝猴、长臂猿、白鳍豚、中华鲟等；列出二级重点保护野生动物160个种或种类，如猕猴、黑熊、金猫、马鹿、黄羊、天鹅、玳瑁、文昌鱼等。在制定国家重点保护野生动物名录时，参考了世界自然保护联盟（IUCN）的濒危物种红皮书和红色名录中的濒危物种等级划分标准。一级保护野生动物相当于"濒危"级以上，二级保护野生动物相当于"易危"级。

名录中的动物及其生存环境都受到国家有关法律法规的保护，禁止任何单位和个人非法猎捕或破坏。因科学研究、驯养繁殖、展览或者其他特殊情况，需要捕捉、捕捞国家一级保护野生动物的，必须向国务院野生动物行政主管部门申请特许猎捕证；猎捕国家二级保护野生动物的，必须向省、自治区、直辖市政府野生动物行政主管部门申请特许猎捕证。名录还对水生、陆生野生动物作了具体划分，明确了由渔业、林业行政主管部门分别主管的具体种类。

## 第三节　生态系统动态信息收集

### 一、生态系统的变化

生态系统是生命系统的重要层次，与生物个体生活史的各个时期发生的变化一样，生态系统的特征也随着时间的推移而变化着。主要包括三个方面：

（1）物理环境的长期变化：冰期的发生和消退、土壤发育或被侵蚀、湖泊因沉积而变浅直至最后消失等，都是物理环境的长期变化。物理环境的长期变化一般都有它的方向性。从不同深度的沉积物和湖泊、沼泽的泥炭层发现的花粉组织中，可以清楚地看到植物群落的这种变化。当然，有时环境变化也是非常迅速的，以致10年内在动植物种群上带来的变化都能被观察到。例如，一般情况下，干燥的气候可能在几十年内就导致木本群落被草地替代；相反，冷湿的气候也可能在几十年内使森林侵入干旱草原。然而这种中期气候变化很少有方向性，一般并不引起生物种群发生连续的方向性变化，而是形成在平均水平上下波动的中期变化。

（2）自然选择引起的有机体遗传结构的变化：此类变化在生态系统内时刻都在发生，可称之为进化。它可能很快地出现，以便适应迅速变化着的物理环境和自然选择压力；也可能在长时期内缓慢地形成，以适应土壤和气候条件以及其他缓慢但具方向性的变化。自然选择不断地以增加种群遗传适应性的方式改变着种群的遗传结构。随着物理环境的变化，物种不断地进行遗传调整以保持其适应能力。

（3）生态系统结构和功能随时间的变化而发展：主要指一定区域内有机体的类型和数量等的变化以及伴随发生的物理小环境的某种特征的变化，这类变化发生在新近裸露的且从前无植物定居的物理环境中，也发生在以前原生群落被破坏后而被植物定居的地区。生物区系的变化总是伴随着小气候和土壤条件的变化，有时，物理环境的变化源于生物区系的变化，有时则相反。

这三类变化中，最熟悉的是最后一类变化：如果放弃清除庭院中的杂草，或闲置经济上入不敷出的农场，那么这些土地上立即就会有植物入侵定居，其中大多数是一年生植物，但在几年后就会混生多年生植物。如果气候不是特别干旱，用不了多长时间木本植物也会以此为家了，要么是灌木，要么是乔木。在许多地区，首先定居的是一些喜光的阔叶树，但不久以后另外一些阔叶树又会取而代之。

### 二、生态系统的监测

生态系统的变化无时无刻不在发生，对其变化的过程进行监测对于揭示自然规律和生态系统的管理均具有重要意义：①有利于认识生态系统中的生态过程；②有利于了解生境破碎、生境破坏和其他干扰的影响；③有利于区别种群的自然波动和人为因素影响的变化；④有利于预测关键物种或类群的灭绝可能带来的生态变化；⑤有利于测度土地利用方式的变化及其对生物多样性的影响。

生态系统的监测包括两个方面：一方面对生态系统组成、结构及主要生态过程等通过样地法进行监测。样地的面积、监测指标和监测的时间间隔等依生态系统的性质和监测的目的而异。热带雨林生态系统面积一般不小于 1 $hm^2$，而温带森林生态系统则可以适当减小样地面积。我国中科院鼎湖山森林生态系统定位研究站建立的南亚热带常绿阔叶林生态系统监测样地也是 1 $hm^2$。位于暖温带东灵山地区的中科院北京森林生态系统定位研究站建立的落叶阔叶林和人工针叶林生态系统的监测样地均为 0.2 $hm^2$。

另一方面是利用遥感手段和 GIS 等计算机技术对一定区域内不同生态系统类型的面积及其分布格局进行监测，这是近年来得到迅速发展的领域。遥感影像的选择、判读、地面核实及资料的计算机处理是决定监测成效的关键环节。每一类型的影像都有其优缺点，应根据所监测区域面积的大小和监测的内容选择不同的遥感影像。季节性的多谱段影像的卫星图片可用于确定上层林冠的树种组成和盖度；而立体影像卫片和激光文件则可用于结构和生物量等的估测；小尺度的监测可选用大比例尺的航空照片。全球定位系统和地理信息系统是整合遥感信息和地面详地信息的有力工具。这类监测信息对于确定优先保护地区和自然保护区的设计与规划可以提供科学的依据和手段。

## 第四节 生物多样性优先保护地区

### 一、优先保护区域的确定方法

生物多样性保护的一个重要原则就是要设法利用有限的资源（人力、经费、土地及水域）保护尽可能多的物种多样性。为此需要考虑下列问题：①如何测度某一保护区的物种多样性？②一些物种是否比其他物种更值得保护？③怎样利用保护区物种多样性的互补性，达到利用数量有限的保护区，尽可能多地保护物种多样性？④如何选择、设计保护区，以利用最少数量的保护区覆盖某一类群的全部物种？从操作程序上来说，就是要解决如何做到客观测度和评价各有关区域的物种多样性，对各个区域按物种多样性高低进行排序，然后结合区系组成差异的互补性，设计保护区域优先序或保护区网络，达到利用有限数目的区域来保护最多的物种多样性或全部的物种多样性的目的。

1. 分类多样性测度

衡量和选择优先保护区域最常用也是最直观的指标是物种丰富度。在考虑物种丰富度的基础上结合区系成分的互补性提出的关键区系分析方法，被用来作为保护某一特定类群的全部物种设计保护区优先序和确定最低保护区组合。20 世纪 90 年代，P. H. Williams 等人利用现代生物系统学支序分析的理论和成果，提出了可以反映物种在系统演化意义上的差异即分类多样性（taxonomic diversity）的计算方法，并以此为基础，结合互补性（complementarity），提出了一套更完善的保护优先区域的分析方法，即分类多样性测度。

（1）分类多样性概念

生态学家通常使用某一区域的物种丰富度（即种数）或某一区域内物种丰富度与相对多度（relative abundance）结合的一些指数，如均匀度和多样性指数（Simpson 指数或 Shannon 指数）来测度物种多样性。还有一些方法被用来测度区域间物种丰富度在组成上的变化，即物种替换率。这些测度的局限性是显而易见的，因为物种丰富度指数未能概括不同物种与其在自然演化系统中所处地位的差异；而物种多度非物种的固定特征，随时间和地点不同而变化显著。从生命系统具有的两个相互关联的基本特征，即等级属性（hierarch）与复杂性（complexity）来看，物种多样性指数仅反映了生物复杂性一面，而未能反映生物的等级性。从保护的目的出发，有必要区别那些系统演化中更重要，代表着特殊的演化分支的物种（如大熊猫）和那些有很多近缘种的普通物种（如麻雀）。

　　分类学方法提出了分类多样性的概念来刻画物种在系统演化意义上的差异，对分类多样性的测度依据反映分类单元亲缘关系的分支图（图 9-2），但仅利用图中代表组群关系（group membership）的分支节点（nodes or branching points）的信息，分支图可通过支序分类研究获得，也可利用反映分类系统的系统关系图替代。分类学方法比较简明可行。对很多类群来说，组群关系是可利用的唯一可靠信息。

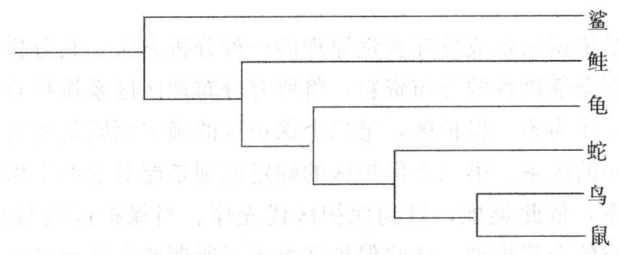

图 9-2　动物 6 个类群各一种的亲缘关系示意图

　　分类多样性测度中的一个重要指标，即根权值（root weight）指数也称为分类多样性指数（taxic diversity index），用于刻画古老类群（即孑遗类群）的重要性，对最接近支序图根部的类群给予最大的加权。图 9-3 举例说明了根权值的推算过程，可帮助理解分类多样性测度的一般原理。

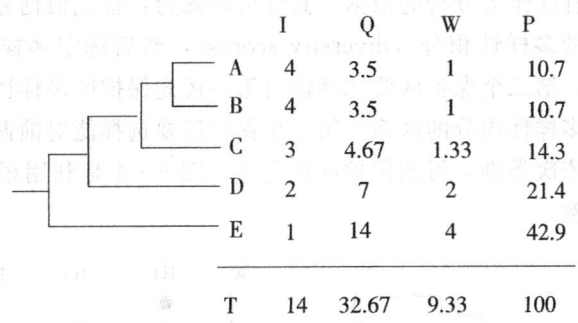

图 9-3　根权值指数的推算（R. I. Vane-Wright 等，1991）

　　图 9-3 左侧为 5 个终端分类单元 A—E 的分支图。分类单元 A 和 B 均归属于 4 个组群（AB、ABC、ABCD 和 ABCDE），C 归属于 3 个组群（ABC、ABCD 和 ABCDE），D 归属于 2 个组群（ABCD 和 ABCDE），E 归属于 1 个组群（ABCDE），I 值为分类信息的基本测度，其他数值都从 I 推算而得。Q 值为组群总数 14（4+443+2+1）被各分类单元的 I 值分别所除得到的商值（对于 A，14/4=3.5；其余类推），Q 值给予根单元较大的权值。W 值为标准分类权值，用最低 Q 值（3.5）与分类单元的 Q 值分别相除所得（如对于 E，7/3.5=2）。P 值是将 W 值换算为百分比（对于 A，1/9.33=10.7%；其余类推），

代表各分类单元对总多样性的贡献。T 为 I、Q、W 和 P 各项数值各自的总和。

**（2）特有性及关键区系分析**

多样性测度提供了测度物种系统发育地位差异的方法。除了系统发育地位上的差异，物种在分布上也往往不等。一些物种为广布种，另一些物种分布则很狭域，为地区特有种。分类单元的分布或生物地理差异构成了动植物区系组成和特有性方面的差异。区系组成是指具有哪些物种（物种名录）和物种数量（即物种丰富度）。特有性则是指一些分类单元仅在该地范围内存在，在别的地方不存在，其在该地区的丧失意味着该分类单元在整个地球上的丧失。因而，特有性在自然保护中具有重要意义，被用来确定保护"热点"（hot spots）（即特有性很高的地区）和一些类群的特有性中心。因为不同类群的特有性分布格局往往并不重合，根据特有性确定保护区优先序，应基于不同类群特有性格局的综合分析。

关键区系分析是依据区系成分互补性原理的一种分析方法。其分析步骤包括：首先根据已获得的某一类群全部物种的分布资料，将所有分布地区区系按特有性的高低排序，选定特有性最高的区系作为第一保护区，第二个保护区的确定原则是能对第一优先保护区保护物种补充种类最多的区系，第三个保护区的确定原则是能对前两个保护区共同保护物种补充种类最多的区系，依此类推，得到保护区优先序。当保护区的数目增加到某一数量时，即可包含该类群的全部物种，这些保护区组成了所谓的最低保护区组合。

**（3）保护优先区域的确定**

在利用关键区系分析确定保护区优先序时，物种在分类上被认为是相等的，即仅依据了物种的种数和不同地区的物种替换率（species turnover），未考虑物种的分类多样性差异。优先区域分析（priority area analysis for conservation）是以分类多样性测度和互补性原理为基础的保护区优先序分析方法，其原理与关键区系分析有一定的相似，但利用分类多样性指数取代特有性作为分析的依据。其分析步骤为：首先根据分类多样性指数值累加计算出各地区区系的多样性积分（diversity scores），然后选定多样性积分最高的区系作为第一优先保护区，第二个保护区要选择能对第一优先保护区多样性积分增补最大的区系，即具有最高补充多样性积分的区系，第三个保护区要选择能对前两个保护区多样性积分增补最大的区系，依次类推，得到保护区优先序。图 9-4 是利用根权值指数法进行的保护优先区域分析示例。

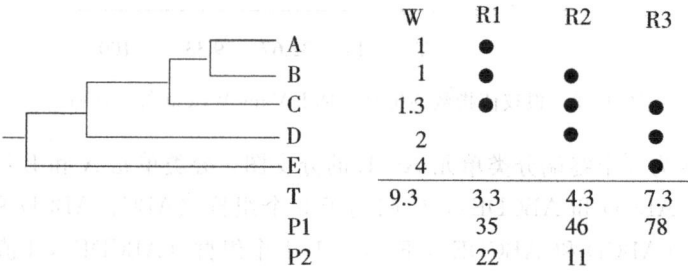

图 9-4　分类多样性法确定保护优先区域（R. I. Vane-Wright 等, 1991）

图 9-4 是包含 5 个分类单元的分支图，右侧 3 列黑圆点构成的矩阵代表各分类单元在各个地区 R1、R2 和 R3 的分布情况，每个地区都只有 3 个分类单元。若仅根据分类单

元丰富度则无法在这 3 个地区之间作出选择。根据特有性，则无法在 R1 和 R3 之间作出选择（R1 和 R3 各有一特有分类单元，R2 无特有分类单元）。利用各地区总多样性权值的比值可选出 R3 为首选保护区。图 9-3 中 W 值为各分类单元的分类权值，与图 9-4 的 W 值对应。T 值为 5 个分类单元权值的总和及 3 个地区分别所分布分类单元权值各自的总和（对于 R1，1+1+1.3=3.3；其余类推）。P1 为各地区权值总和（分别为 3.3，4.3，7.3）占 5 个分类单元权值总和（9.3）的百分比（对于 R1，3.3/9.3=35%；对于 R2，4.3/9.3=46%；对于 R3，7.3/9.3=78%），相当于各地区的多样性积分百分比，表明 R3 为最高优先区域。P2 为 R1 和 R2 对 R3 分类单元互补性带来的补充多样性积分百分比。当首先选定 R3 作为保护区后（可保护分类单元 C、D 和 E），若再选择 R1，可增加保护 A 和 B，A 和 B 的权值和为 2（1+1），对 R3 的补充多样性积分百分比为 22%（2/9.3=22%）；若再选择 R2，只增加保护 B，B 的权值为 1，对 R3 的补充多样性积分百分比为 11%（1/9.3=11%）。当 R3 和 R1 的互补多样性积分达到 100%（78%+22%）时，表明加权逐步分析已完成。

P. H. Wlliams 编制了一个专用于优先区域分析的计算机程序 WORLDMAP。优先区域分析方法被应用于不同地域水平的多个类群区系的保护优先序分析中，这种分析多使用 WORLDMAP 程序进行。表 9-1 是应用该方法确定非洲羚羊保护区优先序的实例之一，分析基于分类多样性测度和互补性原理。

表 9-1　非洲热带羚羊多样性积分和保护区优先序

| 步骤序号 | 补充多样性积分（%） | 累积多样性积分（%） | 保护区名称 | 国家 |
| --- | --- | --- | --- | --- |
| 1 | 23.95 | 23.95 | Serengeri NP | 坦桑尼亚 |
| 2 | 13.70 | 37.65 | Kafue NP | 赞比亚 |
| 3 | 9.99 | 47.64 | Haut Dodo FR | 象牙海岸 |
| 4 | 9.32 | 56.96 | O. Rime—O, Acgun FR | 扎得 |
| 5 | 4.85 | 61.81 | Yangudi Rassa NP | 埃塞俄比亚 |
| 6 | 4.71 | 66.52 | Odzada NP | 刚果 |
| 7 | 5.27 | 71.79 | W. Pretorius GR | 南非 |
| 8 | 3.50 | 75.29 | Manovo—G—St Floris NP | 中非共和国 |
| 9 | 2.81 | 78.10 | De Hoop NP | 南非 |
| 10 | 2.82 | 80.91 | Gorongosa NP | 莫桑比克 |

2. GAP 分析

1987 年，J. M. Scott 等通过大量的野外调查和资料整理，对夏威夷的物种分布（主要是鸟类）和土地管理权属进行手工制图，结果发现当时的保护区体系不能满足岛上生物多样性保护的需求，该研究成果直接促成了几个野生动物庇护所的建立。"保护空白"（conservation gap）是指通过监测生物多样性的状况，对照现有保护区系统，可以确定那些在现有保护区中没有得到保护或保护不充分的成分（如植被类型、栖息地类型和物种），最后确定需要优先保护的对象并采取相应的行动，如新建保护区或调整土地利用结构与功能。随后，美国国家生物调查局（USBS）发起 GAP（Gap Analysis Program）分析计划，在美国各州按统一的标准实施了 GAP 项目。目前，美国全国州一级的 GAP 分析工作已基本完成，县域和小流域一级的案例性研究工作也在逐步开展。GAP 分析将脊椎动物和植物作为生物多样性的代表，综合考虑植被、地形、土壤、土地权属等决定物种分布的因素，利用 GIS 的空间分析功能确定物种的适宜分布区及物种丰富度图，通过对比物种丰富度与现有的保护进行叠加，确定生物多样性保护的遗漏和空白区域（即 Gap）。不难发现，GAP 分析试图将确定热点地区与保护对策结合起来。这一分析为土地管理者、规划者、科研人员和政策制定者提供了解保护现状以及确定生物多样性优先保护区信息所需的信息，使这些"空白"可以通过新建保护区或者改变现有土地利用和管理方式来得以保护。

GAP 分析的基本流程分为四步，即土地覆盖制图、脊椎动物分布制图、土地权属与管理制图以将这三层图像叠加进行 GAP 分析（图 9-5）。

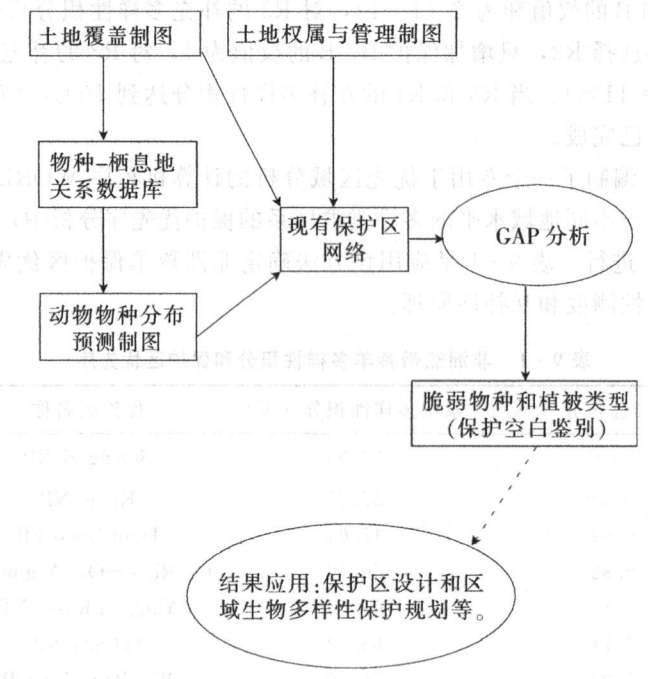

图 9-5 GAP 分析的基本要素与流程图

GAP 分析的重点放在那些保护不够、易于消失的自然栖息地类型，而对于居住区、城市化地区、种植草坪、农田等不含有自然植被覆盖的地区则不加分析。在进行 GAP 分析时，一般来说，如果某种土地覆盖类型处于被保护状态的面积少于 1%，就有加强保护的必要。但是如果某种植被本身分布很广，并且具有很强的侵入或扩散能力，尽管保护面积不足 1%，也可能没有加强保护的必要。找出现有保护区网络中没有得到充分保护的生物多样性成分，就可以作为今后如何通过合理的土地规划、调整和管理实现生物多样性保护的重点对象，也为今后设计和建立合理的保护区网络奠定基础。

**二、中国生物多样性保护的关键地区**

关键地区（critical area）是指对于生物多样性保护具有重要意义的地区。因为在地区、国家和全球任何一个水平上可用于生物多样性保护的人力和财力都是有限的，远远不能满足解决现有问题的需要，所以必须确定保护的重点。

1. 确定关键地区的原则

(1) 丰富性：生物多样性在空间上不是均匀分布的，不同地区生物多样性的形成显然受其自然地理因素以及地质历史的综合影响。从寒带到热带生物多样性丰富程度逐渐增加，即使在同一气候带内不同生境的生物多样性也会有很大的差别。生物多样性丰富的地区，如热带雨林地区应首先受到关注。

(2) 特殊性：在生物多样性保护中，由许多特有物种组成的生态系统比由众多广布种组成的生态系统更为重要。单型种或某个目、科或属的唯一代表种比广泛分布的复型种分布的地区更值得重视。同样，稀有种栖息地比广布种的栖息地或普通种的生境具有更高的保护优先度。

(3) 受威胁的程度：生物多样性在世界各地受到不同程度的威胁，受威胁严重的地区应具有较高的优先度。在其他条件相同的情况下，濒危物种比易危物种、易危物种比稀有物种、稀有物种比数量下降但未列入 IUCN 名录的物种具有更高的优先度。

(4) 经济价值：不同地区的生物多样性可能在"数量"上相近，但其现实的和潜在的用途有很大差别。在评估优先程度时，对热带国家的那些消失后会对人类产生最严重不良后果的基因、物种或生态系统应给予最高的保护优先度。

由于受到人为活动影响较小，保存较好的地区多为比较偏远、交通不便因而资料多比较贫乏的地区，因此，通过航片、卫片等遥感手段获取生态系统特别是植被的地理分布规律，可为关键地区的确定提供重要依据。

2. 中国生物多样性关键地区

(1) 具有国际意义的陆地生物多样性关键地区

根据陈灵芝 (1992) 的资料，中国具国际意义的陆地生物多样性关键地区有 14 个，分别是吉林长白山地区，河北北部山地地区，陕西秦岭太白山地区，四川西部高山峡谷地区，云南西部高山峡谷地区，湖南、贵州、四川、湖北边境山地地区，广东、广西、湖南、江西南岭山地地区，浙江、福建山地地区，台湾中央山脉地区，西藏东南部山地地区，云南西双版纳地区，广西西南石灰岩地区，海南岛中南部山地地区和青海可可西里地区。其中的吉林长白山地区森林保存较好，覆盖率达 60% 以上，植被类型多样，垂直分布明显。海拔 500 m 以下主要为落叶阔叶林，500～1 100 m 的丘陵山地分布有著名的红松和落叶阔叶混交林，1 100～1 800 m 范围主要是亚高山针叶林，1 800～2 000 m 出现岳桦所组成的亚高山矮曲林带，海拔 2 000 m 以上出现中国唯一高山冻原，其外貌与极地的情况非常类似。该区生物多样性极为丰富，是同纬度带生物多样性最丰富的地区。

(2) 具有全国意义的陆地生物多样性关键地区

具有全国意义的陆地生物多样性关键地区共有 5 个，主要包括黑龙江、内蒙古边境大兴安岭山地地区，内蒙古锡林郭勒草原地区，新疆境内的阿尔泰山地区，新疆伊犁天山地区，甘肃东祁连山地区。其中黑龙江、内蒙古边境的大兴安岭山地地区位于中国最寒冷的区域，代表了中国寒温带植物区系特点，地带性植被类型主要为北方针叶林，建群种为兴安落叶松、樟子松。海拔 1 350 m 以上的山顶地区，有小片的偃公灌丛的分布，最高峰奥里科里峰 1 530 m。

(3) 湿地和淡水水域生物多样性关键地区

陆地生物多样性的关键地区实际上包括了不少湿地和湖泊在内，但它们还不能代表湿地和淡水水域的情况。陈灵芝（1992）等根据湿地和淡水水域的分布特征，共划分了5个关键地区，即东北穆棱、三江平原湿地区域，两湖平原湿地区（由洞庭湖、鄱阳湖和江汉平原等组成），贵州威宁草海区域，云南洱海区域，川西若尔盖湿地区域。

其中东北穆棱——三江平原湿地区域主要由黑龙江、松花江、乌苏里江冲积和低平原与穆棱—兴凯湖冲积形成的低平原组成。该区沼泽面积约有110多万 $hm^2$，占全国沼泽面积的11%，是中国沼泽分布面积最广、最集中的区域之一，沼泽中栖息着数量丰富的珍稀濒危水禽，如丹顶鹤、白鹤、白枕鹤、天鹅等。

（4）海岸和海洋生物多样性关键地区

海岸和海洋生物多样性关键地区主要包括11个地区：海南南沙群岛珊瑚岛海区，海南西沙群岛珊瑚海区，海南东南海岸珊瑚礁海区，海南文昌清澜港红树林区域，广西合浦山口沙田半岛海区，广东珠江口南海海岸和海洋区域，浙江平阳南麂列岛海区，江苏盐城沿海海域，山东青岛沿海海域，山东庙岛群岛海域，辽宁大连蛇岛老铁山海区。

## 第五节 生物多样性信息系统建设

生物多样性信息主要由两大部分组成，即生物多样性的组成信息和生物多样性的相关生态过程信息。其中生物多样性组成信息多为生物多样性各层次的组成特征，一般可用编目方法加以贮存和管理，而生物多样性相关生态过程信息主要包括与生物多样性有关的各种人类活动与自然过程，一般采用描述性记录，也可应用合适的数学模型进行描述。目前国际、国内对生物多样性信息的研究及相关工作，集中体现在对生物多样性组成信息方面，对相关生态过程信息的研究与采集则刚刚开始。生物多样性信息具有以下特点：复杂性、海量性、时间性、空间性、特殊性。因此要求生物多样性信息系统不仅存贮量大，而且要能提供空间、时间、动态的处理与分析能力。当前迅速发展的3S技术以及相应的数据库管理系统为生物多样性信息收集与管理提供了有效的技术手段。

### 一、生物多样性信息系统建设的手段与方法

1. 3S技术

3S技术是RS（遥感）、GIS（地理信息系统）、GPS（全球定位系统）的总称，它们是人类现代科学技术的重要成就之一，是人类为获取、处理、分析生存环境信息逐步发展起来的先进的技术手段。

（1）遥感技术（RS）

遥感技术从20世纪以来开始得到广泛应用，20世纪50年代以后，更是得到突飞猛进的发展。从最初区域视野的航空遥感发展到全球视野的航天遥感，从单一的可见光摄影手段发展到多波段摄影、多波段扫描仪、光谱仪、雷达及辐射计，信息获取的手段、精度与速度都得到了极大提高。遥感技术已成为区域与全球研究的有力手段。

（2）地理信息系统技术（GIS）

GIS又称为"资源与环境信息系统"。世界上第一个地理信息系统开始运行至今不过20余年，但已成为遥感技术应用中不可缺少的组成部分，它以遥感技术提供的数据为其

重要的信息源,是遥感技术系统中的处理和应用系统。GIS 的出现,很大程度上解决了大量的遥感信息与快速处理之间的矛盾,实现了遥感信息的快速、及时处理,加强了遥感信息的现实性,增强了遥感技术的可操作性。

(3) 全球定位系统 (GPS)

GPS 的发现成功实现了遥感数据的实时定位,即由传统的地—空定位模式转变为现代的地—空定位模式,同时能够对遥感信息进行地学编码,并可直接进入 GIS 进行处理。此举大大提高了遥感数据的精度,减轻了数据处理的难度。

随着人类活动范围的不断扩大,野生生物的生境受到了愈来愈严重的威胁。如何准确、及时、动态地获取野生动物生境的现状信息和变化信息,并对导致其变化的因素作出分析与评价,对野生生物的保护具有重要意义。传统的方法主要是利用野外的抽样调查、室内试验等手工汇集方法获得野生动物生境数据,数据的现时性、准确性和可靠性都受到了极大的限制,难以满足野生动物生境研究的需要。以 GIS 为核心的 3S 技术的结合与集成,在野生动物的生境格局及破碎化、生境因子与生境分析模型、野生动物生境评价、野生动物的生境恢复建设等方面已经取得了丰硕成果,为野生生物及其栖息地的保护提供了有力的支持。

2. 数据库管理信息系统

数据库管理信息系统 (Data Base Management System,DBNS) 通过结构化的数据文件,把存贮有特定信息的数据集以数据库的形式存贮起来,并提供了数据输入、查询、提取、更新的技术工具。DBMS 系统的数据库具有不依赖于特定程序的特点,数据结构规范,具有通用性,是目前广泛应用的数据管理技术,目前已成为生物多样性信息系统建设最基本、最重要的技术手段。

DBMS 的核心是数据库建设。数据库的数据组成形式或数据结构模型主要有三类,即关系型数据结构、层次型数据结构、网络型数据结构。其中关系型数据模型是最广泛应用的,使用灵活,即使用户不是程序员,也可以快捷轻易地写出一般的查询语句,尤其是在描述生物多样性的属性特征时非常有用。目前建立的生物多样性信息系统基本都是关系型的数据管理系统。DBMS 中对层次数据结构与网络数据结构运用不多,但在编制检索表时,层次型与网络型数据结构具有很大的优势,在生物多样性信息系统开发中,可作为对关系型数据结构的重要补充。

**二、中国的生物多样性信息系统**

生物多样性信息系统是一个能够提高国家对生物多样性信息的综合管理能力,推动我国生物多样性保护和持续利用的非常有用的技术和工具。最近几年来,在生物多样性科学家、生物信息学家和计算机科学家的共同协作下,不断有新的信息技术、数据库技术应用于生物多样性信息系统,并致力于发展、完善其功能和作用,也使得生物多样性信息系统在不久的将来发展成为一门新的交叉学科——生物多样性信息科学。

中国的生物多样性信息系统 (Chinese biodiversity information system) 建设在"中国生物多样性研究与信息管理 (BRIM)"项目的推动下,取得了很大进展。它的总体目标是通过收集、整理和传播国内外有关生物多样性研究、保护和持续利用的信息,扩大生物多样性信息交流的范围和内容,增加国内国际各阶层组织和个人在这一领域的合作,在全社会范围内普及生物多样性知识，为国家和地方各级决策部门提供生物多样性的科学数据，促进我国生物多样性保护和持续利用事业的发展。

中国生物多样性信息系统主要包括基础数据库、模型库和专家系统组成。其中基础数据库中的数据包括物种编目的数据、濒危和保护物种的数据、典型生态系统的数据、标本的数据、易地保护的数据、就地保护的数据、种子和种质资源的数据、环境因子及植被的数据、有关的社会和经济发展的数据、文献信息、生物多样性信息编目的数据。而模型库的模型主要用于对基础数据的分析和处理，掌握生物多样性在时间和空间上的变化趋势，为生物多样性资源管理和保护提供科学的支持。这些模型包括生态系统中关键种的种群动态模型、时空动态的种群生存力分析模型、生物多样性状态评价模型、建模环境和工具。专家系统库中的专家系统是为解决生物多样性保护和资源管理的具体问题而建立的决策咨询系统，它们包括濒危物种保护专家系统、自然保护区规划专家系统、生物多样性资源持续利用专家系统等。

通过近几年的持续不断努力和各方面的合作。目前，中国生物多样性信息系统已经建立了几十个生物多样性信息方面的数据库，总记录数约22万条，其中大部分的数据库已经上网查询。如中国生物多样性信息查询网站（http：//www.chinabiodiversity.com）收集了大量相关数据库与信息，对生物多样性研究及相关应用具有重要的参考价值。

> **思考题及要点**
> 1. 生物多样性信息收集的基础性工作有哪些？
> 2. 掌握IUCN濒危物种等级划分有哪些定性和定量指标。
> 3. 了解中国物种濒危等级划分及物种保护优先序的确定依据。
> 4. 如何利用分类多样性法确定保护区域的优先序？
> 5. 了解GAP分析的基本原理。
> 6. 了解中国的生物多样性关键地区。
> 7. 生物多样性信息系统建设的手段和方法有哪些？
> 8. 了解中国的生物多样性信息系统建设进展。

# 第十章 生物多样性保育的基本理论

自 20 世纪 90 年代初生物多样性保育科学成为全球关注的热点以来,有关物种保护的理论研究受到了格外的重视,业已形成的诸多理论不仅对生物多样性保育发挥了重要的指导作用,而且展示了生物多样性保育科学和生态学的发展趋势。正确地理解这些理论的形成及发展,既有利于实现物种有效保护的目的,同时对把握和认识生物多样性保育科学的特点及其发展进程具有重要的科学意义。

## 第一节 岛屿生物地理学理论

**一、岛屿生物地理学的基本内容**

在物种多样性保护领域中,最早被广泛利用的是岛屿生物地理学理论。20 世纪 60 年代以后,由于大量的土地被开发,许多生物栖息在被城市和工农业用地所包围的岛屿状生境中。岛屿有许多显著特征,如地理隔离、生物类群简单等。这些特点为发展和检验自然选择、物种形成及演化,生物地理学及生态学等领域的理论和假设提供了重要的天然实验室。所以 R. H. MacArchur 和 E. O. Wilson (1967) 的岛屿生物地理学理论一经提出就引起学术界的广泛关注,并被迅速接受,逐渐成为物种保护和自然保护区设计的重要理论依据。

实际上,在该理论提出之前,人们就意识到了岛屿面积与物种数量之间存在一种对应关系,如 F. W. Preston (1962) 提出了著名的种—面积方程 ($S = CA^z$)。1967 年 R. H. MacArthur 和 E. O. Wilson 提出了岛屿生物地理学平衡理论,首次从动态方面定量阐述了岛屿上物种丰富度与面积、隔离程度之间的关系,并建立了 MacArthur—Wilson 理论的数学模型:

$$dS(t)/dt = I(s) - E(s) = I_0[Sp - S(t)] - E_0 S(t)$$

式中:$S(t)$ 为 $t$ 时刻的物种丰富度,$I(s)$ 是迁入率,$E(s)$ 是灭绝率,$I_0$ 和 $E_0$ 分别为单位种迁入与灭绝系数,$Sp$ 为大陆物种库潜在迁入种的总数,$S(t)$ 的平衡值为 $S(t) = I_0 Sp/(I_0 + E_0)$。

该模型假定存在着永远都不会灭绝的大陆种群,种群具有物种均一性、可增加性以及在一定尺度内的随时间稳定性,并认为岛屿上物种的丰富度取决于物种的迁入和灭绝,而迁入率与灭绝率则决定于岛屿与大陆距离的远近以及岛的大小,即所谓的距离效应、面积效应、营救效应和目标效应;迁入率和灭绝率将随岛屿中物种丰富度的增加而分别呈下降和上升趋势,当迁入率与灭绝率相等时,岛屿物种数达到动态的平衡。这就是岛屿生物地理学理论的核心内容。

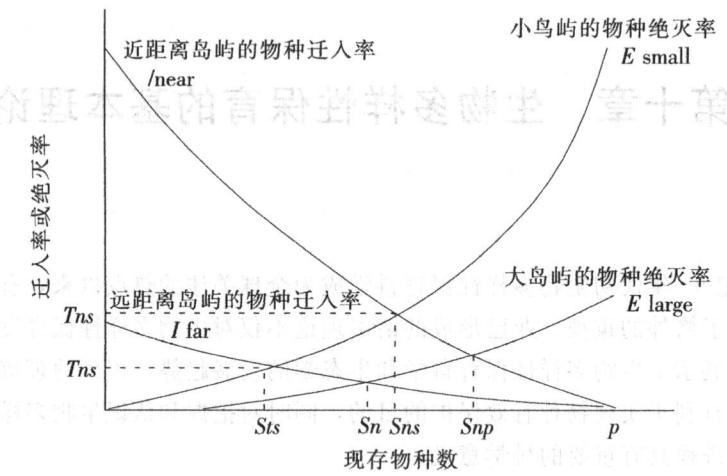

图 10-1　R. H. MacArchur 和 E. O. Wilson（1963，1967）岛屿生物地理学动态模型

该模型表明物种迁入率随距离，绝灭率随面积变化的规律。模型预测了岛屿上物种数目的变化。在迁入率与绝灭率相等时，岛屿物种丰富度达到动态平衡，此时物种周转率在数值上等于当时的迁入率或绝灭率。每一个岛屿面积与隔离程度的组合都将产生一个特定的物种数量与物种周转率的组合。

**二、对生物多样性保育的启示**

由于岛屿生物地理学理论起源于海洋岛屿中的物种研究，将其广泛应用于陆地生境岛屿研究中有一定的局限性。但它为物种保护提供了十分宝贵的理论基础，如将许多现实的生境喻为岛屿、物种丰富度与面积关系模式的建立，试图寻找小物种灭绝的原因、避难所设置的原则。不管这一理论存在着什么不足，它使物种保护的研究由仅仅通过定性比较来描述，转向通过野外模拟实验来验证物种形成的机制。尽管人们对岛屿生物地理学理论进行多方面的批评和修正，但并不否认其应用价值。R. H. MacArchur 与 E. O. Wilson 学说的产生和发展丰富了生物地理学理论和生态学理论，促进了人们对生物种多样性地理分布和动态格局的认识和理解。

# 第二节　种群生存力分析理论

20世纪70年代以后，随着许多珍稀野生动植物的灭绝或濒临灭绝，人们自然而然地把注意力集中在保护这些野生动植物上。由于在岛屿生物地理学理论中没有专门涉及个别动植物的保护。在这种背景下，从现实出发，考虑到人类不可能提供大量的土地来保护动物，群落生物学家提出了物种的长期生存需要一个最小栖息地（minimum area requirement，MAR），小于这个面积，物种就会灭绝的观点；而种群生态学家则把注意力集中在最小种群（minimum population size）和最小密度（minimum density）上。这两个理论相互融合，最后形成了最小存活种群（minimum viable population，MVP）理论。特别是美国国家公园管理部门在 20 世纪 70 年代提出法案，要求美国国家公园中的所有野生脊椎动物的数量不得少于最小存活种群。在这种背景下，许多国家公园为了制定保护计划，争相研究最小存活种群，使种群生存力研究达到了一个高潮。

### 一、最小存活种群与种群生存力分析

MVP 是指能够成功地存活相对较长时间的种群所需的最少个体数，如种群以 95% 概率至少存活 100 年所需的个体数量。MVP 需要有足够的个体数，以便应付如个体死亡、环境灾变、遗传漂变等各种随机事件。此外还必须考虑到保护计划中的时间期限和种群存活的安全界限，而 MVP 的时间期限和存活概率是可变的，即不存在适用于所有物种的同一 MVP 数值。该理论研究的热点问题是如何确定 MVP。种群生存力分析（population viability analysis，PVA）是指用分析和模拟技术估计物种在一定时间内灭绝概率的过程和技术，它是研究物种灭绝过程中，确定 MVP 的最新方法。这一方法把影响种群长期生存的因素分为种群统计随机性、环境随机性、自然随机性和遗传随机性。分析这几个随机因素对种群数量增减的影响，就能够估算出 MVP，从而在保护区的建设中维持种群的生存，达到避免物种灭绝的目的。

### 二、种群生存力分析技术

种群生存力分析属于非线性生态关系，因此许多方程无法求得分析解。随着计算机技术的应用和发展，许多人用模拟技术研究种群的生存力，主要是一些计算机软件包（表 10-1），目前应用比较广泛的是灭绝旋涡模型（VORTEX），可以模拟异质种群动态，主要应用于脊椎动物的保护，其基本原理如图 10-2。与其他计算机模型一样，运行 VORTEX 模型首先需要提供必要的参数。

（1）该模型要求的基本参数

① 初始种群数量；
② 各年龄组的特定出生率和死亡率及其变动范围；
③ 物种的交配制度；
④ 参加繁殖的雌性个体和雄性个体的百分比；
⑤ 种群数量接近零时种群的繁殖率；
⑥ 种群数量接近容纳量时种群的繁殖率；
⑦ 雌性个体产下第一胎、雄性个体开始参加繁殖的年龄；
⑧ 两性个体停止繁殖的年龄；
⑨ 新生个体的性比；
⑩ 环境容纳量及其变动范围；
⑪ 模拟的时间范围（50 年、100 年或 200 年）；
⑫ 模拟的次数（100 次、200 次或 1 000 次）。

如用该模型模拟自然灾害和生存环境发生变化对种群生存力的影响，还要提供自然灾害发生的频率和强度、自然灾害与环境变化对种群出生率与死亡率产生的影响等参数。如果同时模拟一个以上的种群，模型还要求提供在种群间交换个体的性别（只交换雄性个体，只交换雌性

个体,以及同时交换两性个体)和百分比,以及交换的个体进入新种群后的死亡率。

虽然这些参数均可以进行估计,但是估计的数值因其主观色彩过重,与实际情况存在差距,故难以对物种保护的实践进行指导。只有使用在长期监测中获得的数据进行模拟,其结果才对物种的保护与管理具有实际的指导意义。

表 10-1 种群生存力分析的软件包

| 软件包名称 | 主要用途 |
| --- | --- |
| INMAT | 主要应用于检查近交衰退的短期效应 |
| GAPPS | 特别为棕熊的 PVA 而设计,主要应用于大型哺乳动物 |
| RAMAS/Stage | 基于一组预测矩阵,可储存比较大的种群,适合于模拟高繁殖率的物种如鱼类 |
| RAMAS/MeTapop | 由 RAMAS/space 发展而来,主要模拟异质种群动态,配有 GIS 功能(显空间模型) |
| VORTEX | 广泛应用的软件包,可以模拟异质种群动态,主要应用于脊椎动物的保护 |
| ALEX | 主要模拟生境动态和异质种群动态 |

(2) 运行 VORTEX 模型获得的结果

在输入运行 VORTEX 模型必需的参数后,如果是对一个种群进行模拟,该模型就可以按照要求提供下列结果:

① 在给定的时间范围内种群的增长速率;
② 在给定的时间范围内的种群数量及其变动范围;
③ 在给定的时间范围内物种灭绝的概率及其变动范围;
④ 第一次灭绝发生的时间及其变动范围;
⑤ 随时间的变化种群遗传多样性保留的程度;
⑥ 随时间的变化种群内近交系数的变化。

通过改变输入模型的参数数值,VORTEX 模型还可以检验对目标种群的生存力影响的最大因素。如改变初始种群的数量,改变死亡率或出生率,改变参加繁殖个体的百分比,改变性别,改变自然灾害发生的频率和强度,改变环境容纳量等,可以判别哪种因素对种群生存力的影响最大,这样我们就可以有目的地采取保护措施,避免种群的灭绝。

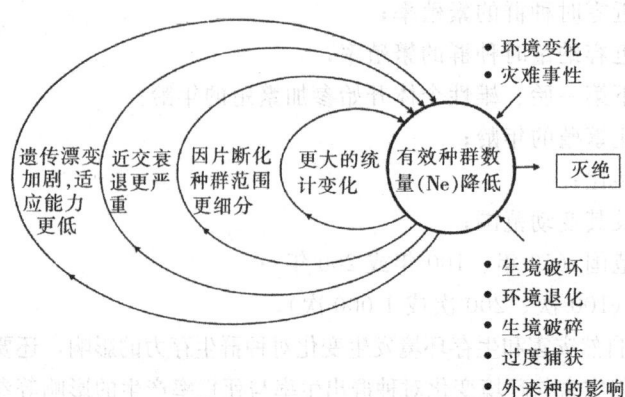

图 10-2 灭绝旋涡模型建立的基本原理

### 三、种群生存力分析技术在物种保护与管理中的应用

保护物种的目的,不仅是要维持一个有一定数量个体的种群,还要使该种群保持继续进化的潜力。种群的遗传多态性是物种对环境变化产生适应的基础,因此,在一定的时间内种群的遗传多态性保持在某一水平成为确定种群生存状态的重要指标。种群生存力技术能够保持遗传多态性需要的最小种群数量、预测种群数量、种群增长速率、种群对数量参数变化的敏感程度和种群生存空间等对种群生存具有重要意义的参数的变化对种群的发展趋势的影响,因此这一技术在濒危物种保护与管理中具有广泛的应用前景。

借助于种群生存力分析技术可以确认对濒危物种的野生种群生存状态威胁最大的因素,并有针对性地采取保护措施,确保濒危物种的安全。魏辅文和胡锦矗(1994)在对卧龙保护区的"五一"棚的大熊猫种群进行多年研究的基础上,分析了该大熊猫种群的生存力。他们发现,竹子周期性开花和种群隔离对该熊猫种群灭绝概率的增加具有重要的影响,这与他们在野外研究中获得的结论十分一致。他们认为,目前我国的大熊猫种群因栖息地片段化而被分割为20多个小种群。种群间缺乏遗传物质的交流造成的种群遗传多态性降低,是威胁大熊猫种群生存的重要原因。只有改变这种状况,我国的大熊猫才会摆脱种群数量不断下降的趋势。他们的研究结果,为林业部组织实施以新建和完善已建大熊猫的保护区,在大熊猫分布的主要山系中建立绿色走廊带,将大熊猫现存的栖息地连成大片为主要内容的"中国大熊猫及其栖息地保护与管理工程"提供了理论依据。目前这项保护生物学的工程已经开始实施,并引起了国际社会的高度重视,产生了重大影响。

---

**中国大熊猫的栖息地保护工程**

人类在发展自己的物质文明的过程中将大熊猫这一珍贵的物种推到了灭绝的边缘,为此必须采取有力的拯救措施来促进其种群的恢复。《中国保护大熊猫及其栖息地工程》(以下简称《保护工程》)就是中国政府这种决心与能力的体现。该《保护工程》的实施将从根本上缓解栖息地片段化给大熊猫带来的困境,遏制大熊猫栖息地丢失的趋势,并进一步恢复和发展大熊猫潜在的栖息地,为其生存创造必需的条件,进而促进大熊猫种群的恢复和发展。

《保护工程》主要包括以下五个方面的内容:

一、完善已建立的13个保护大熊猫自然保护区的建设与管理

以往的实践证明,自然保护区在大熊猫的种群及其栖息地的保护中发挥了重要的作用。20世纪六七十年代建立的13个以大熊猫为主要保护对象的自然保护区占地总面积5 830 $hm^2$,约有350只大熊猫生活在面积为3 751 $km^2$ 的适宜栖息地中。自保护区建立以来,不但大熊猫的栖息地得到了有效的保护,生存于其间的大熊猫数量也基本上维持稳定。在保护大熊猫的实践中,这些保护区均已建立了管理机构并制定了大熊猫的管护措施,对偷伐林木和盗猎野生动物的事件积极查处并坚决打击,为大熊猫野外种群的保护作出了贡献。《保护工程》的实施将加大对这些保护区的投资力度,在完善保护区的基本建设、建立保护区的监测体系和巡护网络、提供巡护的交通工具、改善保护区工作人员的生活和工作条件,进一步发挥其在大熊猫保护上的主导作用的同时,将现居住于保护区核心

区靠保护区的生物资源从事生产活动的 2 600 多居民迁出保护区，以减少人类活动对大熊猫种群正常活动与迁移的影响，促进熊猫个体在种群间的交流。为保护大熊猫而采用移民的措施，这在我国濒危物种保护工作中还是第一次。

二、在大熊猫的集中分布区和重要栖息地新建自然保护区

《保护工程》将新建立 14 个大熊猫自然保护区。这些保护区将覆盖大部分重要的或处于已建保护区连接地带的大熊猫栖息地，这将使得几个大熊猫主要分布区连成几个大片。这 14 个新建保护区有 11 个建在四川省，1 个建在甘肃省，2 个在陕西省。保护区建立之后将对总面积为 4 242 km² 的陆地面积进行有效的保护，其中 2 479 km² 是大熊猫的栖息地。

三、建立保护走廊带，将大熊猫保护区连成网络

为解决现存大熊猫栖息地被公路、村镇、农田、森工企业分割成片段，使大熊猫小群间无法进行基因交流的问题，在实施《保护工程》的过程中，将在相互间无法连接的保护区或大熊猫重要的栖息地之间建立 18 条保护走廊带，为分离的部分熊猫群体间提供相互交配繁殖的机会，使种群的遗传多样性得到保存。《保护工程》实施完成后，将在大熊猫的主要分布区内建成我国第一个保护区网络。保护区网络建设是目前国际上保护生物多样性的重要措施和研究热点。大熊猫保护区网络的建成首先是将保护生物学的保护区网络建设的理论应用于我国濒危物种保护实践中。

四、建立保护站，为保护区外的大熊猫及其栖息地提供有效的保护

由于社会和经济的原因，新建保护区和建立保护走廊带等保护措施仍不能将所有的大熊猫及其栖息地全部包括在内，仍有 7 400 km² 的大熊猫栖息地（占全部栖息地的 53%）分散在四川、陕西和甘肃 3 个省的 32 个县境内。在这些地区内由于包括了很多森工企业，或预算难以承受，或人口太多，或过于分散，暂时尚不能建立保护区。为保护这些地区的大熊猫及其栖息地，《保护工程》计划将在这 32 个县建立大熊猫栖息地保护管理站，对分布在这里的大熊猫和栖息地进行保护和管理。这一措施不仅将缓解大熊猫栖息地被破坏和进一步被分割的程度，还有利于大熊猫栖息地的恢复与发展，以待时机成熟再划定为保护区。

五、加强以饲养繁殖和生态学为重点的科学研究

虽然就地保护是大熊猫保护工作的重要组成部分，但是由于野生的大熊猫种群数量一直呈下降趋势，特别是考虑到保存物种的需要，因此十分有必要建立并维持一个稳定的圈养大熊猫种群。维持一个稳定的圈养大熊猫种群既可满足国内外动物园展出大熊猫的需求，又可为圈养繁殖个体释放野外以补充野外种群创造条件。在大熊猫的繁殖方面，中国的研究人员创造了优异的成绩，但在繁殖生理、交配机制、育幼复壮、营养饲喂、疾病病理及行为方面仍有许多问题需要解决。特别是圈养条件下繁殖的熊猫多不能维持自然交配能力，其繁殖仍然依靠人工授精技术。如何在人工饲养条件下使熊猫自然交配繁殖后代以及如何提高人工授精成功率等是亟待解决的难题。只有具有自然交配繁殖能力的熊猫才有可能重新回归自然。因此，开展大熊猫饲养繁殖的研究将是异地保护工作成功与否的关键。

## 第三节 玛他种群理论

进入20世纪80年代以后，人们在深入野外研究最小存活种群时发现，处于濒危状态的动物，它们的栖息地大多已被分隔，种群已经破碎。在破碎的种群之间存在着许多很复杂的关系。简单地把它们作为一个种群来研究它们的生存力，将无法反映它们的实际情况。有些物种尽管在栖息地的各个斑块中，种群数量不大，但是通过不断地向种群数量逐渐下降的斑块或者已灭绝的空斑块的迁移，可以保持种群的长期生存。而且这种不同斑块种群之间个体的交流，还能提高种群的遗传多样性，从而抵消近亲繁殖和遗传漂移的影响，提高种群的生存能力。甚至有人据此提出，以岛屿生物地理学理论而提出的在面积一定时，建立一个大的保护区比建立几个面积较小的保护区更能保护好动物的观点是错误的。正像当初岛屿生物地理学理论提出时那样，玛他种群理论成为许多学者的热门话题，被人们争相用来指导濒危动物的保护。如北美的黑足鼬、北美斑枭、大角羊、史丹芬跳鼠和其他濒危动物的保护计划，都在采用玛他理论来指导设计。

### 一、玛他种群理论的基本内容

玛他种群（metapopulation）也称为异质种群，是指生活在栖息地已破裂的，呈斑块状分布的种群。组成玛他种群的种群被称为局部种群（localpopulation）。玛他种群可由局部种群的不断绝灭和再迁入达到平衡而长期地生存。从更实际的意义上来说，玛他种群是由一系列同种种群所组成的种群，这些种群之间可能有关系也可能没有关系，因为在实践中，常常很难确定这些种群之间是否有关系，而且即使目前没有关系，不等于说将来也没有关系。

1970年，R. Levins在讨论生物灭绝的数学模型时，信手拈来metapopulation一词用来表示有灭绝可能的一组同种种群的斑块状分布结构。在他的模型中有如下三点假设：

① 组成各种群的斑块大小相等；
② 扩散个体迁到不同斑块的概率一致；
③ 各斑块种群的灭绝概率相同。

从这三点我们可以认为：R. Levins的玛他种群是一个理想状态下的种群，在现实中要找到这样的种群是不可能的。他在其模型中强调：玛他种群是由一组生活在斑块状分布的栖息地中的局部种群所组成的种群，各局部种群不断地灭绝又不断地迁入重建，当迁入重建率大于或等于灭绝率时，这种斑块状分布的种群就能长期生存。这些观点被人们逐渐接受，从此，这一名词被广泛用来表示一组斑块状分布的种群。

玛他种群理论的内涵是十分丰富的，而且在不断地发展。就目前来看，该理论可归纳为如下几点：

① 玛他种群是指由一组空间隔离、相互有联系的局部种群组成的；
② 一个玛他种群要长期生存，各组成的局部种群之间的迁入率必须大于各自的灭绝率；
③ 玛他种群越大（即组成该玛他种群的局部种群越多），种群能生存的时间越长；

④ 玛他种群的稳定性由局部种群之间的迁移率来维持，局部种群之间迁移率越高，玛他种群的动态稳定性越高；

⑤ 组成玛他种群的局部种群所生存的栖息环境的不同对玛他种群的生存有重要作用，不同栖息地局部种群因环境的不同会导致遗传结构的不同，当这些不同的个体相互迁移时，会增加各局部种群的遗传多样性，提高抵御近亲衰退和遗传漂移的不良影响，从而提高种群的生存力；

⑥ 组成玛他种群的局部种群之间的距离、动物的扩散能力对玛他种群的维持有重要作用，因为这两者都会影响种群之间的扩散率；

⑦ 由一个大种群和许多小的卫星种群所组成的玛他种群，大种群的数量足够大或相互之间有一定的扩散率，那么对物种的保护十分有利。

### 二、玛他种群动态模型

玛他种群是一个不断动态变化的种群，组成玛他种群的各局部种群数量不断地消长变化，局部种群之间不断地迁移，使种群的数量不断地变化。各局部种群之间的迁移率又与种群的密度、环境的质量、相互之间的距离、生物的迁移能力有关。这些因素无不影响种群的数量消长，以至种群的生存。当一个局部种群灭绝后，所形成的空栖息地也可能会被来自其他局部种群的个体所占据，形成新的种群。因此种群的动态变化是非常复杂的。目前，通常用模型的方法来进行模拟研究。研究玛他种群的模型很多，各种模型都可以根据野外的实际情况，通过增加模型中的参数，或改变参数之间的相互关系，从而产生各种各样的结果，尽可能地反映实际种群的变化。最简单的模型是 Levins 的单个种群模型，假设一个玛他种群由许多斑块组成，用 $p$ 代表被局部种群占领的斑块比例，$e$ 表示一个斑块中种群的灭绝率，$m$ 表示未被局部种群占领斑块的重建率，那么：

$$dp/dt = mp(1-p) - ep$$

这个模型十分简单，如果 $m \geq e$，即玛他种群可以稳定地生存，如果 $m < e$，玛他种群将逐步灭绝。这个模型的关键在于弄清该栖息地到底有多少个斑块可以被种群所利用，这可以根据野外调查和历史记录来确定，然后根据一定时期的多次调查和统计来测量种群的灭绝率和重建率。模型利用这些数据可以模拟出种群的未来命运。

### 三、玛他种群理论在物种保护中的应用

生活在美国的北美斑枭是栖息地破碎的典型牺牲品。在美国的西北部，曾经连成大片的原始森林现在只剩下 20%。这种鸟类需要的领域超过 1 000 hm$^2$。根据行为学观察，它们一般难于越过大面积的幼树区进行迁移。美国濒危动物保护法令要求美国森林服务部在利用森林资源时必须保护这种濒危鸟类。因此在制定利用森林的计划时，美国政府要求把北美斑枭长期生存所要求的栖息地面积精确地估计出来，任务交给了美国科学委员会（ISC）的野生动物学家。专家们收集了可利用的所有有关北美斑枭的生物学和种群统计学的资料，用空间模型帮助设计保护区。在这个模型中，把每对鸟的领域作为一个圆形样格来模拟。模型根据野外研究获得的每对鸟的生育力、存活率以及与森林质量的关系等数据计算种群的增长率，根据鸟的繁殖行为计算出鸟的最适密度，而幼鸟的扩散能力则用无线电遥测来测定。根据这个模型的模拟结果，北美斑枭的长期生存有两个阈值：

第一，如果栖息地中原始森林的面积小于总面积的 20%，新生幼鸟的成活数将不能弥补成鸟的死亡，种群逐步崩溃。

第二，如果栖息地中斑枭的密度太低（少于 10 对），种群中新生幼鸟就会难于发现配偶，从而无法参加繁殖。根据这一结果，ISC 得出这样的设计原则：

① 每一个栖息地保护区中原始森林的面积不得少于 30%（阈值为 20%）；
② 每一个栖息地保护区的面积不得少于容纳 20 对领域鸟（阈值为 10 对）；
③ 根据幼鸟的扩散能力，两个栖息地保护区的距离不得超过 19.3km；
④ 栖息地保护区之间的森林可以砍伐，但应轻伐而不能皆伐，以保证幼鸟的迁移。

ISC 的计划公布以后，这一用计算机模拟得出的保护策略被某些保护生物学认为是最先进最科学的玛他种群生存分析方法。

## 第四节　景观生态学理论

景观生态学起源于欧洲，德国区域地理学家 Carl Troll 于 1939 年首次采用了"景观生态学"一词。基于欧洲区域地理学和植被科学的传统，Troll 将景观生态学定义为研究某一景观中生物群落与主要环境条件之间错综复杂的因果反馈关系的学科。在欧洲，景观生态学一直与土地和景观的规划管理、恢复和保护密切相联系，景观生态学被称为一门实用的综合性学科。景观生态学对生物多样性的保育至关重要，因为许多物种不仅仅局限于单个生境中，而是活动于两个生境之间或生活于两个生境的交界处。对于许多物种来说，某一区域范围内的各种生境类型的分布格式具有关键意义，许多种的分布和密度可能会受到生境斑块及其联系程度大小的影响。因此，有必要了解景观生态学理论的相关内容。

### 一、基本概念

1. 景观（landscape）与景观生态学（landscape ecology）

景观是指在几十千米到几百千米范围内，由不同类型生态系统所组成的具有重复性格局的异质性地理单元。R. T. T. Forman 等（1984）给景观下的定义为"一系列相互作用的立地（stand）或生态系统以相似的式样重复出现的某地"。

景观生态学是研究景观结构单元的类型组成、空间格局及其与生态学过程相互作用的综合性学科。强调空间格局、生态学过程与尺度之间的相互作用是景观生态学的核心所在。景观生态学在欧洲人为支配环境中的研究要比在北美洲的研究精深得多，在北美洲，以往的研究仅强调单个生境类型。

2. 尺度与等级理论

尺度（scale）一般是对某一研究对象或现象在空间上或时间上的量度或范围。不同尺度上生态学过程的相互联系问题是理论生物学的中心问题之一。在景观生态学中，景观的结构和功能随尺度而变化。例如，某一尺度上的边界、缀块或廊道会在另一尺度上不存在或表现为一种不同的结构。

尺度往往以粒度和幅度来表达。粒度包括时间粒度和空间粒度，时间粒度是指某一现象在事件发生的频率或时间间隔；空间粒度是指景观中最小的可辨识单元所代表的特征长度、面积或体积。

幅度是指研究对象在空间或时间上的延续范围。研究区域的总面积决定该研究的空间幅度，而研究项目持续时间的长短决定其时间幅度。

等级理论（hierarchy theory）也叫系统理论，等级是一个由若干单元组成的有序系统，一个复杂的系统常具有等级形式，如一个复杂系统由相互关联的亚系统组成，亚系统又由各自的亚系统组成，以此类推，直到最低层次。

一般而言，处于等级结构中的高层次的行为或动态常表现为大尺度、低频率、慢速度的特征；而低层次行为或过程的特征，则表现为小尺度、高频率、快速度。另外，不同等级层次之间还具有相互作用的关系，即高层次对低层次有制约作用，低层次则为高层次提供机制和功能。

3. 缀块（patch）动态

缀块是指任何与周围环境不同，而表现出较明显边界的地理单元，类型可以是生物的（森林、草地、动物居群等植物聚集斑块）或者是非生物的（如地形、地貌、土壤类型等）。缀块是多尺度上的特征，可以大到地球，小到叶片上的气孔，自然界可以看做由多姿多态、千变万化的缀块组成的多尺度的镶嵌体。

缀块动态是指缀块个体本身的状态变化和缀块镶嵌体水平上的结构和功能的变化。它至少同时涉及两个尺度，例如，干扰和演替常驱使许多不同种类的缀块发生变化，进而使整个群落或景观系统的空间结构和功能发生显著变化。生态系统可以看做具有这种动态特征的动态缀块镶嵌体。

缀块动态理论在自然保护中有指导作用，它强调自然干扰体系的维持对于许多自然生态系统的持续性和复合稳定性的必要性和制约性。由于景观破碎化和土地利用的变化，自然干扰体系也发生较大变化。

4. 缀块—廊道—基底模式

Forman 提出的缀块—廊道—基底模式对应于 R. F. Noss 提出的结点—网络—模块—走廊模式，是基于岛屿生物地理学之上形成和发展起来的。以缀块—廊道—基底为核心的一系列概念、理论和方法近年来已形成了近代景观生态学的一个重要特点，这一模式有助于探讨景观结构和功能的相互作用。

5. 景观连接度和渗透理论

景观连接度（landscape connectivity）是指景观空间结构单元之间的连续性程度，包括空间连接度和功能连接度。空间连接度是指空间上表现出来的表观连续性，可根据航片、卫片或各类地图来确定；功能连接度是以所研究对象或过程的特征来确定的景观连续性，如种子传播距离、动物取食和繁殖活动范围等与景观结构连续性相互作用来确定功能连接度。

景观生态学强调景观元素间的生态流动（包括能量、物质和生物），也考虑景观元素间的连接度。片段化生境和其周围基底之间相互作用的重要性已引起人们的注意。景观元素间的边界或过渡带是生态流动研究方面的重点之一。保护生物学的一个重要研究领域是片段化生境的保护。保护区之间连接的潜在作用已为人们所认识。保护生物学中强调这种连接，尤其是它在促进缀块间生物的运动、种群局部灭绝后的重新定居和基因流动方面的作用。

景观连接度对生态流动有着临界阈值作用。临界阈现象是指某一事件或过程在影响因素或环境条件达到一定程度（阈值）突然地进入另一种状态的情形，往往是一个由量变到质变或从一种状态过渡到另一种截然不同的状态的现象。研究这一现象涉及渗透理论。渗透理论最初是用来研究物理学中胶体或被玻璃类物质系统特性的，指当媒介的密度达到某一临界密度时，渗透突然能够从媒介材料的一端到达另一端，在保护生物学中，就是将破碎的生境连接，使生境面积增大到一定量时，使物种能从景观的一端运动到另一端，从而使景观破碎化对种群动态的影响降到最低。

## 二、景观生态学理论在自然保护区管理中的应用

在面积较大的自然保护区内，一个较为理想和合理的管理办法就是允许自然过程的继续。但在面积较小的自然保护区内，自然生物类群或生态系统功能的长期保护则需要人类的干预。由于面积和形状的限制，人们往往需要通过增加景观异质性来维持原有群落的结构和动态。这些技术包括草原的恢复，促进生境异质性的野外操作技术，物种避难所的建造，增加林地异质性来增加鸟类的生境等。

自然保护区管理涉及的一个重要方面是干扰的管理。S. T. A. Pickett 等（1985）强调生境缀块内部动态在维持总的生物多样性方面的作用。生境缀块往往由不同干扰源或过程而形成。自然干扰的一个基本特点是干扰属性的变化。干扰属性指其大小、时间、强度和空间位置。在自然保护区以干扰为手段的管理方法主要有：

① 替换方法，用一种干扰类型代替另一种干扰类型，如用木代替火；

② 控制方法，只有几种干扰类型已被有效控制，如森林大火能被控制、修建水库等能控制小规模的洪水；

③ 有目的的干扰方案，主要是为了改造物种生境和群落结构而进行的有计划的火烧；

④ 自然干扰方案，自然发生的干扰，能满足特别的需要。它能在景观中形成缀块镶嵌体；

⑤ 一个干扰体系，干扰缀块的时空系列是一个干扰体系的成分，干扰所形成的每一缀块都有一系列的属性，一个干扰体系的特征可由每一缀块属性的频度系列或可能的密度分布系列给出。

自然景观在不同尺度上存在着时空异质性，景观镶嵌体中的缀块性不仅取决于景观中的地理的、水文的、地形的和干扰的格局以及它们对植物群落形成和发展的影响，还决定于不同动物的感观，也就是说，不同动物种对同一环境缀块会有不同的反应。因此，将景观生态学理论应用于保护管理中，首先要有明确的保护目的，然后基于保护目标来决定景观格局特点。例如，如果保护目标是保护景观或区域内的生物多样性，则十分有必要尽可能地保护每一生态类型的面积，然后再注重维持与生物多样性密切相关的格局与过程。

在自然保护中，景观尺度的考虑是十分重要的，景观方法既考虑生物实体，又考虑其生存的基底，而不是单个生境缀块。在保护生物学中，认识到景观尺度的格局和过程并将景观尺度整合到自然保护管理、规划和调查中去很有必要。近年来兴起的生境片断化的定量方法和空间景观模型手段为保护生物学提供了新的有效工具。将来的发展方向之一应是结合地理信息系统，发展模拟模型或专家系统以助于大尺度和多尺度上的生物多样性监测和保护，进而促进农、林、牧业的永续利用和发展。

## 第五节 基于生态区的生物多样性保护理论

### 一、基于生态区的保护理论基本内容

近年来,世界自然基金会提出一种基于生态区的生物多样性保护理论(Ecoregion-Based Conservation,ERBC),对于从流域尺度上开展生物多样性的保护具有重要意义(赵淑清等,2000)。生态区是一块较大的陆地或水体,它是一个独特的自然群落聚合,这些群落里的大部分物种、动态和环境条件是相同的。由于优势种植物构成了陆地生态系统的基本结构,动物群落也在整个生态区内呈现出均一的或特征性的表达。通过划分生态区,可使生态区与维持生物多样性的主要生态和进化过程相适应,并且生态区能满足需要巨大活动面积的物种种群的生存,尤其是那些在湿地中生活的鸟类。从长远的生物多样性保护的角度来看,划分生态区也可帮助我们有效地选择保护植物群落多样性的最佳地域。生态区在区域尺度上所以作为一个有效的保护单位,是因为一个生态区内的生物群落基本上是类似的,而且其边界大致与关键生态学过程和进化过程最强烈相互作用的区域范围相吻合。ERBC的核心理念是不受国界、行政边界的限制,强调按照关键生物类群相互作用及关键生态学过程所涉及的尺度范围进行保护,保护区域的设置不仅考虑物种分布的现状,还要考虑物种的潜在生境及其未来可能的进化空间范围。ERBC突出强调政府及地方间的合作,以便对某些生态区进行所谓的"跨界保护"。

### 二、ERBC的特点

ERBC是在较大的空间尺度和长时间尺度上对生物多样性以及产生和维持生物多样性的生态过程实行保护的一种方式,它主要基于以下考虑对生态区进行保护设计:

① 在生境以上尺度进行保护设计能更有效地将生态区内所有生物多样性及生态过程作为一个整体加以保护;

② 对生物多样性产生重大威胁的过程大都发生在较大尺度上;

③ 区域多样性保护避免了重复投资,能有效确定有代表性的保护对象;

④ ERBC以生态区为基础,而不受行政边界的限制,从而比传统方法能更精确地确定生态保护和恢复的区域;

⑤ 综合的生态区策略比其他生境的方案能更有效地提高政治影响和管理机构的兴趣,从而有助于生态区内生物多样性的保护。

ERBC强调保护区域的尺度比较大,由最初的物种多样性拓宽到生境多样性、生态过程、进化现象及物种对全球不同环境条件适应的综合保护,但是它常忽略生态系统中发挥关键作用的小的生物有机体,如无脊椎动物、真菌等。另外,过多地强调较大空间范围的保护,容易漏掉一些热点地区和物种多样性特丰富的地区。

### 三、ERBC 的确定流程

ERBC 主要依据物种、群落和景观的分布以及维持它们的生态和生物过程来界定生态区。主要通过以下过程来实现：

(1) 确定生态区，这一过程主要通过不同自然地理图层的叠加来实现，生态区内应该具有相似的植被、气候、地质条件和发育过程。

(2) 在生态区内进行生物多样性评价，以确定生态区内生物多样性的优先保护区。确定优先区的条件包括不同空间尺度上群落的珍稀程度，对于维持重要生态过程具有关键作用的特殊生境和物种。

(3) 生物多样性受威胁评价，确定生态区内保护优先区。评价生态区内对生物多样性维持影响最大的威胁因素，通过现有保护区域与保护优先区的比较确定保护空缺(GAP)。

(4) 制定及实施保护行动或纲要。确定生态区的保护强度、生境配置及大小，评价社会、政治、经济以及文化因素，提供实际可行的保护方案及其后续影响分析。

### 四、ERBC 理论的应用

"全球 200"是在"基于生态区的保护（ERBC）"理论指导下由世界自然基金会（WWF）确定的旨在拯救地球上急剧丧失的生物多样性优先保护的生态区清单，是确定大尺度生物多样性优先保护的一种方法。"全球 200"不仅保护物种多样性这一传统保护生物学长期致力保护的目标，还综合考虑特殊生态系统和生态过程这一层次的保护行动。世界上多达 1/2 的物种生活在热带雨林中，但是热带雨林之外的其他生态系统如冻原、热带湖泊、红树林以及温带阔叶林都是生物多样性独一无二的代表，为特殊物种、生态过程和进化现象提供避难所。虽然这些系统不可能拥有像热带雨林或珊瑚礁那么丰富的生物群落，却包含着适应特定环境条件、反映不同进化历史的物种群落，所以对于这样的生态系统"全球 200"也给予了足够的重视。

"全球 200"首先将全球分为陆地、淡水和海洋生态系统三大类型，然后在每一种生态系统类型内再细分主要生境类型。主要生境类型是指拥有相同的环境条件、生境结构、和生物复杂性格局以及相似物种适应性的地理单元，主要生境类型的分类大致与生物群区相似。陆地生态系统类型内确定了 12 个主要生境类型，淡水生态系统中确定了 3 个主要生境类型，海洋生态系统中划分了 4 个主要生境类型。每一个主要生境类型再细分为生物地理区域，以代表不同洲际的特有植物区系和动物区系，最后在生物地理区域范围内确定每一个主要栖息地类型中最具特征意义的生物多样性的生态区。在全球 233 个生物多样性优先保护的生态区中，陆地生态系统生态区有 136 个（占 58%），淡水生态系统生态区有 36 个（占 16%），海洋生态系统生态区有 61 个（占 26%）。

生态区之间不仅其生物特征的差异性比较显著，而且它们所处的保护状态也不同。保护状态是对一个生态区目前或将来保持可存活物种种群、维持生态过程以及对短期或长期环境变化反应能力的评估。陆地生态系统生态区的保护状态是从景观尺度的特征来评价的，如栖息地的丧失和破碎化程度，以及将来受威胁或保护的程度。根据评价结果将陆地生态系统生态区的保护程度分为三个类型：关键的或濒危的、易危的以及相对比较稳定或相对未受破坏的，它们的生态区所占的比例分别为 47％，29％和 24％。

---

**思考题及要点**

1. 正确理解岛屿生物地理学理论的核心内容。
2. 种群生存力分析技术中的 VORTEX 模型运行需要哪些参数，会产生什么样的结果？
3. 了解玛他种群理论的基本内容，理解该理论在北美斑枭种群保护中的应用。
4. 了解景观生态学理论在自然保护区管理中的应用。
5. 什么是生态区？理解"全球200"的产生原理。

# 第十一章 物种多样性的迁地保护

事实上，尽管人类付出了极大的努力，但在全球变化的大背景下，许多物种仍然丧失了在自然环境中生存的能力。据统计，近 3 000 种鸟类和兽类只有在人为设置的保护环境（包括提供食物、隐蔽场所和繁殖生境等）下才能生存。随着人口的增长，生物的生存空间日益缩小，越来越多的野生生物需要人类的协助才能生存。西方曾有人预言，未来的野生生物将在人类的集约管理下生存。且不论这一预言是否正确，但那种状态可能代表了自然保护的一种极端形式，且将在未来物种的保护中发挥重要作用。本章将探讨濒危野生物种在人工管理下开展保护的意义和实施原则，人工繁育个体的行为发育机制、种群的管理和放归自然等。

## 第一节 迁地保护的意义和原则

### 一、什么是迁地保护

按照《生物多样性公约》（UNECD，1992）的定义，迁地保护（off site conservation）是指将生物多样性的组成部分移到它们的自然环境之外进行保护，与就地保护不脱离原来的自然环境有根本的区别。它是物种保护的一种重要形式，某种情况下也会与就地保护存在交叉。例如，建立一个庄园应属就地保护形式，但如果庄园中的许多植物和动物都是引进的话，则变成了迁地保护形式。

迁地保护是为了增加濒危物种的种群数量，而不是要用人工种群取代野生种群。当迁地种群数量增加时，通过不断地释放迁地种群的繁育后代补充野生种群，来增加野生种群的遗传多样性。迁地保护中，采用调整遗传和种群结构、疾病防治和营养管理等措施，能减弱那些随机因素对小种群的影响，并通过人工管理迁地种群使其有效种群达到最大。建立自然状态下的可生存种群是迁地保护的最终目标。

### 二、迁地保护的意义

野生状态下的物种即将灭绝时，迁地保护无疑提供了最后一套保护方案。例如普氏野马、麋鹿、阿拉伯大羚羊和加州秃鹫等物种的保护即是成功的例子。目前，许多物种只有在维持野生种群的同时，再维持一个人工管理的迁地种群，才能保证物种不会灭绝。

迁地保护种群具有如下作用：

① 在一些基础研究中作为野生个体的代用材料；

② 可以深入认识被保护生物的形态学特征、分类地位、系统与进化关系、生物发育、生殖等生物学规律，取得管理野生种群的经验；

③ 作为引种与再引入来补充野生种群的后备材料；

④ 为那些野外生境不复存在的物种提供最后的生存机会。

### 三、迁地保护的基本要求

1. 什么条件下开展迁地保护

在什么样的情形下应当对濒危物种实施迁地保护呢？一般来说，当物种原有生境破碎成斑块状，甚至原有生境不复存在，或者当物种的数目下降到极低的水平，个体难以找到配偶时，或者当物种的生存条件发生突然变化（如80年代中期四川大熊猫生境中竹子大面积开花枯死，大熊猫找不到足够食物而面临生存危机）。在这3种情况下，迁地保护成为保存物种的重要手段。

IUCN建议：当一个濒危物种的野生种群数量低于1 000只时，应当将人工繁育、迁地保护作为保护该物种的一项措施。经过科学论证后，在可靠的前提下，必要时交流人工繁育个体和野生个体。目前迁地保护手段常常是等到物种的数量极低、濒临灭绝时才应用，如黑足鼬的迁地保护。

2. 迁地保护的设施与场所

迁地保护需要场地和设施。目前的主要场所是那些为各种目的而建立的、收集野生动植物进行人工圈养、栽培的设施。如动物园、植物园、公园的动植物展区，或野生动植物的饲养、繁育、栽培中心和商业性养殖场等。在经费充足时，可以根据濒危物种的特殊需要在靠近濒危物种分布区的地方设计、建造新的迁地保护设施。但是，建立新设施需要付出大量的人力、物力、财力。目前中国需要保护的濒危物种很多，因此，有必要寻找其他迁地保护设施。

3. 强化管理

利用现代科学技术作为辅助手段，人们在有限的空间内创造濒危动、植物生存的必要条件。通过保证其食物供应，治疗受伤、生病个体，采取节育或人工授精，淘汰某一年龄段个体等措施管理种群，使迁地保护种群处于最佳结构状态。对野生动物的强化管理依赖于个体标识与数据管理。当野生种群较小时，标志个体是完全可能的，例如对虎的标识（Smith等，1986）。对迁地保护种群的分析和管理必须有详尽的种群个体数据才能完成。因此，迁地保护种群个体的有关数据，如出生日期、出生重、耳号、产仔数目、死亡日期以及死亡原因等必须记录在案，可能时，对于人工繁育个体野放后的有关数据也应尽可能记录存档。

### 四、迁地保护与小种群问题

迁地保护中常常遇到小种群的管理问题，无论是野外还是人工饲养，都必须按照遗传学和种群生物学规律进行管理，才能使迁地种群长时间生存。一个封闭小种群在繁育过程中，群体水平和个体水平的遗传多样性会逐代下降。群体的遗传杂合性提供了适应环境变化的潜力，近交导致个体的遗传杂合性下降，产生近交衰退，表现为存活率和繁殖力下降。

在家畜中曾进行了近交衰退的经典试验。Wright 分析了波兰—中国猪群高度近交（兄妹交）对子代存活率和繁殖性状的影响。在近交子一代中，每窝仔数下降了 1.2 只，在近交子二代中，每窝仔数比一般群下降了 2.89 只，子二代的 70 日龄存活率比一般群正常值下降了一半。由于近交后代的适应能力急剧下降，试验仅进行了两代便停止了。试验中发现，子代中的雄性比例上升。这是因为 X 染色体总是半合子状态，近交试验中雌性个体 X 染色体愈来愈纯合，隐性有害基因的表现增多，造成雌性的生存力下降，于是，群体中存活的雄性个体比例上升。

物种保护的目的是让种群的遗传变异达到一个平衡点，使物种同时具有生存力和继续进化的潜力。如果一个濒危物种的遗传变异和损失不可能取得这一个平衡点，那么需要考察什么样的遗传变异需要保存，多少遗传变异需要保存，需要保存多长时间等。通常保存较稀少的遗传基因位点及较多的遗传变异需要较大的迁地种群。濒危物种的遗传学和种群生物学特征决定了迁地保护种群的大小。有些种群需要在很长的时间内维持一个较大的种群，而另一些种群可能仅需要一个较小的核心种群即能达到保护的目的。

麋鹿在野外灭绝后，仅剩下当时人工饲养于英国乌邦寺的 18 头麋鹿种群，由于麋鹿的后宫式交配制度，其有效种群甚至小于 18 头。今天麋鹿已经在世界上 20 多个国家繁衍，由英国引入我国的两小群麋鹿也建立了繁殖群体。

### 麋鹿的保护实例

麋鹿头似马、角似鹿、尾似驴、蹄似牛，被称为四不象。起源于第四纪更新世，约 250 万年前。它曾分布于东经 110°以东、北纬 45°以南的广大地区。我国东南部、南至海南岛、东至朝鲜和日本都发现过麋鹿的化石和亚化石。上世纪中，野生麋鹿种群在我国东南地区灭绝（曹克清等，1989）。我国历代皇家猎苑都圈养过麋鹿。1869 年以后，麋鹿被引入欧洲，而我国北京南海子麋鹿群则毁于 1900 年第二次鸦片战争之中。

19 世纪末，英国 11 世 Bedford 公爵从欧洲各地动物园收购了 18 头麋鹿放养在乌邦寺庄园。麋鹿在乌邦寺顺利繁殖，并被引种到世界上 24 个国家繁殖开来，数量达 2 000 多头。我国于 1985 年和 1987 年分别将麋鹿引入到北京南海子和江苏大丰。目前，两地的麋鹿都生长良好，已形成了繁殖群体。1996 年初，江苏大丰麋鹿保护区有麋鹿 180 多头，北京南海子麋鹿生态研究中心养有麋鹿 120 多头。1993 年从北京南海子引种到湖北长江岸边的天鹅洲保护区的麋鹿，现已形成 70 多头的麋鹿繁殖群体。

从麋鹿的保护实例看，由种群遗传变异程度导出的最小可生存种群可能并不是保证濒危物种存活的必要条件。如果迁地种群非常小，那么种群数量的随机波动带来的问题可能较遗传杂合性下降更为严重。这些随机因素包括疾病感染、自然灾害、捕食者或竞争者大量爆发、迁地种群产生的后代都是同一性别等，这些因素可能导致整群迁地野生生物的灭绝。

## 第二节 动物的迁地保护

动物作为一类高等生物,具有复杂精细的行为发育机制模式,需要社会交际空间,在以往的迁地保护中仅注意了物种的营养需要、疾病防治等方面,却没有营造利于迁地个体的行为发育环境。例如,在美国 Broxx 动物园,水鸟在鸟笼中展出半个世纪,它们连一枚鸟卵都没有产出,当管理人员提供了一系列模拟生境后,这些水鸟开始繁殖了。如果将雌猎豹与雄猎豹在非发情期隔离开,仅在发情期让这些雌猎豹接触雄猎豹,则其受孕率高得多。因此,在动物的迁地保护活动中,需要了解野生动物的生境选择与环境行为发育机制。

### 一、野生动物的生境选择

野生动物总是以特定的方式生活于某一生境之中,同时动物的各种行为、种群动态及群落结构都与其生境分不开。生境选择(habitat selection)是指某一动物个体或群体为了某一生存目的(如觅食、卧息、迁移、繁殖或逃匿敌害等),在可到达的生境中寻找某一相对适宜生境的过程。也可以说动物通过对生境中生境要素与生境结构作出反应,以确定它们的适宜生境。与生境选择相关的另外两个概念是生境偏爱性与生境利用。生境偏爱性是指某一动物个体或群体对某一生境的选择程度超过其他类型的生境,并不考虑这种生境是否在其活动范围内存在或者能否到达该生境。生境利用是指某一动物个体或群体占据某一生境。可以通过比较分析动物对某种生境的利用程度与其可利用性来确定动物对生境的选择性。在野生动物的生活史中,有的物种在生活史的不同阶段选择显著不同的生境,异质生境是满足其存活及繁殖必须具备的条件。

1. 影响野生动物生境选择的因素

决定动物生境选择的因素是复杂的,包括生境本身的特性、动物的特性、食物的可利用性、捕食和竞争等因素,任何引起动物各种活动、行为、生理和心理等改变的因素以及引起生境变化的因素均影响野生动物的生境选择,而且各种因素对于不同种动物或同种动物的不同生长发育阶段或生理时期均具有不同的影响(图 11-1)。

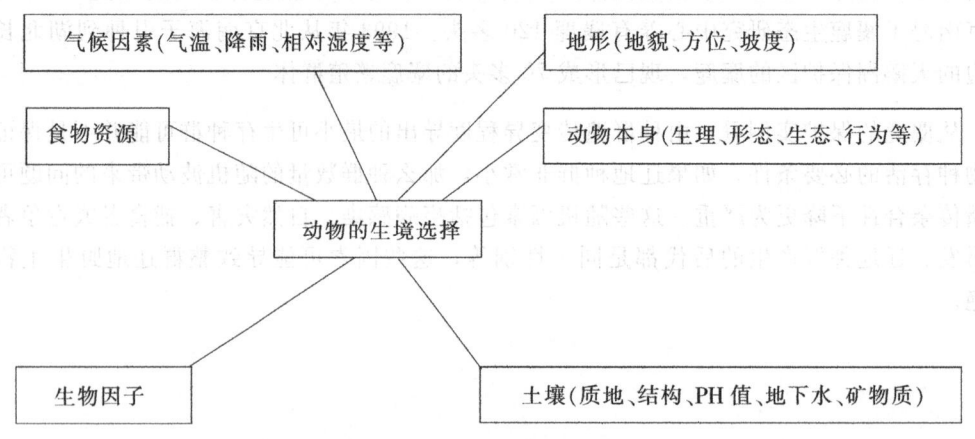

图 11-1 影响野生动物生境选择的因素(颜真诚,1992,略作修改)

动物生境选择的因素一般分为两类：一类是具有生存价值或适宜意义的因素，称为基本因子（ultimate factor），包括食物、隐蔽物、营巢或做洞场所和种间竞争等；另一类是引起生境选择的直接原因或刺激物，称之为近因子（proximate factor），主要包括地形、地貌、竞争者等。根据目前对生境的研究结果，影响生境选择的主要因素如下：①食物丰盛度；②隐蔽条件或隐蔽物；③水源；④竞争；⑤植被，包括植被类型、结构、种类组成、郁闭度或盖度；⑥地形和地貌，包括海拔、坡向、坡度、坡位及其他特征；⑦人为活动干扰，如采伐森林、开荒、割草放牧、狩猎、捕捞、筑路或修建工程等；⑧气候，如降水量、风、山洪、冰雹；⑨营巢或造洞物，如枯立木、大树干、岩洞、岩石缝等；⑩道路。

2. 生境选择的特点

野生动物的生境选择具有物种的特异性、时间和空间变化性以及对结构资源要求的严格性等特点。物种的特异性为特定的种提供了生活需要的空间单位。野生动物一旦选择了某种类型的生境，往往将自身的活动和分布范围限制在这种生境中，越是濒危种类，这种特点越是明显。生境选择的结果就是明显的生态位隔离，这种隔离因种间竞争而得到进一步加强。

对结构资源要求的严格性是指野生动物在进行生境选择时，对生境的外形、外貌十分注重，反应强烈。如有些种类在选择生境时注重植被的外貌及形状特征，而不是注重植物的种类。

时间和空间的变化性是因为组成生境的诸生态因子或者结构性资源在不断变化，迫使动物对生境的选择发生相应的变化。再者，动物在不同的生长发育阶段和不同生理时期以及不同的季节对生境的要求也不同，这也将导致动物在生境选择方面存在差异。

3. 行为与生境选择

动物所利用的每一种食物都有不同的营养价值，在空间上具有不同的分布及丰度，并有不同的获取方式和处理过程。动物生存的环境中有无数食物资源，动物取食什么食物，会在什么时候取食它们，要取食多少，怎样分配时间来搜寻食物都与行为关系密切。许多生境选择的研究集中于取食行为，因为它在理解动物能量平衡方面具有重要意义。取食行为的分析显示动物如何主动地利用它们的生境，动物消耗什么质量的食物（能量多少、可消化性、微营养等），动物喜欢什么食物，怎样利用食物，有什么可利用的食物。优化取食理论为动物的取食提出了一个理论框架，动物怎样识别它的生境是该理论框架首先关心的问题。动物取食方法和位置的选择不只是基于猎物的出现与数量，同时也依赖于猎物的质量，低质量的食物可能易于获取，而净能量高、质量好的食物是难于获取的。

4. 野生动物选择生境的原因

野生动物的生境选择反映了该物种的进化历史、目前的环境条件及与其他动物的相互关系，同时也取决于种群的生存力。具体来说，有以下几种：

（1）进化历史或遗传性：从地质历史时期各种地质事件来看，每一次大的地质事件都对环境造成大的破坏，只有具特殊适应机理的种类才能适应其生境，而这种适应性受遗传物质的控制。

（2）种间竞争：近年来研究者根据野外和实验室的研究结果，相继运用种间竞争理论提出许多动物生境选择的理论模型，认为动物对生境的选择是种间竞争的结果，是动物为避免或缓冲竞争所表现出来的一种对环境的适应形式。在生境选择的整个生态过程中，竞争始终起着重要的或者是决定性的作用。R. H. MacArthur（1972）认为生境选择不仅与竞争有关，而且受种群密度制约，但这种理论的直接证据很少，很难在自然种群中找到。

（3）印痕性：对鸟类的很多研究表明，生境选择可能是一种印痕性行为，但目前缺少直接证据。而且，幼鸟形成印痕行为时的生境外貌和特征与次年春季该鸟选择领域时的生境外貌与印痕行为存在明显差异。

（4）学习：很多大型动物，特别是具有较宽生态幅度的有蹄类和食肉类动物，它们的生境选择是通过学习建立起来的，成体的生境选择经验是在与幼体的联系中传给幼体的，很多研究结果表明，学习在这些动物的生境选择中具有重要的作用。

5. 迁地保护动物种群的生境分析与营造

迁地种群生活在封闭、面积较小的人造环境中，通常缺乏植被和地形条件给个体提供的隐蔽条件，动物被囚禁在铁丝围栏，甚至大小不等的铁丝笼中，并不时有饲养管理人员打扰其正常活动。在这种环境中长大的动物一般都产生行为障碍，即个体不能正常繁殖；迁地环境中长大的个体形成了不正常的印痕；由于缺乏亲代哺育和群体交流环境，发生了不正常行为；缺乏野外生存所必需的觅食、逃避天敌的行为技巧等。这一系列行为学问题关系到迁地保护的成败。然而，在迁地保护的初期，我们常常忽视这个问题，直到开始野放时，才注意到人工繁育个体行为方面的障碍。因此，开展迁地保护行动时，必须对迁地种群进行生境选择的深入研究，了解动物对生境的需求，才能达到有效的保护，大灵猫的保护就是一个最好的例证。向海自然保护区兴建的百鸟园，占地面积 3.8 万 $m^2$，投资 1 040 万元，是目前国内同类建筑规划最大，集科研、救护、观赏于一体的综合性设施，园中建设了各种鸟类的模拟生境，包括湿地、草地和森林等，为鸟类提供了良好的隐蔽场所，目前，大多数鸟类已经能够在其中自然繁殖了（照片 11-1）。

照片 11-1 向海自然保护区的百鸟园为水禽提供了多样性的生境，大多水禽已能在园中自然繁殖（何春光摄，2007）

### 大灵猫的迁地保护环境

大灵猫是我国热带、亚热带分布的中型猫科动物，其阴部有香腺，分泌灵猫香膏。大灵猫将香膏涂在活动地区的草芭、树干和岩石上，以标志活动范围和识别个体。灵猫香是世界上 20 种最重要的香料之一。为持续利用灵猫资源，中国科学院昆明动物所曾进行了大灵猫驯养试验。

在人工驯养环境中，大灵猫经常处于恐惧状态，即使是饲养人员在做给食、清扫笼舍等经常性的工作，大灵猫也显得惊恐不安，在铁丝笼中狂奔乱撞，企图从笼中逃走，这些行为往往造成身体受伤。每次受惊后，大灵猫食量锐减。由于长期处于紧张恐惧之中，人工饲养的大灵猫普遍不能生育。剖检舍饲状态下的死亡个体，发现雌性大灵猫的生殖器官发育差，子宫、卵巢萎缩。人工注射孕酮、孕马血清诱导舍饲的大灵猫排卵，并进行人工授精试验，成功率不高，个别大灵猫即使受孕，胚胎在妊娠早期也被吸收或者流产。一些野外自然受孕的大灵猫在人工饲养环境中产下幼仔后，母灵猫会吃掉幼仔。研究人员曾观察了 8 例人工饲养大灵猫产仔情况，除一例人为隔离外，其余仔猫半个月内全部被老猫吃掉。

野外观察发现：野外大灵猫栖息于远离居民点的茂密灌丛、草丛以及大树洞之中，它们在洞穴和树洞中产仔。除觅食外，大灵猫一般不在隐蔽条件差的农耕地活动。野外行为规律说明大灵猫需要隐蔽环境。于是研究人员为大灵猫开辟了一片面积约 900 m$^2$，模拟野外环境的灵猫园，园内有乔木、灌丛和草丛，并挖掘了一些大灵猫栖息的洞穴。在这种半自然环境中，大灵猫表现出正常行为，食量增加，生长正常。在交配季节，半数以上大灵猫可以完成繁殖过程。

这个例子说明，为迁地种群提供类似其野外生境的环境能减少环境胁迫，使个体表现正常行为。在规划迁地保护地址时，应将设计模拟野外环境之迁地保护场所问题放在重要位置。

### 二、印　痕

刚出生的个体在行为上容易受密切接触的另一个体的影响，产生追随、模仿这一个体行为，这一行为模式称为印痕。印痕是一种特殊的学习行为，仅在生命早期的某一特定阶段发生，一经形成，将保持相当长的时间，甚至终生不变，并可能影响个体成年后对配偶的选择。诺贝尔奖金获得者劳伦兹发现，在鸟类中只需与初生个体进行 30 min 的接触，幼鸟即形成印痕，而后，这些幼鸟将追随使其形成印痕的个体。许多原来认为是遗传的行为，实验证明，是个体早期经验的印痕。

由于印痕对动物行为发育的影响，因此在人工繁育珍稀濒危动物时，保持初生个体的母仔接触和自然哺乳显得特别重要。当母兽死亡，或者由于其他原因使母兽不能哺乳而进行人工哺育时，应注意个体的印痕问题。美国科学家曾发现人工哺育的加州秃鹫不能从它们的野生同类中学习行为。因为，人工哺育时使加州秃鹫对饲养人员产生了印痕。于是，此后饲养人员在哺育加州秃鹫时利用模型秃鹫进行补食，使幼鹫看不见饲养人员，这样幼鹫形成正常印痕，长大后也可以自然哺育后代。

### 三、亲代哺育

灵长类动物哺育幼仔期长，亲代哺育对子代的行为发育有着特殊意义。灵长类幼仔出生后很少呆在巢中，大多数种类母仔一起活动。小猴有适应攀援的手，能紧紧抓住母亲的长毛四下游荡。大猩猩产仔后，在长达5年的时间内不会受孕，带仔大猩猩将大部分时间用于哺乳幼仔。幼猩猩与母亲紧密相伴，学会了一些终生受益、生存必需的行为。靠机器替代母亲喂大的小猕猴，在受到恐吓后仍会紧紧依偎在机器母亲的身旁。长大以后，这种机器喂养的猕猴性情孤僻，常蜷缩在铁笼的一角，遇到新环境时表现出怯畏和退缩。当机器哺乳的猕猴长大后，它们往往不能交配。它们其中的雄猴不能成功地爬跨雌猴，而雌猴则拒绝与任何雄猴交配。若设法让这种雌猴受孕，则它们常常遗弃幼仔，或粗暴地对待幼仔。幼仔阶段生活在隔离环境中的猕猴、大猩猩等灵长类动物长大后，不能集中注意力，学习能力差，社会交往能力差，对适度刺激表现出不寻常的害怕。尽管这些灵长类动物小时胆小，而长大后却十分粗暴，会攻击个体很大的雄性，粗暴地对待幼兽。这种攻击行为甚至会传代，受过机器母亲哺育雌猴粗暴对待的小雌猴，长大后会虐待它们的亲生后代。

因此，迁地保护濒危物种特别是灵长类动物时，不仅要为动物提供充足的、营养全面的口粮，还要为迁地保护动物提供母仔正常接触、自然哺乳的环境，保证它们的社会交往空间和行为正常发育的条件。否则，迁地保护种群可能会由于行为障碍而不能繁殖，或者由于缺乏行为模板而不能适应野放环境，或者由于繁殖行为、社会行为障碍而不能与野生同种个体交流基因，甚至不能在野外生境中与同类人工繁育个体交流基因，从而导致迁地保护的失败。

### 四、生存技能

有些动物具有识别捕食者的本领。一种翠鸟以捕食蜥蜴和小蛇为生，它在觅食时会避开捕食翠鸟的珊瑚蛇，因珊瑚蛇身上有红色、黄色和黑色相间的环带。这种识别技能是先天的。然而，许多动物是后天获得识别食物和潜在捕食者的本领。例如一种幼猴从母猴的叫声中学习分辨潜在的捕食者，针对4种不同捕食者，即猎豹、猛雕、蟒和狒狒，母猴会发出不同的叫声，幼猴根据母猴发出的叫声分辨捕食者，逐渐学会发出相似的报警叫声，逃避捕食者。

因为在人工饲养环境中不存在自然天敌，所以培养个体识别天敌的能力成为迁地保护的一项重要内容。在黑足鼬迁地保护时，研究人员曾用鹰模型等对初生黑足鼬个体进行条件训练，以培养幼鼬识别捕食者的能力，效果比较显著。迁地保护必须重视研究野生个体的行为生态。只有获得了行为谱，才能对迁地个体的行为进行比较研究，才能全面了解一个物种的生态习性和生存能力的高低，最终促进迁地保护成功。

### 五、动物的迁地保护形式

动物园、水族馆、动物繁育中心等都肩负着相似的使命，即展示、保存、繁育动物。这些机构既是物种迁地保护的场所，又是对公众进行生物多样性和自然保护教育的基地。

1. 动物园

动物园是重要的濒危个体的保育场所。目前全球的动物园饲养着3 000种、约50万只两栖动物、爬行动物、鸟类和哺乳动物。动物园在公共教育及濒危动物迁地保护中的作用已经引起人们的重视，动物园内的有关教育节目也已经成为自然保护教育的有机组成部分。

中国大陆目前有动物园171个，饲养着10万余只动物，计600余种。大熊猫、黑颈鹤、金丝猴、华南虎、扬子鳄、角羚、黑叶猴等珍稀濒危物种已在动物园繁殖成功。1963年以来，中国各地动物园从国外引进了100多种珍稀野生动物，大部分进行了繁殖。动物园应当建立珍稀濒危物种的自我维持种群。对于有些物种当其栖息地被破坏后，动物园的迁地种群可能成为唯一的生存群体，例如加州秃鹫和麋鹿。然而，世界各地动物园饲养的274种珍稀哺乳动物中，仅10％有能够自我维持的迁地种群，而大部分珍稀哺乳动物需要从野外捕捉野生个体，以补充迁地种群。为了缓解这种局面，动物园和有关保护组织正全力以赴研究人工繁育技术，建立能依靠自我繁育而生存的迁地种群，并且在适当的时候将人工繁育的野生动物放归自然，恢复野生种群。

2. 水族馆

与动物园相似，水族馆也担负着公众教育和迁地保护的双重使命。在世界各地鱼类灭绝时有发生。现在人们应用水产养殖技术、观赏鱼类养殖技术等来增加珍稀鱼类的繁殖率（如非洲大丽鱼等），有关研究相当活跃。

水族馆饲养鲸类方面的经验可以应用到濒危鲸类保护。在水族馆里，人们已经能够利用人工授精和人工哺育来维持一个迁地种群，并将人工繁育豚类放归自然水体，这些经验正在白鳍豚、地中海斑豚的保护中应用。大型海洋哺乳动物和鱼类都需要较大的水体才能生存，而水族馆仅能提供中等条件的水体。因此如何在较小的封闭的水体中保存濒危水生生物是一个迫切需要解决的问题。

3. 野生动物繁育基地

建设部与中国动物园协会合作，建立了大型珍稀濒危动物繁育基地，开展了大量的野生动物繁育新技术研究。有些动物怀孕困难，于是发展了借腹怀胎技术，将珍稀动物的受精卵移入近缘种的子宫，使其妊娠；有些动物不能在迁地环境中哺乳，于是产生了借母哺育技术，当这些动物产下子代后，将子代转移给近缘种哺育。利用这一技术也可加速珍稀动物的繁殖。例如，有些鸟类（如加州秃鹫）每年只产一窝卵，如果这一窝卵被取走，交给近缘种孵化，则加州秃鹫会产下第二窝卵。这样做能使加州秃鹫每年的繁殖率提高一倍。目前大型的繁育基地有：成都大熊猫繁育研究基地，1987年开始兴建，第一期工程已经完成，1990年以来繁育成活大熊猫多胎；广西黑叶猴繁殖研究基地，拥有世界上最大的黑叶猴圈养种群，已经成功繁殖了第3代；青海扭角羚繁育研究基地，目前养有扭角羚9只；沈阳珍稀鹤类繁育研究基地，在1989～1990年间繁殖成活了37只丹顶鹤。

4. 冷冻动物园

有组织地搜集、储存和利用生物组织，将生物的遗传物质和细胞置于－196℃的液氮环境中长期保存，这项技术首先在畜牧业中发展起来。人们将优秀的家畜个体的精液、卵子和胚胎保存在液氮中，解冻后用于人工授精、卵移植和胚胎移植。基因资源库为保存野生生物的遗传多样性提供了新手段。目前许多家养动物和野生动物已经成功地利用解冻精液人工授精、体外受精、胚胎移植以及人工移植解冻冷冻胚胎等技术繁殖后代成功。西方许多商业公司出售冷冻精液和冷冻胚胎，同时许多研究机构和私有企业开始系统地搜集野生生物的遗传物质和组织。

利用基因资源库保存野生生物遗传物质具有特别的意义：

① 减少了饲养个体数目，利用一只个体的精液可以使多只雌体受孕，增加了珍稀物种的个体繁殖机会，延长了个体的繁殖寿命，即使个体死亡了，仍可能利用其低温保存的配子进行繁殖；

② 低温保存遗传材料是野生生物保护战略的有机部分，当野生种群的遗传多样性由于自然选择、遗传演变而部分丧失时，基因资源库仍为就地保护和迁地种群保存了遗传多样性；

③ 野生生物基因资源库为改良家养动物品质和种间杂交提供了野生种源；

④ 野生生物基因资源库为地理隔离种群之间交流基因提供了途径。

中国科学院在上海细胞生物学研究所和昆明动物研究所分别建立了细胞库。其中昆明动物研究所侧重中国西南地区的生物多样性保护，收集了170余种野生动物的细胞，不少是中国特有的濒危物种的细胞，如滇金丝猴、毛冠鹿、赤斑羚等。随着生物学和发育生物学的发展，人们将能通过细胞培养和移植技术培育已经灭绝的野生动物。因此，细胞库也被形象地称为"冰冻动物园"。

### 六、迁地种群管理与再引入

迁地保护首先遇到的问题是如何获得最初的建群个体，其次才是如何管理迁地种群。许多动物园和研究群体靠收购来建立初始迁地种群，对动物的捕获地点不清楚，对建群个体的年龄只有粗略的估计，更不用说其谱系和遗传组成了。因此，应对奠基者个体应进行全面的健康检查，对感染了疾病的个体应进行治疗。现在已经具备了查清个体间的亲缘关系的手段，因此在安排配种方案前，应查明个体基因组成的差异，并通过恰当的繁育方案使奠基者基因均匀地分布于迁地种群的亚群体中。对迁地保护种群的年龄结构、性比、交配方案进行人工管理是保证迁地种群顺利增长、保存迁地种群遗传多样性的重要工作。

对一定大小的迁地种群，通过人为安排配种（而不是让繁殖个体自由交配）能增加有效种群，降低近交系数。当条件许可时，应尽可能选择没有亲缘关系的个体作为奠基个体，不选择有近交衰退迹象的个体作为奠基个体。研究证明，当每个繁殖个体生育相等的后代时，迁地种群的有效种群数量将加倍。而当群体中性别不平衡时，将导致一个性成熟个体没有机会繁殖。另一方面，降低有效种群大小能增加近交概率。

1. 繁育方案

管理人员应了解迁地种群每一个体的来源、年龄、谱系，以制定详尽的迁地种群管理方案。通过安排配种方案来建立封闭繁殖种群、交换繁殖个体，甚至通过控制某一育龄段的出生数及淘汰某一年龄段个体来管理迁地种群的遗传和种群结构。

小种群中，种群遗传杂合性会迅速下降，也可能全群毁灭于随机因素的作用。研究结果表明：每对奠基者应至少产生7对后代，才能保证95%的奠基者基因传给第二代。

在迁地保护初期，应使迁地种群迅速增加，迅速脱离危险期。黑足鼬繁殖配对时，尽可能保存了迁地种群奠基者的基因位点，没有通过牺牲种群增长来保存奠基者基因。因此，要充分发挥具有优秀繁殖力和表型特征个体的繁殖潜力，即使这些个体具有潜在有害的遗传因子，也应保存其遗传变异或生殖潜力。

经过了关键的最初保种期后，当迁地种群扩展到 20 对潜在繁殖对时，可通过谱系分析和配对，尽量保存现有的奠基者基因，减少非优化的遗传配对。配对时，优先安排奠基者，然后安排子一代，再次安排子二代，依次类推。

为了降低由于灾害性事件而使整群灭绝的风险，应尽快建立其他繁殖群，并随时搜集迁地种群参数，包括根据谱系材料分析迁地种群的适合度、种群结构及遗传特征。应用分子生物学技术可检测现存种群的遗传变异。

在亚群体配对时，要使奠基者基因均匀分布于各亚群体，然后将各亚群体封闭繁育，形成有遗传基础的亚群体，要设法降低疾病可能造成的危害。通过种群管理维持一个所需大小的迁地种群，利用遗传模型确保在特定时间内保存一定量的奠基个体遗传变异。这个种群应具有稳定的年龄结构，能不断提供野外个体。随着种群的增长，要不断进行种群结构和遗传分析，根据更新种群参数修正迁地保护计划。

### 2. 再引入

再引入（reintroduction）也称为重新放归自然，是在某个地区重建某个物种的一种尝试，而这个地区也曾经是该物种历史分布区中一部分，但该物种已经在这里消失或正在绝灭（IUCN）。再引入的目标是在野外建立可维持的（能生存的）、自由散养的种群，并要求长期管理。

人工繁育个体放归自然前应制定再引入方案，方案中需考虑野放个体的选择、迁地种群与野生种群交流基因等内容。野放个体必须具有野外生存能力，集群活动的动物常常需要熟悉其生境，从群体中其他个体那里学习觅食技巧及生存技巧。有些动物如狒狒、犀鸟要熟悉季节性食物分布和迁移途径，狒狒和非洲野狗必须学会集体捕食。

人工哺育个体野放后，能否与野生个体形成群体，发生交配，产生后代，是再引入成功与否的关键。人工繁育的秃鹫因不能随野生个体一道迁徙而导致了再引入的失败。因此，迁地种群在再引入前必须经过严格的长期训练。

人们在培养迁地个体的社会行为方面进行了许多尝试。如在野放前人们训练大猩猩利用树枝来取食白蚁，训练赤狐捕食活的猎物，训练狮面狨打开结构复杂的食物盒，以培养其打开野生果实的能力。

经验表明：野放草食动物较野放肉食动物容易成功，重新释放野外捕获的个体比野放人工哺育个体容易成功，在濒危物种的核心分布区释放人工哺育个体要较在其分布区边缘释放容易成功，发现和建立具有经济价值的野生动物种群要较珍稀动物种群容易成功。就鸟类和哺乳类而言，形成可生存野放种群的概率随着野放个体数目的增加而上升，但如果释放个体数目超过 100 只，则这种概率不再上升。

监测再引入个体的生存状况是再引入后的一项日常工作。在初期，由于突然暴露于野生环境，再引入个体难以适应，因此必须提供必要的补充食物和避难所，直到再引入个体不再回来，这样一个释放过程称为"软释放"。

人工繁育个体的再引入成功有利于提高公众的自然保护意识，促进自然保护，创造就业机会。美国圣地亚哥动物园在约旦首都安曼释放大羚羊为当地居民创造了就业机会，大羚羊也成为约旦的国家象征。

### 七、迁地保护中存在的主要问题

（1）个体太少：每一种珍稀濒危物种的数量太少，能自我维持的有活力的种群所占比率为 10% 左右，超过 20% 的寥寥无几。通常一个物种仅一两只个体，无法形成有生存力的种群，需要不断从野外捕捉个体予以补充。

（2）遗传混杂与遗传多样性丧失：在许多动物园中，不同的亚种、不同的生态型常常混养在一块，使得物种的遗传成分混杂；遗传多样性丧失严重以致动物的数量和质量都很难满足物种保护的要求，不仅不能对自然环境中补充的重建野生种群作出贡献，甚至在圈养条件下也难保长期生存。

（3）人工选择：人工养殖时，有意识和无意识的选择导致迁地个体的形态、行为、生理状态等发生变化。有意识的人工选择如选择驯服的、野性弱的个体繁育；无意识的人工选择表现为提供人工食物和提供恒温环境等。在人工环境中生存繁衍的世代愈多，物种变异愈大。

（4）大多数动物园仍然用很小的笼子展示动物，教育技术手段也很简单，也没有起到很好的野生动物保护教育的作用。

现代动物园的目标并不是只满足让动物仅仅在动物园里生儿育女，而是要彻底挽救濒危物种。因此，要考虑饲养繁殖行为究竟为野生种群保护起到什么样的作用？要了解野外动物的行为与生境要求，通过对动物园里动物的研究也可以促进对野外物种保护。

## 第三节　植物的迁地保护

植物迁地保护目前主要是对活的植物体、器官和组织等在人为条件下进行保存。它不同于引种驯化。植物引种注重驯化，改变遗传性，要变野生为栽培，变它地为本地；而迁地保护则要求保持原来的遗传多样性。

### 一、活植物整体的迁地保护

主要通过各种植物园和园林基地的建设，开展植物的移植、移栽等保护工作，来保存植物物种。其他农、林、园艺等栽培环境也是活植物体迁地保护的重要场所。

植物园最主要的使命是培育、栽培各种珍稀植物。现在全球有 1 500 家植物园，栽培着至少 3.5 万种植物，占世界植物种类的 15% 以上，加上温室、私人花园以及其他人工栽培的野生植物，在栽培条件下生存的植物种类达 7 万种以上。我国的鼎湖山树木园已经引种栽培了水杉、银杏、金花茶、望天树等国家一级保护植物，并引种栽培了金钱松等国家二级保护植物 20 多种。

许多植物园除了活的植物外，还藏有许多蜡叶标本。据 IUCN/WWF（1989）报道，大约有 250 个植物园在自己的土地上有自然保护区，每年都有几千万人参观植物园，因此，植物园在植物的迁地保护及公众教育等方面起着重要作用。

保护珍稀濒危植物正成为植物园的一项重要职责。挂靠在美国密苏里植物园的植物保护中心联合协调 25 家植物园以保护美国的濒危植物。美国有 4 000 多种植物的生存受到不同程度的威胁，其中有 700 种左右可能在 5~10 年内灭绝。经过努力，现在有相当一部分濒危植物已经栽培在这些植物园内，下一步是将这些濒危植物重新引种到野外生境。我国目前有 120 多个植物（树木）园，至 1993 年，在植物园中收集、栽培了约 18 000 种的中国区系植物，占全国种类的 65%。第一批保护植物 389 种中已有 332 种，占总数的 85% 在 48 个植物园中进行迁地保护，第二批 640 种植物中，占总数的 25% 在 25 个植物园中栽培。

活植物体的保存需要较大的投资，而且在人工条件下很难保证它们不被选择驯化而失去一些遗传基因。

### 二、种子和组织的迁地保护

除了将濒危植物种迁入人工生境进行保护外，还可对濒危物种的遗传资源，如植物的种子，组织等，进行长时期的保存。这种方法的好处是所占空间小，所需的人力少，而又能较好地保护物种及其遗传的多样性。当然，这种保存涉及采集、保存、启用等一系列环节。

大多数植物种子在冷藏条件下保存相当长时间后仍具有萌芽生长能力。人们利用种子的这一特征在全球建立了 50 个大型种子库。中国也建立了大型作物种子资源库，最近又在青海省建立了国家作物种子资源库，保存了数万份植物种子。

但是，即使是冷藏条件下，种子中的养分也会逐渐消耗，有害变异会积累，最后，种子会丧失发育能力。最好的办法是周期性地更新种子库中的种子，如通过播种收藏的种子，等待其生长结籽再收藏其种子这种途径来更新。对大型种子库而言，工作量是惊人的。仅美国国家植物种子库就保存了 8 700 种植物的 40 万份种子，在科罗拉多的 Fort Coffins 的种子库则在 $-196°C$ 保存了 23 万份含水量 6% 的植物种子，更新这些种子要耗费大量的人力和物力。

许多热带植物种子成熟后必须立即萌发，否则会死亡，如可可、橡胶和亚洲布罗香树等。这一类种子称为"难管理的"种子，这一类植物约占全球植物总数的 15% 左右。目前人们正寻求储藏这些植物的遗传资源的途径。一条途径是将种子的胚乳和外壳去掉，仅保存这些植物的胚；另一条途径是在受控环境下保存这些植物的细胞或基因，也称为基因库保存法。

保存野生植物种子也是植物迁地保护的有机组成部分。采集植物种子的原则：
① 应优先采集那些有灭绝危险的、特有的、孑遗的、能重新回播自然的、有潜在经济价值的种类；
② 采集植物种子应尽量从植物分布区中央选点采集，同一物种应采集 5 个种群或更多种群中的种子；
③ 每个抽样种群中应采集 10~15 株植物的种子，采集数少于 10 株时，将失去部分等位基因。当种群的表型变异大、生境异质性高时，应采集更多植株的种子；
④ 当种子存活率较低时应采集较多的种子，当植物一年中结实较少时则不应过多采集子实，以免影响植物的生长。

### 三、离体保存

植物细胞不论来自未分化的分生组织还是来自已经分化的成熟组织,也不论是来自生殖器官还是营养器官,在适当的培养基上进行离体培养,可以使携带的遗传信息得到适当表达,发育成完整的植株。离体培养技术为保存活的植物材料提供精细控制的合适的光照、温度、湿度、养分、生长调节物质等生长发育的条件,可以进行快速繁殖并有效地贮藏植物材料,保存其生物多样性,供研究育种及生产开发利用。

### 四、花粉和孢子的保存

种子植物的花粉可以用来授粉产生种子(有性后代),也可以通过花粉培养形成单倍体植株。孢子繁殖是许多藻类、苔藓和蕨类植物的主要繁殖方法。花粉和孢子的体积比种子还要细小,所以适合作为低成本贮藏保存植物多样性的材料,但其贮藏特性因植物种类而异。

### 五、DNA 保存

DNA 可以在干燥或超低温冷冻条件下在植物体内长期保存下来,也可以采用现代技术提取、用内切酶切割成片断、用 PCR 技术扩增或用克隆载体复制,还可以测序和建立 DNA 数据库。作为生物多样性在遗传水平上的实体(DNA)和信息(DNA 序列数据),它们很容易保存,且具有极大的研究价值。

### 六、中国植物迁地保护中存在的主要问题

1. 特有植物的保护还没有得到重视

我国的特有物种比较丰富,保护特有物种可以避免与其他国家重复。然而在我国所确定的第一、二批重点保护植物中和我国植物园栽培植物名录中,我国特有种的比例相对较低。此外,在我国的植物园中,对生态系统的更新需要的物种,生态系统的关键种,分类上的隔离种和栽培植物的野生类型等国际上列为优先保护的种类也有较大的忽视。

2. 种群生存力的问题

植物迁地保护的目的是长期保存物种和遗传多样性,防止遗传侵蚀、遗传混杂或发生不适应其原来野生栽培生境的变异,以便在回归引种时作为物种保育有继续进化的遗传基础而长期存在下去,作为种子资源为可持续利用提供多种开发的可能性。因此,迁地保护中一个最主要的问题就是需要保护多少个个体才能维持植物体的遗传多样性。根据 50/500 法则:隔离种群至少需要 50 个个体,而为了保持遗传变异最好拥有 500 个个体,即 500 个体为有效种群大小。目前,我国植物园对已栽培的第一批保护植物中,仅有 25%～38% 的物种达到最低标准;而第二批仅有 22%～33% 达到最低标准。

为了保持一个物种长期生存,究竟一种植物需要多少个植物园保存才合适?暂考虑稀有、濒危特点,植物园应在 5 个以上的植物种的保存较为合适。而我国第一批保护植物中,有 51.5% 的种类在少于 5 个植物园中保存,而第二批则高达 95.5%。

### 3. 迁地保护植物的生长和适应问题

植物在植物园中能否正常生长、发育、繁衍后代，也就是"从种子到种子"，是实行迁地保护是否成功的标准之一。目前我国绝大多数的植物还不能实现"从种子到种子"的过程，很多植物种子面临着栽培基质、气候和生物因素（病虫害、寄生、共生生物和传粉媒介）等问题。因此，植物园对稀有、濒危植物的迁地保护最好是该地区的区系成分，要根据它们的生物—生态学特性尽量创造与其自然生长较相似的小生境，并根据它们的生长发育状况不断调整。

## 第四节 迁地保护与外来入侵种控制

### 一、迁地保护形成入侵的可能性

迁地保护的各种形式中，动物园、植物园、鸟园等形式最有可能造成生物的逃逸，动物园虽然还没有报道入侵的问题，但也有一些物种在野外自然繁殖，如八哥已经在北京形成了自然种群。特别是现在各地时兴建立的野生动物园，大量物种被散放到自然区域中，极易形成入侵。

目前中国的很多野生动物园效仿非洲的经验，结果是在中国的生态系统中放养着来自世界各地的物种。这些野生动物园不仅没有使中国的当地野生动物得到有效保护，反而带来更多的负面影响。因为涉及的外来物种繁多，又以散放养殖为主，因而必然会出现生物入侵现象。这些现象可能是引入的物种入侵，也可能是引入物种所带来的疾病的入侵造成的。因此，这类野生动物园给中国当地的自然生态系统，特别是其中生存的野生动物带来更多的威胁。

### 二、外来入侵种的管理与控制

能否成功控制外来物种入侵，很大程度上取决于采取控制措施时，外来入侵种所处的阶段。外来种不是一进入新的生态系统就能形成入侵，其入侵过程常分为几个阶段：

第一阶段：引入和逃逸期。外来种被有意或无意引入到以前没有这个物种分布的区域，有些个体经人类释放或无意逃逸到自然环境中。

第二阶段：种群建立期。外来物种开始适应引入地的气候和环境，在当地野生环境条件下，依靠有性或无性繁殖形成自然种群。

第三阶段：停滞期。外来种经过一定时间对当地气候、环境的适应，开始有一定的种群数量，但是通常并不会马上大面积扩散，而是表现为"停滞"状态。有些物种要经过几十年才开始显示其入侵性。停滞期的长短因物种和当地的地理及气候条件的不同而有很大差异。一般来说，草本植物的停滞期短于木本植物。

第四阶段：扩散期。当外来种形成了适宜于本地气候和环境的繁殖机制，具备了与本地物种竞争的强大能力，当地又缺乏控制该物种种群数量的生态调节机制的时候，该物种就大量传播蔓延，形成"生态"爆发，并导致生态和经济危害。

控制可以在外来种入侵的任何阶段实施，如控制引入，禁止向野外释放或防止逃逸，在其建立种群时予以清除，以及在扩散阶段形成灾害后控制数量和清除。控制手段采取的越早，成功的可能性就越大。

根据这个特点，我们在对付外来种时可以采取如下策略：

1. 法规防治

控制外来种传播危害的最直接手段就是阻止其传入，即检疫。早在中古时期，为了防止鼠疫、霍乱、黄热病等疫病传入，威尼斯当局规定，外国船舶靠岸之前必须隔离观察40天，确信没有感染这些严重疫病，才允许船舶进港，人员上岸。这是人类早期与外来有害生物开展斗争的最简易实用也是最有效的方法。因为这是靠法律的力量防止疫病入侵，故又称"法规防治"。检疫措施发展到当代，技术手段已有很大的改进，操作程序更加规范，现在世界各国均在各自的海关口岸严格实施卫生检疫和动植物检疫。

### 法规防治是有效控制外来物种引入的有效措施

通过立法采取强制手段禁止危险性的外来种传入，是控制外来种的首要措施。马铃薯甲虫于1874年从美洲传入欧洲，造成严重损失。德国政府首先于1875年颁布法令，禁止从美国进口马铃薯，法国也采取类似措施。英国在1877年在利物浦码头发现一头活的马铃薯甲虫，赶着制定并公布了害虫法案。以后在1907年和1927年又两次对该法案作了修订补充。1967年又公布了植物健康法案。根据这一法案，农渔食品部长有权签署法令采取各种措施制止有害生物的传入和蔓延。

1991年第七届全国人大常委会通过了《中华人民共和国进出境动植物检疫法》，制定本法的目的就是为了防止动物传染病、寄生虫病，植物危险性病、虫、杂草，以及其他有害生物传入、传出国境，保护农、林、牧、渔业生产和人体健康，促进对外经济贸易发展。法律规定，进出境的动植物、动植物产品和其他检疫物，及其装载容器、运输工具均应依法实施检疫。国家设立中华人民共和国动植物检疫局，下设200多个口岸检疫机构。1992年，国务院发布了《植物检疫条例》，对已经传入国内的危险性外来病虫害加以严格限制。从疫区调运种苗，必须经过审批并实施检疫。

2. 风险分析与中长期预报

外来种成灾原因之一就是防治行动滞后。对外来种的入侵、建立种群、灾变成因等进行全面系统的研究，探讨发生规律的实质，分析入侵的风险性，进而建立有效的监测预报系统，对提高控制效果具有十分重要的意义。

大叶醉鱼草于1860年由中国引入新西兰，是在100余年后才成为一些林区的重要杂草，很多外来种由益变害的过程中均出现这种时滞现象。对这些问题人们已开展研究，全球气候的变化以及生态环境中各类因子的动态趋势对外来种的影响，也成为人们研究的重点。

3. 扑灭

扑灭是一种紧急措施，在有害外来种传入新区后，为彻底消灭这一外来种时所采取的行动。例如，20世纪40年代后期，由于战争而放松了检疫，马铃薯叶甲传入英国。英国立即采取一系列措施防止蔓延，从1947年发现，到1952年彻底消灭。1976年又在28个地点零星发现，又加以消灭。又如，1980年和1982年，美国在20多个地方发现谷斑皮蠹，包括仓库、香料厂、杂货店等，都通过化学防治予以根除。为彻底消灭此虫，整座六层大楼用苦布密封进行毒气熏蒸，这一工作涉及疏散人口、中断交通、暂停业务、毒化空气等，然而美国当局在所不惜，其经济重要性足以显现。1978年因传入了非洲猪瘟，马尔地政府下令扑杀了全国所有的活猪，创下了为防止外来疫病传播在一个国家范围内消灭一个物种的先例。

4. 开展生物防治

生物防治是一门新兴的学科，至今只有百余年的历史。其突出特点是：对环境安全，经济合算，效果持久。19世纪70年代，吹绵蚧壳虫传入美国加利福尼亚州，威胁柑橘生产。最初用草木灰防治，毫无效果。1888~1889年从澳大利亚引进了澳洲瓢虫，总计129头。按技术程序，经系统研究之后在加州橘园释放，澳洲瓢虫很快建立了永久种群，并完全抑制了吹绵蚧的发生与危害，一举挽救了濒于毁灭的加州柑橘种植业。直到现在，不需要使用化学农药防治。这一成就轰动了国际昆虫学界，认为这是一劳永逸的治虫方法。1909年，我国台湾省从美国引进这种澳洲瓢虫防治柑橘园的吹绵蚧壳虫，先后释放53次，控制效果甚好，并在当地建立了种群，从此不需化学农药防治此虫。这是我国利用传统生物防治技术控制外来种害虫获得成功的最早记录。

5. 综合治理

农药的不合理使用常带来严重的环境问题及生态恶果。据报道，在美国棉田，1950年仅有2种主要害虫需要防治，每个生长季仅施药几次或根本不施药；而到1955年，要防治的害虫达到5种，需施药8~10次；到60年代增加到8种，施药次数竟达28次。农药杀伤天敌可引起非靶标害虫的猖獗。1946~1947年，美国加州柑橘园在大量使用DDT防治另一种害虫的同时，杀死吹绵蚧的天敌——澳洲瓢虫，从而使已被天敌控制下去的外来种吹绵蚧再度成灾。滥用农药会破坏生物安全，污染生态系统，危及人类健康。据美国科学院研究，全美国日常进食的蔬菜、水果、肉类、粗粮等15种食物，因28种农药的残留污染，每年导致2万人患癌症。美国男性近30余年来其精液中精子密度明显下降，1929年每毫升精液含精子1亿多个，到1979年已降到2 000多万个。如果精子密度低于2 000万，则属不育患者。

有害生物综合治理就是在总结这些经验教训的基础上逐步发展起来的。它是对有害生物进行科学治理的技术体系。从农田生态系统的总体出发，根据有害生物和环境之间的关系，充分发挥自然因素的作用，因地制宜地协调应用必要的措施，将有害生物控制在经济损害水平之下，以获得最佳的经济、社会和生态效益。有害生物综合治理从农林害虫的治理逐步发展起来，由于其科学性和可操作性，现已推而广之，是当前国际上普遍认可并广泛采用的有害生物治理策略。

6. 公众教育

生物多样性在物质、美学和伦理学方面具有重大价值。但是，公众对无形价值的认识显然是有限的，这方面的普及教育也是欠缺的，尤其是生态伦理学方面。从决策者到男女老少每位公民，都有责任以实际行动参与此项工作。为了维护生物多样性，控制外来种的传播危害，对农林、工商、运输、旅游等各行各业人士来说，都更加具体。首先是要具有相关知识，要遵守法律。一切宣传、教育、研究机构都有责任进行宣讲。专业人员的培训与大众普及教育，学术著作与知识读本，要紧密结合。有资料表明，妇女，尤其在非洲和南美洲，是保护生态环境不容忽视的群体。

### 7. 全球共同努力

外来种具有一个最鲜明的社会特征，就是其国际间的流动与迁移。《生物多样性公约》第 8 条规定："防止引进、控制或消除那些威胁到生态系统、生境或物种的外来物种。"这是缔约国的责任，也是世界各国社会经济发展面临的共同课题，这正是《公约》规定的社会学意义所在。而其生态学意义则表明，这是人类对外来种深刻认识与斗争经验的总结。很显然，为了防止外来种的传播扩散，其原产地（或传出国）和传入国双方的合作应是最直接的。一种外来种传播扩散到几个甚至几十个国家，成为各国社会经济发展面临的实际问题。开展传统生物防治，必须进行广泛的国际合作。随着当今世界经济全球一体化大趋势的推进，为了人类的生存安全，越来越需要全世界共同努力来控制外来种的入侵与危害。

---

**思考题及要点**

1. 理解迁地保护的定义及意义。
2. 了解迁地保护的基本要求。
3. 动物的迁地保护为什么要重视生境选择？理解动物生境选择的特点及与动物行为间的关系。
4. 动物迁地保护需要注意哪些问题？
5. 理解动植物的迁地保护形式。
6. 外来物种形成入侵的控制对策有哪些？

# 第十二章　生物多样性的就地保护与自然保护区规划管理和可持续发展

## 第一节　就地保护的概念及形式

相对于迁地保护，另外一种重要的保护方式被称为就地保护（on site conservation），是指在原来生境中对濒危动植物实施保护。就地保护是生物多样性保护的最根本途径，它的最大优点在于物种能在原生环境中持续不断地进化，使其能继续适应变化的环境条件。众所周知，物种的繁殖体被收集起来保存在基因库中，进化就停止了，而迁地保护也因为生存环境发生变化受到严重影响。为了既能保护物种的遗传多样性，又能保持其继续进化的潜力，野生物种应该同它们的病毒和昆虫一起进化，而就地保护就是最好的方式了。

自然保护区（nature reserve）是就地保护最主要的形式，一些生态功能区、生态区、农田保护区、水利风景区、封山育林区、草地围栏养护区等也属于就地保护形式，主要保护对人类有益的景观、生态系统和资源，并对生物多性起到一定程度的保护作用。《生物多样性公约》指出：就地保护就是要建立自然保护区系统，保护区的建设是保护生物多样性的国家战略任务。

### 一、什么是自然保护区

自然保护区是指国家对有代表性的自然生态系统，珍稀濒危野生动植物物种和遗传资源的天然集中分布区，有特殊意义的自然遗迹等保护对象所在的陆地、陆地水体或者海域，依法划出一定面积予以特殊保护和管理的区域。它最主要的目的在于对生物多样性的保护与持续利用，使之成为实施可持续发展战略的基本单元。它的主要任务在于保护，并在不影响保护的前提下，把保护与科研、教育、资源持续利用和生态旅游密切结合起来。自然保护区的实质就是通过保护物种生存繁衍的栖息地，达到实现生物多样性的长久保护。建立各种自然保护区是人类面对环境发生巨大变化而作出的明智、有效的选择。因此，规划、建设、管理自然保护区，有利于保护对当代子孙后代具有巨大价值的生物多样性，对于落实环境保护基本国策，实施可持续发展战略，都具有重大现实意义和深远的历史意义。

IUCN 对保护区的定义为"保护区是主要致力于生物多样性和其他自然和文化资源的管护，并通过法律和其他有效手段进行管理的陆地和海域"，这一定义是非常简明扼要和实用的。该组织于 1994 年公布"保护区管理类型指南"，把保护区划为严格的保护区、国家公园、自然遗迹、栖息地和物种管理区、保护景观及资源管理保护区六大类。这种分类首先明确了保护区的共性、独特性和差异性，划为保护区的地方就应该遵循统一的原则来管理，但是不同类型的保护区侧重点应有所区别；其次，明确了保护区是社会经济发展过程中的产物，要顺应发展的要求，把资源保护和持续利用结合起来作为指导方针来建设。

## 二、自然保护区事业的发展

### 1. 世界自然保护区的发展

自19世纪末期以来，由于人类掠夺式地开发自然资源，出现了自然资源危机，于是出现了保护自然界的新方向，即保护自然资源。美国在发展农业的过程中，毁灭了大量的森林和野生动物，洛矶山脉东西广大地区茂密的红杉林和冷杉林，在19世纪后半期被砍伐，大量的野生动物遭到了灭顶之灾，如旅鸽的灭绝及野牛数量的急剧减少。在开发利用资源的过程中，人们逐渐认识到保护自然资源的必要性。许多科学家先后提出建议，制定保护政策，将一些动物的栖息地和森林划为保护区和国家公园，加以保护。美国于1872年首建世界第一个国家公园——黄石公园，随后又制定了《黄石国家公园保护法》。在同一时期，美国还创建了森林保护区体系，划定森林保护区，制定《森林管理法》。1879年，澳大利亚在悉尼附近建立了世界上第二个国家公园——皇家国家公园。至20世纪20年代，世界各大洲都相继建立了国家公园。鉴于生物圈受到严重的污染和破坏，因而又产生了人对自然的一个新领域——保护自然环境。1972年联合国在瑞典斯德哥尔摩召开了第一次人类环境会议，讨论签订了自然保护公约。促进了国际性保护组织的产生和发展，如世界自然与自然资源保护联盟（IUCN）、世界自然基金会（WWF）、人与生物圈计划（MAB）、联合国环境规划署（UNEP）等，这些组织把促进和建设自然保护区作为保护自然状态和野生动植物资源的重要手段。从此，自然保护区和国家公园的建设成为各国保存自然生态和使野生动植物免于灭绝并得以繁殖的主要手段和途径。

在过去的数十年中，主要是20世纪20年代以来，发达国家的自然保护区建设速度很快，受保护的对象和面积越来越多。如日本是工农业生产发达而国土面积小的国家，目前保护区的面积却占国土面积的15%以上，德国、英国等国的自然保护区的面积也占国土面积的10%以上；美国建有自然保护区1 800个、国家公园398个，面积共25 000万$hm^2$，占国土面积的10%以上；瑞典、法国等国的自然保护区面积占国土面积的5%以上（宋朝枢等，1998，2001）。自20世纪50年代以来，在发展中国家，自然保护区的建设得到迅速发展，使全世界自然保护区的数量和面积都呈直线上升。

### 2. 中国自然保护区事业的发展

中国的自然保护区事业大体上经历了三个阶段：

第一阶段为停滞阶段（1956～1979年），自1956年我国建立了第一个自然保护区——广东肇庆鼎湖山自然保护区以来，受多种原因的影响，保护区的发展速度极为缓慢，平均每年2个，而国家级的保护区平均每年0.3个，基本处于停滞状态。

第二个阶段为缓慢发展阶段（1980～1996年），在这一阶段，国家发布了《关于加强自然保护区管理、区划和科学考察工作的通知》，保护区事业有了稳步发展，平均每年增加55个，国家级自然保护区平均每年增加6个。相应的保护组织和法律法规体系在这一期间逐步建立起来：1978年成立了中华人民共和国人与生物圈国家委员会，1981年正式加入《濒危野生动植物种国际贸易公约》，1984年颁布了《中华人民共和国森林法》，

1985 年颁布了《森林和野生动物类型自然保护区管理办法》、《中华人民共和国草原法》、《保护世界文化和自然遗产国际公约》，1987 年颁布了纲领性文件《中国自然保护纲要》，1988 年颁布了《中华人民共和国野生动物保护法》，1992 年签署了《关于特别是作为水禽栖息地的国际重要湿地公约》和《生物多样性公约》，成立第一届国家级自然保护区评审委员会，1994 年，《中华人民共和国自然保护区条例》和《地质遗迹保护管理规定》颁布，签署了《联合国防治荒漠化公约》，1995 年全球环境基金（GEF）"中国自然保护区管理"项目启动（1 790 万美元）。

第三个阶段为快速发展期（1997 年至今），在这一阶段的初期，中国经历了全国性的旱灾和洪灾，中国政府开始认识到生态破坏给人类带来的恶果，加速生态建设和自然保护区的发展。平均每年增加 160 个保护区，国家级自然保护区平均每年 16 个，其中 2000 年一年内保护区数量增加了 320 个。截止 2006 年底，大陆地区已建立保护区 2 349 处，面积 150 万 $km^2$，约占陆地国土面积的 15%，超过世界平均水平。其中国家级保护区 226 处，面积达 8 871.3 万 $hm^2$，使 85% 的陆地生态系统，85% 的野生动物和 65% 的高等植物，特别是绝大多数国家级重点保护的珍稀濒危物种在保护区得到了较好的保护，有 26 个保护区加入了联合国教科文组织"人与生物圈保护网络"，2007 年底，又有 6 个湿地保护区被列入"国际重要湿地名录"，目前中国共有 36 个湿地保护区被列入该名录。还有一些保护区加入了"世界遗产地名录"，扩大了我国自然保护区事业在世界上的影响。中国自然保护区事业的发展，已经在保护生物多样性和自然遗迹、维持基本生态过程、促进国民经济健康发展和社会文明进步等方面，发挥了巨大的作用。

### 三、自然保护区的分类

1. 世界自然保护区的分类体系

《生物多样性公约》明确要求各缔约国建立自己国家的保护区分类系统，以适应生物多样性的就地保护需要。尽管所有的保护区都在某种程度上限制居住和资源利用，但是限制的程度在各类保护区之间有明显的不同。按允许人类直接利用保护区程度的递增顺序，保护区可分为以下几类：

（1）科学保护区/严格自然保护区：在不受外来干扰的自然状态下，通过保护自然及其生态过程，提供在生态学上具有典型意义的自然环境，用来进行科学研究、环境监测、教育以及在动态和进化状态下维持遗传资源。

（2）国家公园：为科学、教育和娱乐之目的，保护具有突出国家和国际意义的自然和风景区，包括较大面积尚未受到人类破坏的自然区域，在这些地区禁止进行商业性资源开发。

（3）自然遗迹/自然标志地：保护和维护具有国家意义的自然风貌，因为它们有着特殊的意义或特征。这些地区面积相对较小，专门保护当地特殊特征。

（4）自然保护区/野生生物禁猎区：确保在保护自然环境中具有国家意义的物种、类群、生物群落或其他具体环境特征所必需的自然状态。这些状态的长期存在需要人类的特殊管理，而这些地区允许有控制地利用某些资源。

（5）风景保护区：在保持当地正常的生活和经济活动的情况下，既保护居民和土地相协调的具有国家意义的自然景观，又为社会提供娱乐和旅游的场所。

（6）多用途管理区/资源保护区：用于永续开发水、木材、野生生物、草场资源及户外娱乐活动。同时，自然保护的目的也主要是为了经济的需要，这类保护区中人为干扰较多，所以，在这类地区还可以设立特殊保护地带以实现特殊的保护目的。

在这些保护区中，严格的自然保护区虽然数量很多，但它们的面积通常都很小，总面积最大的是国家公园和资源保护区。

2. 中国自然保护区的分类体系

1993年国家环保局批准了《自然保护区类型与级别划分原则》，并设为中国的国家标准。该分类根据自然保护区保护对象的生态学和生物学属性，将自然保护区分为三个类别九个类型（表12-1）。

表 12-1　中国自然保护区分类体系（国家环保局，1993）

| 自然生态系统类 | Natural Ecosystems |
|---|---|
| 森林生态系统类型 | Forest ecosystem |
| 草原与草甸生态系统类型 | Prairie and meadow ecosystem |
| 荒漠生态系统类型 | Desert ecosystem |
| 内陆湿地及水域生态系统类型 | Inland wetland and watershed ecosystem |
| 海洋和海岸生态系统类型 | Ocean and coast ecosystem |
| 野生生物类 | Wildife |
| 野生动物类型 | Wild animals |
| 野生植物类型 | Wild plants |
| 自然遗迹类 | Natural Monuments |
| 地质遗迹类型 | Geological Formations |
| 古生物遗迹类型 | Paleeontological |

(1) 自然生态系统类

国家对于较为完整的自然生态系统（如森林、草原、荒漠、水域、湿地、海岸带）及生物、非生物资源形成的复合体进行全面保护的地区。如长白山的温带森林生态系统、西双版纳的热带雨林生态系统、阿尔金山的高寒荒漠生态系统、向海的内陆水域生态系统等。在划定时，首先考虑它们属于不同自然地带典型而有代表性的生态系统地区，并不是由于某个特殊保护对象决定其存在的价值。但它们往往同时具有某些珍稀或濒危动植物或自然历史遗迹等生物和非生物资源成分。这类自然保护区的自然景观完整，面积范围相对较大，保护研究的对象较多，需要全面开展多学科的研究工作。

(2) 野生生物类

对于珍稀濒危的野生动物或其他有特殊价值的野生动物、珍贵植物或特殊植被类型进行保护的地区。如四川卧龙的大熊猫自然保护区、鸭绿江上游密云河（大马哈鱼产卵区）自然保护区、大丰麋鹿保护区、安徽扬子鳄自然保护区、江西桃红岭梅花鹿自然保护区、长白山的二道白河美人松自然保护区、贵州赤水的桫椤自然保护区、吉林长岭的腰井子羊草草原自然保护区、海南的东寨港红树林自然保护区、黑龙江库尔滨的越橘自然保护区、四川金佛山银杉保护区等。保护区的面积根据实际情况和保护动物的密度、种群状况及活动的适宜范围来确定，特别是一些大型野生动物自然保护区的面积都比较大。

(3) 自然遗迹类

对那些主要由非生物资源形成的地质剖面、化石产地、火山、温泉、岩溶、冰川等自然历史遗迹采取特殊保护措施的地区，如黑龙江的五大连池，伊通的火山群等。

该分类系统仍然存在一定的问题，同保护功能及管理目标脱节。事实上，我国众多的自然保护区之间差异很大，一个大的保护区内部不同区域也有较大差异，有的是国家公园类型，有的是资源管理类型，有的是自然遗迹类型，有的是栖息地/物种管理类型，都按单一科研类型来对待是不全面的。保护区要从建立的多样性目标及其实际，按其具有的功能出发，在分类管理上进行改革完善，变自然系统要素为功能目标分类体系，与国际上IUCN 的自然保护区分类体系相对应（王献溥等，2006）。

中国的自然保护区一共划分为三级：国家级、省（自治区、直辖市）级、市（自治州）级和县（自治县、旗、县级市）级。根据 1979 年《关于加强自然保护区管理、区划和科学考察工作的通知》中提出的规定，国家级的自然保护区应满足以下 4 条标准：

① 具有代表不同自然地带的典型自然生态系统；

② 国家一类保护珍稀动物、珍稀树种或有特殊保护价值的其他野生动植物的重要生存繁殖地区；

③ 自然生态系统或物种已遭破坏，具有重要价值而必须恢复或更替的地区；

④ 有特殊保护意义的地质剖面、冰川遗迹、岩溶、温泉、化石产地等自然历史遗迹和重要水源地等。

**四、自然保护区的功能**

实践证明，建立自然保护区是保护生物多样性的有效手段，可以保护典型的生态系统、珍稀濒危物种栖息地和遗传资源，使保护区成为物种的基因库，这也是保护区最首要的功能。保护区同时还是一个多功能的自然社会经济的复合体，必须具有协调保护、科研、文化和教育等多方面的功能。

1. 开展科学研究的天然实验室

保护区保存有完整的生态系统、丰富的物种、生物群落及其赖以生存的环境，为开展各种科学研究提供了得天独厚的基地和天然实验室，其研究领域不仅包括生态学、生物学，还包括经济学及社会学。

2. 进行宣传教育的自然博物馆

保护区是一个天然大课堂，青少年、学生和旅游者到保护区参观游览时，通过在保护区内精心设计的导游路线和视听工具，以及各种展览厅、模型、图片等设施，来增加生物学和地理学等方面的知识。

3. 提供生态系统的天然"本底"

由于人类对环境的破坏，很多地区的自然面貌已难以辨认。为了研究这些地区的自然资源和环境特点，以便提出合理的利用和保护措施，不得不借助于古代的文献资料、考古材料和古生物学的研究资料，来推测已不复存在的自然界的原始面貌。由此可见，在各种自然地带保留下来的、具有代表性的天然生态系统都是极为珍贵的自然界的原始"本底"，它为衡量人类活动结果的优劣，提供了评价的准则（金鉴明等，1991）。

4. 旅游及其他资源的开发

自然保护区保留有相对原始的生态系统和天然景观，对旅游者具有较大的吸引力。在不破坏自然保护区和严格管理的条件下，可以划出一定的区域，有限制地开展旅游事业，可以解决保护区在发展过程中面临的诸多难题，如资金短缺、与当地居民的矛盾冲突等。可以在保护区管理者的领导下，充分利用保护区的天然资源，发展地方经济，解决当地居民的生存问题，减缓对自然资源的破坏。

## 第二节 自然保护区的规划与设计

自然保护区规划与设计的理论和技术日趋成熟，岛屿生物地理学理论、集合种群理论、恢复生态学、3S 技术及景观生态学等理论与技术都为保护区的规划设计提供了科学依据。

### 一、自然保护区选址原则

自然保护区的选址是自然保护区规划和建设的关键。为了保护生态系统功能，保护生物多样性不受破坏，保护濒危、珍稀、特有动植物种类的目的，确保生态过程的顺利进行，自然保护区选址常遵循以下原则：

(1) **典型性与代表性原则**：①各类生态系统和景观的代表地区，如高山、湿地、河流、丘陵、岛屿等；②珍稀濒危和经济物种分布的地区；③具有特殊价值的地区，如鸟岛、水源涵养地、母树林等。

(2) **稀有性原则**：稀有种、地方特有种或群落及其独特生境，以及汇集了一群稀有种的所谓动植物避难所的地区，在保护区选址中具有特别重要的优先地位。

(3) **脆弱性原则**：对环境变化敏感的生态系统具有较高的保护价值。脆弱的生态系统往往与脆弱的生境相联系，所以保护起来比较困难，要求特殊的管理。

(4) **多样性原则**：物种多样性或群落多样性较高的地区，能在保护较多物种的同时也保持群落与生态系统的稳定性。多样化的生境有助于种群的存在，生存于不同生境的个体在种群中的迁徙又可以使种群间适应不同生境的遗传物质传播，增加种群的遗传多样性。景观类型（高山、湖泊、草地、森林、沙漠、沼泽等）多样化程度高的保护区会为被保护物种提供多种类型的生境，还可以增加生境类型的异质性，提高生境的容纳量。

(5) **有效性原则**：自然保护区的面积应能满足被保护物种生存繁衍的需要，满足生态系统中能量和物质流动及各种生态过程圆满实现的需要；管理者应能对保护区周围的人类活动加以控制以确保建立保护区的终极目标得以实现。

(6) **自然性或原始性原则**：自然性是指未受到人类活动干扰的地区或生态系统。现在地球上已很少有未受人类干扰的生态系统，但选择受人类活动干扰较少的生态系统建立保护区，可以收到事半功倍的效果。

(7) **空间连续性与完整性原则**：自然保护区应建在包括非生物因子的各种梯度变化的连续生境内，这种保护将使生态系统的功能得到有效保证。

(8) **潜在的价值**：一些地域由于各种原因遭到了破坏，如森林采伐、沼泽排水和草原火烧等。在这种情况下，如能进行适当的人工管理或减少人为干扰，通过自然的演替，原有的生态系统可以得到恢复，有可能发展成为比现在价值更大的保护区，或者具有进行科研的潜在价值。

**珠穆朗玛峰自然保护区的选址**

珠穆朗玛峰自然保护区建于 1989 年，面积 33 910 km$^2$，其选址遵循了如下原则（李渤生，1994）：

（1）典型性（代表性）：珠穆朗玛峰自然保护区地处古北界生物地理区南部，北部地区为高寒灌丛草原生态系统，南部为半湿润山地森林生态系统。

（2）稀有性：保护区内有国家一级保护动物雪豹、藏野驴、长尾叶猴、熊猴、喜马拉雅塔尔羊、金钱豹、红胸角雉、棕尾虹雉、黑鹇、黑颈鹤、玉带海雕等；有二级保护动物 22 种，有国家公布的第一批重点保护植物 11 种。长尾叶猴、熊猴、喜马拉雅塔尔羊为喜马拉雅特有种。

（3）脆弱性：喜马拉雅山南部半湿润山地森林生态系统、北部高寒灌丛草原生态系统，都是异常脆弱的生态系统，具有明显的垂直分带现象，有常绿阔叶林、针阔叶混交林、灌丛草甸、冰缘、冰雪等生态系统类型，每一种垂直带的宽度多则千余米，少则数百米，对外界环境的变化异常敏感，人类破坏以后根本无法恢复。

（4）多样性：保护区由喜马拉雅山地和高原宽谷湖盆两大地貌组成。受地势差异的影响形成垂直生态系统系列及许多隐域性生态系统（沙地、沼泽、湖泊）。在此生态系统内生存着高等植物 2 348 种，地衣及真菌 308 种，哺乳动物 53 种，鸟类 206 种，两栖类 8 种及爬行类 6 种。

（5）自然性：保护区地广人稀，全区仅 6.7 万人，核心区固定居民不足 2%，28% 分布于科学实验区。加之当地藏族采用传统的生产方式，人类生产活动对自然影响很小。

（6）有效性：保护区面积 33 910 km$^2$，核心区 10 324 km$^2$。本保护区的面积已远远超过维持其各重点保护对象所需的最小面积，可以达到有效保护。

（7）感染力：珠穆朗玛峰以世界之最的高度为世人所瞩目，雪豹以其矫健与美丽而备受世界动物学家的青睐，定日—聂拉木地质剖面揭示了特提斯古海 5 亿年的演变历史，古堡残墙记录着 18 世纪以来的人类活动历史。

（8）科研潜力：生物和生态科学方面，珠穆朗玛峰自然保护区是研究山地森林、草原生态系统结构、功能和演化规律的理想基地；对研究世界高山生物起源及生物群落起源、生物对极端环境的适应及山地隆升对生物物种分化等重大生物学课题有重要意义。在地质科学、地理科学、环境科学及社会科学研究上都具有十分重要的科学意义。

## 二、自然保护区的设计

关于保护区的设计，保护生物学家关注的问题可以归结为：

① 保护物种的自然保护区应为多大的范围？
② 是一个大的保护区好还是几个小的保护区好？
③ 在一个保护区中，某种濒危种应有多少个个体才能避免灭绝？
④ 自然保护区的最好形状是什么？
⑤ 若要建立几个保护区，它们应该彼此靠近还是隔得远些？它们之间应彼此隔离还

是以走廊（corridor）相连通？

这些都涉及自然保护区的设计应遵循什么原则的问题。

1. 自然保护区设计的原则

邬建国（1990）认为：对于生境岛屿存在如下规律：

① 岛屿面积越大，生境多样性越大，物种灭绝率越小，因此物种丰富度也越高；

② 隔离度越高，物种迁入率越低，物种丰富度越低；

③ 面积大而隔离度又低的岛屿具有较高的平衡物种丰富度的功能；

④ 面积小或隔离度低的生境具有较高的物种周转率。

自然保护区在很大程度上可以看做被人类栖息地包围着的陆地"生境岛"，符合邬建国总结的上述规律，因此，他认为，保护区的设计应遵循下列原则（图 12-1 显示了右侧保护区的设计要优于左侧的设计）：

（1）一个大保护区比一个小保护区具有更好的保护效果；

（2）一个大保护区比具有相同总面积的几个小保护区好；

（3）对某些特殊生境和生物类群，最好设计几个保护区，且相互距离愈近愈好；

（4）自然保护区之间最好用廊道相连，以增加种的迁入率；

（5）为了避免"半岛效应"，保护区以圆形为佳。

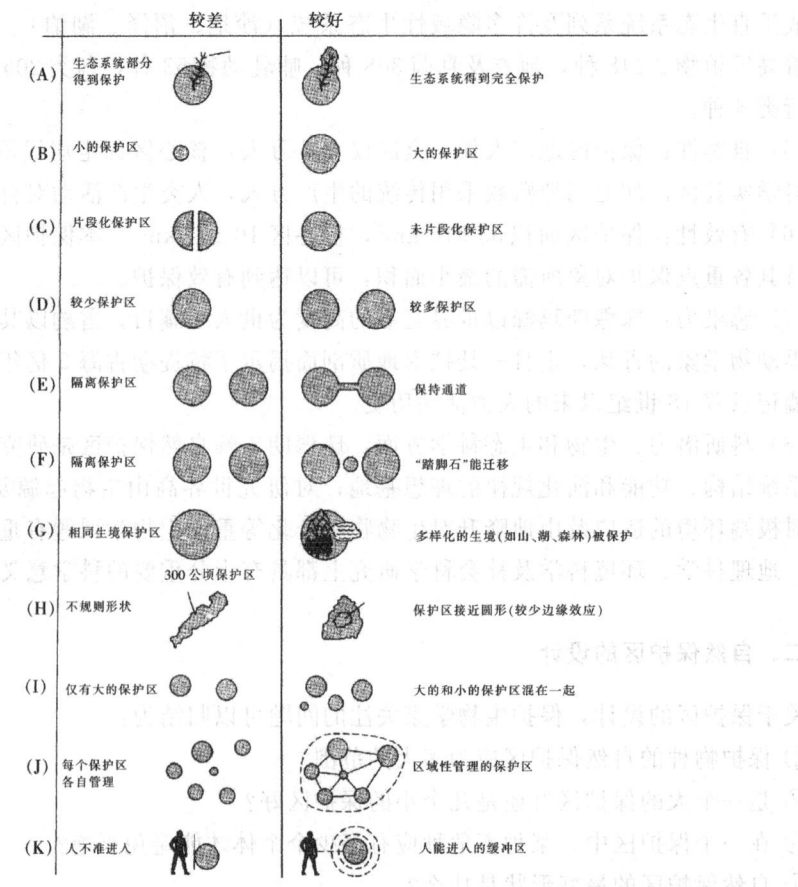

图 12-1 右侧保护区的设计要优于左侧（据 C. L. Shafer，1997 修改）

## 2. 保护区的面积

从物种多样性保护角度，关于自然保护区面积大小一直存在一个争论。大型保护区的倡导者认为只有面积大的保护区才能容纳足够多的物种数，特别是分布区范围大、密度低的大型物种（如大型食肉动物），才能保持其种群数量。而对那些小型动物（如食草型动物），只需要较小面积的保护区就可以达到保护目的（图 12-2）。一般来说，面积的确定还要考虑边缘效应因素。大型保护区降低了边缘效应，可以包括更多的物种，而大型保护区的生境多样性一般也高于小型保护区。依据岛屿生物地理学中的理论，保护区的面积越大，保护的生态系统越稳定，其中的生物种群越安全，物种的灭绝率也比较低（图 12-3）。但是，自然保护区的建设必须与经济发展相协调，自然保护区面积越大，可供生产和资源开发的区域越小，这与人口众多和土地资源贫乏的国家发展经济是不相适应的，为了兼顾长远利益和眼前利益，自然保护区只能限于一定的面积，应以能满足一个有生存力种群的需要为标准。因此，保护区面积的适宜性非常重要。实践中，保护区的面积应根据保护对象和目的而定，应以物种—面积关系、生态系统的物种多样性与稳定性以及岛屿生物地理学为理论基础来确定（李俊清等，2002）。

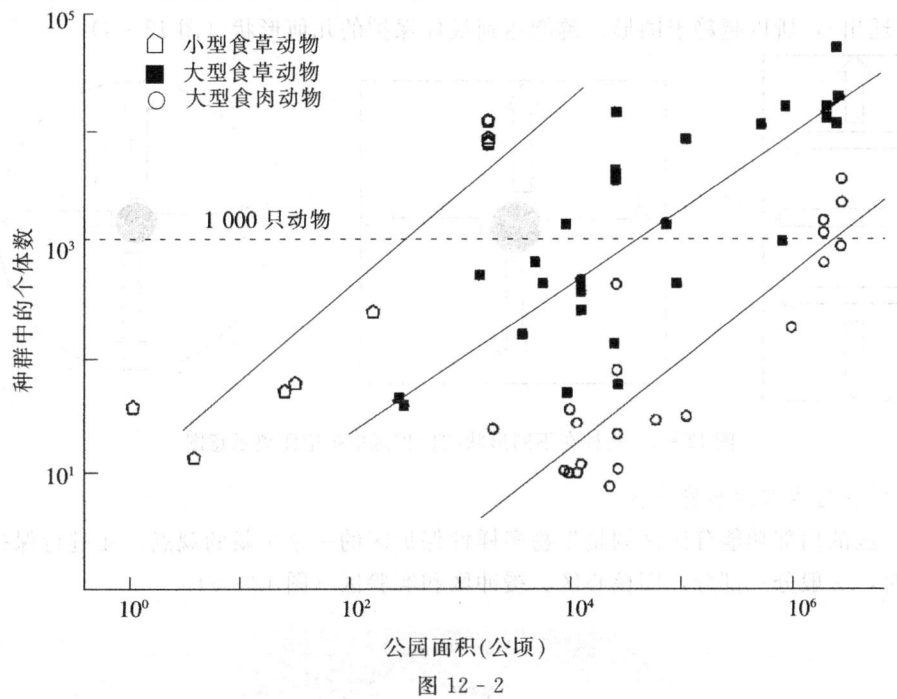

图 12-2

种群研究表明非洲的大型公园和保护区拥有的每一物种的个体数大于小型公园，只有最大的公园才可以长期维持许多脊椎动物的可繁衍种群。如果一个可繁衍种群的个体数是 1 000（$10^3$，虚线），那么，公园面积至少 100（$10^2$）$hm^2$，才可以保护小型草食动物（如兔子、松鼠等）；公园面积在 10 000（$10^4$）$hm^2$，才足以保护大型草食动物（如鹿类、斑马、长颈鹿等）；公园面积 100 万（$10^6$）$hm^2$ 以上，方可满足保护大型食肉动物（如狮子、狼等）的需要。（仿 C. M. Schonewald-Cox，1983）

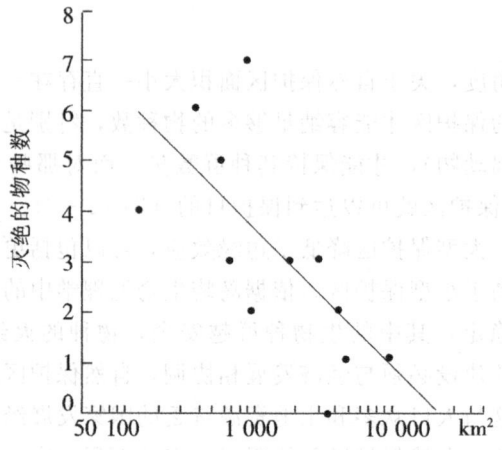

图12-3　美国14个国家公园的面积与灭绝的物种数间的关系（W. D. Newmark，1987）

3. 保护区形状

因为物种的保存和动态迁移速率受保护区的几何形状影响，面积与周长比越大，保护区中的物种扩散距离越小，而四周的方向选择也大致相等，由此有利于物种的动态平衡（迁入与迁出），所以越趋于圆形，越能达到最佳保护的几何形状（图12-4）。

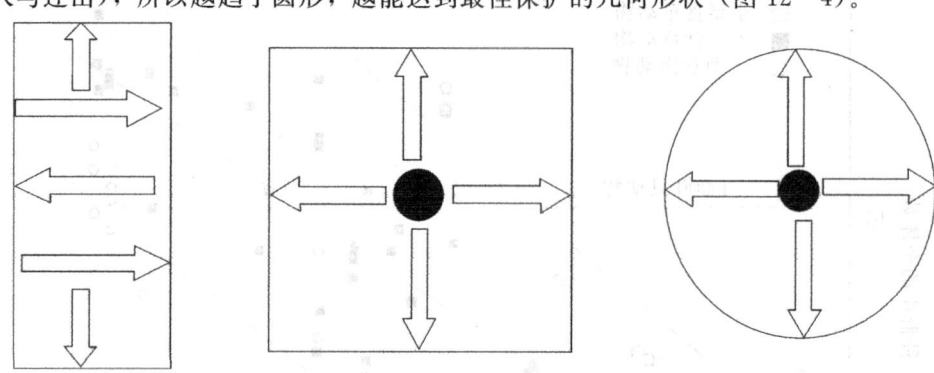

图12-4　物种在不同形状的保护区中扩散距离示意图

3. 保护区内部的功能分区

保护区的内部功能分区区划是生物多样性保护区的一个全新的观点，在进行保护区内部区划时，一般分三部分，即核心区、缓冲区和实验区（图12-5）。

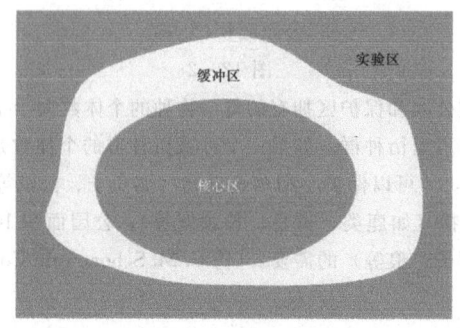

图12-5　一个理想自然保护区的内部功能分区

(1) 核心区 (core area)

核心区是自然保护区的核心所在，是原生生态系统和物种保存最好的地段，应严格保护，严禁任何狩猎与砍伐。其主要任务是保护基因和物种多样性，并可进行生态系统基本规律的研究。具有以下特点：

① 自然环境保存完好，自然景观优美；
② 生态系统内部结构稳定，演替过程能够自然进行；
③ 集中了本自然保护区特殊的、稀有的野生生物种。

根据物种保护需要、核心区可以有一至多个，面积一般不得小于自然保护区总面积的三分之一，核心区内开展的科学研究主要起对照作用。

(2) 缓冲区 (buffer area)

缓冲区一般应位于核心区的周围，可以包括一部分原生性的生态系统类型和由演替系列所占据的受过干扰的地段。缓冲区一方面可防止对核心区的影响与破坏，另一方面可用于某些实验性和生产性的科学研究。但在该区进行科学实验不应破坏其群落生态环境，可进行植被演替和合理采伐与更新试验，以及野生经济生物的栽培或驯养等。

(3) 实验区 (experiment area)

缓冲区周围还要划出相当面积作为实验区，用作发展本地的特有生物资源的场地，也可作为野生动植物的就地繁育基地，还可根据当地经济发展需要，建立各种类型的人工生态系统，为本区域的生物多样性恢复进行示范。此外还可在当地推广实验区的成果，为当地人民谋利益。

### 三、廊道设计与自然保护区网的建设

人类活动所导致的生境破碎化是生物多样性面临的最大威胁。生境的重新连接是解决该问题的主要步骤，通过生境走廊可将保护区之间或与其他隔离生境相连。建设生境走廊的费用很高，同时生境走廊的利益可能也很大，只要有可能，就应当将主要的生境相连。

1. 生境走廊及类型

所谓生境走廊 (habitat corridor) 是指保护区之间的带状保护区。这种生境走廊也被称为保护通道或运动通道，可以使植物和动物在保护区之间散布，保持了保护区之间的基因流动，也使一个保护区中的物种在另一个保护区中合适的地点定居并繁衍。通过生境走廊，可使不同斑块（或生境）间的物种发生交流。不同物种的扩散能力差异很大，物种需要的廊道也不一样，有时廊道相当于一个筛子，能够让一些物种通过，而不让另一些物种通过。

从功能上看，野生动物的廊道有两种主要类型：第一种是为了动物交配、繁殖、取食、休息而需要周期性地在不同生境类型中迁移的廊道；第二种类型是在异质种群中个体在不同生境斑块间的廊道，以进行永久的迁入迁出，在当地物种灭绝后可重新定植。

从结构和形状看，不同时空尺度和生物的不同组织水平有不同的生境连接问题，涉及廊道形状也不相同。

(1) 小尺度的两个紧密相连的生境斑块的连接，如篱笆墙内设计适应于特定的边缘生境，或一片树林之间可以利用狭窄的乔木、灌丛条带来使小脊椎动物（如啮齿类、鸟等）

移动，这样的走廊仅仅适宜于边缘种的特点，而不利于内部种的移动，也可称为线性廊道。

(2) 在景观镶嵌尺度的走廊上建立比第一类更长、更宽的连接主要景观因素的廊道，它们作为保护区景观水平上的廊道使内部种和边缘种作昼夜或季节性的或永久的移动，要求有大片带状的森林将其他分离的保护区沿河边森林、自然梯度或地形（如山脊等）连接，也可称为带状廊道。

2. 生境走廊的功能

在设计廊道时，首先必须明确其功能，然后进行细致的生态学分析。生境廊道在保护生物学中的作用是：①给野生动物提供居住的生境；②作为移动的廊道。进一步可细分为：允许动物昼夜或季节性移动；有利于扩散与种群间的基因流动和避免小种群灭绝；允许物种进行长距离迁移和适应随时发生的外界环境变化（如火灾等）。

对一些特殊的生境类型而言，即使是很小的生境走廊也是应该保护的。河岸森林有丰富的冲积土壤和高的生物生产力，生存着丰富的昆虫及脊椎动物和许多以树洞和基质作为领域的鸟兽，因此像河岸森林这样很小的移动走廊也应当保护。大保护区间的生境走廊是核心区的扩展，生境走廊的宽度包含了适宜生境，因此能将边缘效应减少到最小。走廊的最佳宽度与保护目标种的领域大小相关。

一个核心保护区可能不包括大型动物一年甚至一天的活动范围，建立生境走廊的目的是为一种动物提供生存空间，保持物种安全的迁移机会。脊椎动物特别是一些有蹄类动物在领域之间的迁移路线是相对固定的。高速公路的建设则阻止了动物的迁移，因为一般的动物只会通过路面而不会利用专门为野生动物修建的地下通道。于是，在高速公路上许多动物因车祸而死亡。如美国加利福尼亚的研究人员给35只美洲狮戴了无线电项圈，在开始研究的两年中，就有7只美洲狮在高速公路上被汽车撞死。

扩散是指动物远离它们原来栖息地的迁移。生境破碎化可产生地理隔离，不利于物种个体扩散，因此只有保持那些动物的扩散生境走廊时，动物才能安全扩散。有关动物扩散的研究表明，在设计保护区时，必须通过适合的生境走廊将保护区的核心区或目标种群的中心联系起来。

3. 生境走廊设计

保护区间的生境走廊应该以每一个保护区为基础来考虑，然后根据经验方法与生物学知识来确定。应注意下列因素：要保护的目标生物的类型和迁移特性，保护区间的距离，在生境走廊会发生怎样的人为干扰，以及生境走廊的有效性等。

为了保证生境走廊的有效性，应以保护区之间间隔越远则生境走廊越宽的要求来设计生境走廊。因为大型的、分布范围宽的动物（肉食性的哺乳动物）为了进行长距离的移动需要有内部的走廊。如在50m宽的生境走廊中黑熊不可能移动太远距离。动物领域的平均大小可以帮助我们估计生境走廊的最小宽度。

研究表明，使用生境走廊时除考虑家域与走廊宽度外，其他因素如更大的景观背景、生境结构、目标种群的社会结构、食物、取食型也影响生境走廊的功能。因此，设计生境走廊需要详细了解保护物种的生态学特性。

4. 区域自然保护区网模式

R. F. Noss 等（1986）认为，自然保护区的设计与研究集中在单个保护区是不可取的，他提出了自然保护区网设计的"节点——走廊——模块——网络"模式。节点是指具有特别高的保护价值、高的物种生物多样性、高濒危性或包括关键资源的地区（也可以说核心区）。节点可能在空间上对环境变化表现出动态的特征，但是节点很少有足够大的面积来维持和保护所有的生物多样性，所以必须发展保护区网来连接各种节点，通过合适的生境走廊将这些节点之间连接成为大的网络，允许物种基因、能量、物质在走廊中流动。

多用途模块是由 L. D. Harris（1984）提出的，是指除一个保护得很好的核心区以外，在核心区远离中心的人类利用土地之间的缓冲带。在核心区不允许开发，而缓冲带允许一定的人类活动与科学研究，允许进行与核心区生物多样性保护相兼容的活动，如教育、生境恢复、生态旅游等。

一个区域的保护区网包括核心保护区（节点）、生境走廊带和缓冲带（多用途区）。图 12-6 中仅显示了两个保护区，一个真正的保护区网应包括多个保护区。内缓冲带应严格保护，而外缓冲带允许有各种人类活动。

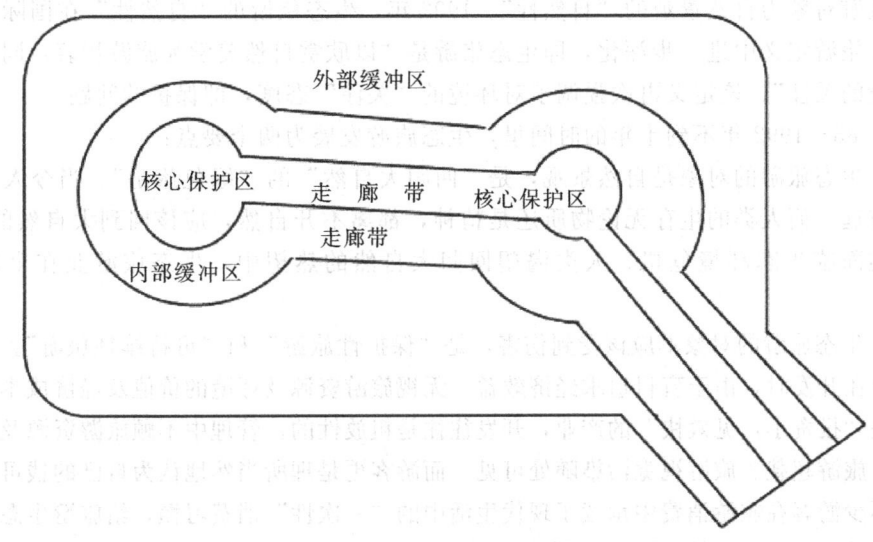

图 12-6　自然保护区网络示意图（宋延玲等，1998）

## 第三节　自然保护区与生态旅游

生态旅游（ecotourism）是经过一定的酝酿，由国际自然与自然资源保护联盟（IUCN）特别顾问、墨西哥专家 H. Ceballos Lascurain 于 1983 年首次提出来的。生态旅游强调回归大自然和保护大自然，与社会、经济、生态协调和可持续发展思想有着密切的联系，体现了人与自然和谐相处、旅游与环境协调发展的原则。据世界旅游组织估计，目前生态旅游收入已占世界旅游业总收入的 15%～20%。绝大多数保护区都具有良好的旅游资源，开发这部分资源必然造成对环境的破坏，但保护区存在着诸多如管理经费短缺、居民生活水平低下、素质落后等问题，合理的旅游资源开发将有助于这些问题的解决。生态旅游的提出无疑将给保护区的发展提出一条可持续之路。

## 一、生态旅游的概念

早在"生态旅游"这一名词出现之前,1980年加拿大学者 Clande Moulin 就提出了"生态性旅游"(ecological tourism)的概念,即"在满足保护的前提下,从事对环境和文化影响较小的游乐活动"。这一概念提出后,在绿色运动影响较为深远的发达国家迅速得以应用,尽量开展对环境影响小的旅游活动。例如,在卢旺达原始森林中观赏野生动物时,采用远距离观察大猩猩的活动,观察活动不影响大猩猩的正常生活,作为一项旅游活动,它的最大特征是其"保护性"。1983年,H. Ceballos Lascurain 首先在文献中使用"生态旅游"一词,1986年在墨西哥召开的一次国际环境会议上,这一名词得到确认。1988年他进一步给出了生态旅游的定义,即"生态旅游作为常规旅游的一种形式,游客在欣赏和游览古今文化遗产的同时,置身于相对古朴、原始的自然区域,尽情考究和享乐旖旎的风光和野生动物"。这一定义除了强调"生态性旅游"的"保护性"之外,进一步发展出旅游对象为自然景观的"自然性"。1992年,生态旅游的"自然性"在国际资源组织的生态旅游定义中进一步深化,即生态旅游是"以欣赏自然美学为旅游初衷,同时表现出对环境的关注"。该定义再次强调了对环境的"关注"态度,即保护的问题。

从1983~1992年不到十年的时间里,生态旅游发展为两个要点:

(1)生态旅游的对象是自然景观,是"回归大自然"的"绿色旅游"。当今人类离自然越来越远,而人类的生存无论物质还是精神,都离不开自然,应该回到大自然的怀抱。在全人类面临生态环境危机、人类渴望回归大自然的热望中,生态旅游业在全球迅速发展。

(2)生态旅游的对象不应该受到伤害,是"保护性旅游"和"可持续性旅游"。传统大众旅游业在开发时,由于盲目追求经济效益,无视旅游资源及环境的价值及经济成本,认为旅游业是"投资小,见效快"的产业,开发往往是粗放性的。管理中不顾旅游资源及环境的承载力,旅游超载、旅游视觉污染随处可见。而游客更是理所当然地认为自己的钱可以买断一切,不少游客在旅游消费中承续了现代生活中的"一次性"消费习惯,给旅游生态环境带来污染和破坏。而生态旅游强调并采取一系列措施保护旅游业赖以生存和发展的资源及环境,只有将生态旅游的保护思想融入旅游开发和管理,旅游业才有可能可持续发展。

## 二、生态旅游的功能

1. 旅游的功能

生态旅游的实质还是旅游,它是用原始的自然和人与自然和谐的意境来吸引游客,以满足游客,尤其是城市及工业区游客的身体和精神上的回归大自然的需求。但在旅游过程中,它要对游客进行一定的限制,强调旅游活动不能破坏自然环境。

2. 保护的功能

保护的功能应是生态旅游的核心所在,从生态旅游的发展过程来看,保护既体现在开发过程中,也体现在利用过程。从人的方面来看,保护既体现在人的意识上,更体现在人的行为上。正是生态旅游的保护功能使其成为旅游可持续发展的最佳途径。

3. 扶贫的功能

社区参与的生态旅游能真正为社区带来经济利益。由于自然及社会文化相对原始的地区是生态旅游资源富集而社会经济又贫困的地区，这些地区的自然性往往是因为大自然条件的限制而得到保存。从生态上讲，这些地区往往又是生态系统极为脆弱的地区，资源的丰富、社会经济的贫困和生态环境的脆弱，使其在发展区域经济时，生态旅游可作为首选主要产业来发展。世界许多地区的实践证明生态旅游的扶贫功能是显著的。

4. 环境教育功能

生态旅游的教育功能主要体现在三个方面：一是教育对象的扩大，从仅是教育游客发展为对所有旅游受益者如开发者、决策者、管理者等均有教育功能；二是教育手段的提高，从单纯的游客用心去感应的教育方式，发展为充分利用现代科学、技术、艺术等知识展示自然，使人能够更直观形象地接受教育，教育的效果大大提高；三是教育意义更大，教育不仅仅使个人的环境素养提高，更为重要的是全民环境素养的提高将是人类解决生存环境危机的希望所在（杨桂华等，2003）。

### 三、生态旅游与自然保护区的发展

经过20多年的飞速发展，中国已成为世界第5大客源目的地，在国际旅游市场上排名第6位。20世纪90年代以来，国际旅游收入平均递增率为24.4%，国内旅游收入平均递增率为39.2%，1998年我国旅游业产值占GDP的4.2%。根据目前的发展势头，到2020年，中国国际旅游收入有可能达到635亿美元左右，旅游总收入占GDP的比重会增至8%，旅游业将真正成为我国的支柱产业。自然保护区拥有丰富的旅游资源，随着旅游业的迅猛发展，我国大部分自然保护区都进行了旅游开发，为自然保护区的发展带来了生机和活力。但由于长期缺乏可持续发展思路，缺少科学的管理经验，随着自然保护区内旅游业的发展，对旅游资源的掠夺性使用以及旅游产业的超常发展，使得自然保护区内的旅游业在产生社会、经济利益的同时也产生与保护生态环境背道而驰的不良后果。加上多数封闭的保护方式与保护区内经济发展、居民生活需要的矛盾，使得自然保护区的有效管理受到严重的影响，成为自然保护工作面临的一个普遍的难题。为实现自然保护区旅游业和生态环境的"双赢"，发展生态旅游业成为必然选择。

自然保护区生态旅游是在自然保护区内开展高度责任化的旅游。它不仅保护自然资源，同时，提高当地人民的生活水平。具体体现在以下三个方面：

1. 生态旅游增强人类的环境保护意识与责任感

自然保护区生态旅游是一种欣赏和认识自然的高层次旅游活动。它所倡导的是人与自然的和谐统一，注重在旅游活动中通过人与自然的情感交流，真正体会到大自然是生命的源泉，是人类发展的基础。游客会不知不觉地热爱自然，增强保护自然的意识和责任感，从而提高人们对自然保护区工作的理解和支持。

2. 生态旅游的收益应投入到生态环境保护与社会发展中来

生态旅游提倡在把对资源环境的负面影响降到最小的同时，争取尽可能大的经济收益。这是发展经济的需要，也是取得生态环境保护资金的途径之一。因此，生态旅游收益中的一部分，甚至绝大部分都应该投入到当地的生态环境保护中去。

自然保护区大多地处偏远贫困地区，当地社区居民在资源利用和环境保护方面起着极为重要的作用。能否使当地社区的居民从旅游中获得利益，直接关系到在那里开展的旅游能否得到他们的支持而持续地发展下去。特别是在贫困和环境问题交织在一起的地区，促进当地社区经济发展，提高当地人民的生活水平和改善当地的环境，应该是开展生态旅游的重要目标。

3. 生态旅游可促进自然保护区的可持续发展

自然保护区生态旅游与一般大众旅游不同，它要求游客要有较高的素质。然而，目前游客素质大多还不太高，如果不严格管理，旅游的负面影响得不到控制，旅游活动将不能持续下去，同时生态旅游强调把旅游带给资源和环境的负面影响控制在可承受的限度内，并要求在能量消耗和转化过程中采用"消耗最小"的原则，因而自然保护区生态旅游的发展有利于自然保护区的长期持续利用。

### 四、自然保护区生态旅游的开发与保护间的关系

开发既是一种保护又是一种干扰，自然保护区生态旅游的开发将改善、美化其环境，旅游收益也为其保护创造了经济条件。但另一方面伴随生态旅游开发而带来的环境污染、外来文化的冲击等都会对其资源造成干扰。自然保护区生态旅游的开发和保护既相互联系又相互矛盾，两者是辩证的矛盾统一体，并在辩证联系中共同改善其旅游资源与环境的关系，推动自然保护区的可持续发展。

1. 保护是开发和发展的前提

自然保护区旅游资源是旅游者进行旅游活动的基础和前提条件，一旦破坏殆尽，自然保护区将失去保护的必要，也就无开发可言了。因此，保护是开发的前提，是当前的迫切任务，并且资源的保护还贯穿在开发的整个过程中，这是由开发带来的负面效应所决定的。

2. 开发是保护的必要体现和保护区发展的基础

从可持续发展的观点看，资源保护归根到底是为了更好的发展。因此，资源必须经过开发利用，发挥其功能和效益，才具有现实的经济意义和社会意义。资源保护的必要性只有通过开发才能得以体现，以环保、可持续发展为主题的生态旅游已成为自然保护区发展的新方向。

3. 开发本身意味着保护

一般地，合理、科学地对自然保护区开发，对自然保护区资源环境进行改善、美化，增加其可进入性；同时一定的开发促进其旅游发展，旅游收益的一部分可以通过各种形式返还自然保护区。从这个意义上来讲，开发意味着保护。

4. 过量保护，不利于开发

因担心开发造成破坏，而"防患于未然"，易导致片面强调保护，从而忽视了对资源的开发。过量的保护而没有对资源的开发，就不能体现出资源本身所具有的价值，自然保护事业也就得不到发展。在自然保护区保护过程中，适时、适地、适量地进行资源开发（陈孝青等，2004）。

### 五、自然保护区生态旅游的规划与建设

在保护区开展旅游之前必须制定管理规划，根据游客的数量以及能够为游客提供娱乐机会的范围确定这一场所的承受能力。生态旅游必须以各个保护区的承受能力为前提，避免生态功能的破坏。具体应按照以下原则：

（1）根据生态学原理开发旅游资源：在进行旅游资源的开发、规划、建设和利用时，自然保护区应贯穿其中。根据服务目的安排旅游，在保护区与其他土地之间综合规划、建

设旅游设施，设立严格的保护区与旅游区间的界限。

（2）控制游客量，维持生态功能：必须按照生态限度的范围控制游客量，即使旅游区的环境质量与游客数量之间存在着一个"最佳值"。因为游客的进入会带来许多污染，如噪声、灰尘及汽车尾气等，因此在旅游旺季，应制定计划旅游措施，确定各景点的合理游客容量和游览路线，合理控制各个景点的游览者数量。

（3）合理分配旅游收入：使旅游的收入有利于保护区的建设与保护区当地人们生活水平的提高，将生态旅游与保护区的建设、保护区工作人员生活状况的改善与自然保护区的自主发展结合起来。要求生态旅游的经营者向游客收取保护区利用的专项费用，要求生态旅游经营者从年收入为保护区利用缴纳一定比例的税金，对保护区提供的设施建设、医疗服务、道路维护、导游和解说等予以补偿。

照片12-1 吉林莫莫格湿地公园（姜海波摄）

照片12-2 上海崇明岛湿地公园（何春光摄）

## 第四节 自然保护区与社区共管

生物多样性保护与社区经济发展是当今世界生物多样性保护发展的一个新的热点，这个热点的产生有着深远的历史背景，它是当今世界生态环境保护和可持续发展主题在生物多样性保护领域的具体化。

生物多样性保护与社区可持续发展的核心是将保护同当地社区的发展有机地结合起来，这种思想可溯源于20世纪60年代和70年代社会林业中提出的一些创新性的概念，如参与和共同发展的思想。在进入80年代后，随着世界范围内对生态和环境问题的重视，特别是提出可持续发展理论后，在一些农区发展项目、社会林业发展项目、环境保护项目和生物多样性保护项目中对当地社区参与问题给予了更多的关注。

中国自然保护区的建设与管理存在诸多难题，怎样处理好保护区与当地社区发展的关系是一个突出的问题。许多保护区由于周边群众生活困难，在自然资源的利用和保护上存在不少矛盾，甚至保护区和周边社区发生对立，给保护工作带来很大困难。从自然保护区可持续发展看，自然保护区管理工作必须满腔热情地积极帮助周边社区广开生产门路，发展经济，使保护区和当地社区结成伙伴关系，从根本上改变社区群众在自然保护区中的地位，即由消极因素变为积极因素，由被管理者变为管理者，进而有效减缓保护区管理的压力，这就是社区共管的主要内容。

**一、社区共管**

共管一般泛指在某一具体项目或活动中参与的各方在既定的目标下，以一定的形式共同参与计划、实施及监测和评估的整个过程。在GEF中国自然保护区管理项目中，共管的确切含义是：当地社区和保护区对社区和保护区的自然资源进行共同管理的整个过程。它包括两层含义：一是保护区同当地社区共同制定自然资源管理计划，共同促进社区自然资源的管理；二是当地社区参与和协助保护区进行有关生物多样性保护的管理工作，并使社区的自然资源管理成为保护区综合管理的一个重要组成部分。社区共管的最基本目标是促进生物多样性保护事业的发展。

任何一个自然保护区都不是孤立存在的，它与居住在保护区内和保护区周围人们的生产生活息息相关。与绝大多数第三世界国家一样，中国自然保护区内多数都有人居住。在一般情况下，当地社区在保护区建立以前就世世代代在这里生存，保护区的自然资源是当地社区赖以生存的基础，保护区不仅仅是野生动物的"家"，也是当地社区成员的"家"。保护区内资源的多少及质量的高低影响社区成员的生活质量。保护区的建立和其发展目标与当地社区的发展存在着各种各样的冲突（至少在眼前利益上）。尤其在不发达地区，人们仍然在贫困线边缘挣扎，保护区的建立限制了当地社区很多的经济活动，加重了当地社区的经济负担，这会使当地社区对保护区产生抵触甚至是反对的意识和行动。

保护区要想获得当地社区的参与和支持，一个最基本的前提是保护区建成后，当地社区的经济、社会和环境收益要维持以前的水平，或向上增长。当地社区从保护区建立获得的效益越大，社区的参与和支持的程度也就越高。因此，保护区在搞好区内自然保护的同时，积极帮助社区开展一些改善生活水平的活动，并争取社区参与保护区的管理活动，将保护区的发展与当地居民的利益联系在一起。只有当地社区认识并体验到其自身的发展与保护区息息相关时，保护区才是他们自己的保护区，他们在参与保护建设上的主动性和积极性才会得以发挥。只有把社区的力量参与进来，保护区的自然资源才能得到有效、合理、持久的利用，这就是真正意义上的社区共管。

照片 12 - 3　国际鹤类基金会与草海保护区一起实施的社区共管项目（李凤山）

### 二、在自然保护区开展社区共管的意义

（1）在自然保护区采取社区自然资源共管的方法，可以将社区的自然资源纳入到整个保护体系中，使生物多性保护的系统性增强。在中国和世界上绝大多数国家中，都存在保护区同社区在地理上的相互交错，就是说社区所属的自然资源往往同保护区所属的自然资源在地理分布上交织在一起，在这种情况下，如将社区排斥在保护区管理之外，就等于将其所属的自然资源从一个完整的生态环境系统中割裂出去，其结果是必然造成生物多样性系统的不完整。保护区和当地社区可以通过共同参与社会自然资源的规划和使用管理，使当地社区对自然资源的使用和社会经济发展方式能在一定程度上同保护区的保护目标统一和协调起来，并使社区自然资源今后的发展变化直接处于保护区的监测之下，这是社区共管意义的一个重要方面。

（2）在社区自然资源共管中，社区是自然资源管理者之一，这就消除了被动式保护所造成的保护区同当地社区的对立关系。在共管中，社区即是自然资源的使用者，又是管理者，而且使用是在科学合理规划的基础上的可持续性利用，管理是本着有利于生物多样性保护和当地社会经济发展两个基本原则进行的。因而，通过社区自然资源共管就使得社区从被防范者的地位变成了保护者。

（3）在社区共管中，通过了解当地社区的需求、自然资源使用情况，自然资源使用中的冲突和矛盾以及当地社区社会经济发展的机会和潜力，采取多种形式帮助当地社区解决问题，促进其发展，使社区从单纯的生物多样性保护中的受害者变成生物多样性保护中的共同利益者。从辩证的角度分析，发展与保护是既矛盾又统一的运动过程，矛盾表现在微观和短期利益的冲突上，而统一则表现在宏观和长期利益的一致上。所以，在解决发展和保护之间的矛盾时，既要重视长期宏观利益的统一，也不能忽视对短期微观冲突的解决，在共管中通过帮助社区发展经济和合理使用自然资源，可以使保护和发展在短期和微观上的矛盾最小化，这可以说是社区自然资源共管的独到之处。

（4）在社区自然资源共管中，给当地社区提供了充分参与生物多样性保护工作的机会。通过当地居民、社会团体、政府机构和其他组织的参与活动，促进了他们对生物多样性保护的了解，增强了生态环境意识，同时增强了对有关法律政策的了解和认识，这对他们改变对生物多样性保护的态度和提高遵纪守法的自觉性是非常必要的。另一方面，通过共管中的参与，加强了保护区同周边社区的联系，特别是为保护区改善同当地政府之间的关系提供了很好的机会。

### 三、草海自然保护区水禽繁殖区的社区共管

草海是一个国家级自然保护区，是中国生物圈自然保护区网成员。多年来，草海湖上游船、渔船、渔网、刈割水草等人为活动已经遍及草海湖的每一角落。这些活动，不仅直接破坏了鸟类繁殖的营巢材料，而且也干扰了鸟类的正常繁殖。建立草海水禽繁殖区，可以为在草海繁殖的水禽提供一个封闭的、不受人类活动干扰的繁殖环境。1997年，在贵州省环保局的支持下，草海GEF项目组选择了簸箕湾作为水禽繁殖区项目点。该区具有以下优越条件：第一，这里是草海水禽重要活动场所之一；第二，该村村民的组织能力强；第三，这里紧靠公路，将来借水禽繁殖区来发展生态旅游的潜力巨大。

该社区项目中农民参与主要表现在以下几个方面：

（1）草海国家级自然保护区管理处和当地村民进行多次沟通、讨论。农民一般不会自然而然接受一个新项目，需要经过充分、耐心的解释："规划水禽繁殖区并不是保护区要圈地，将来归保护区自己使用。"

（2）村民自己规划、自己组织、自己实施、自己管理。村民经过几次讨论后，确定了水禽繁殖区基本上是一个 500 m×700 m 的长方形区域，并于1999年6月动工。草海保护区购买了各种材料，该村村民每户参与制作了水泥桩，花了两天时间把水泥桩立在湖中。农民自己选举了水禽繁殖区管理委员会，制定了各项管理规定和管理计划。

（3）农民参与水禽监测。水禽监测的工作相对比较简单，经过简单培训，保护区的管理人员和当地农民都可以完成该项任务，从长远角度，让农民参与监测，有助于农民管理繁殖区。

初步的监测结果表明：水禽繁殖区建立的效果比较显著，水禽数量和种类明显增多，这些为观鸟和生态旅游提供了比其他地方更为有利的条件。

通过几年对水禽繁殖区的共同管理，草海村民希望能够在保护区管理处的支持下，对水禽繁殖区进行更有效的自我管理。通过一些基础设施的修建和完善（如公路，观鸟台等），开展一些既有利于环境保护，又有利于村里经济持续发展的项目。例如，目前到草海旅游的游客越来越多，特别是冬季来草海观鸟的游客逐渐增加，每年也有国际旅游团队到草海来观鸟。簸箕湾目前是水鸟最为集中的水域，水禽繁殖区的建立为簸箕湾的生态旅游打下了良好的基础，也为簸箕湾居民生活水平的提高提供了保障。

#### 思考题及要点

1. 什么是自然保护区？了解自然保护区的发展历程。
2. 掌握中国自然保护区的分类体系和功能。
3. 自然保护区的选址应遵循哪些原则？
4. 设计自然保护区的面积和形状应遵循什么原则？
5. 掌握自然保护区的内部功能分区。
6. 掌握生境走廊设计与自然保护区网建设的相关理论。
7. 什么是生态旅游，明确自然保护区旅游资源开发与保护间的关系。
8. 什么是社区共管，对生物多样性保护有什么意义？

# 第十三章　恢复生态学与生物多样性保育

## 第一节　恢复生态学与生态恢复

自 20 世纪 80 年代后，恢复生态学（restoration ecology）得以迅猛发展，现已日益成为世界各国的研究热点。当前，生物多样性保育面临最严重的威胁是生境的破坏，恢复生态学的产生无疑为生境恢复提供了新的机遇。

### 一、恢复生态学的主要内容

1. 定　义

恢复生态学（restoration ecology）诞生于 20 世纪 70 年代，是一门研究生态恢复的科学，学科任务是致力于研究自然灾变和人类活动压力条件下，受到破坏的自然生态景观的恢复和重建问题。基于这种恢复和重建在相当程度上离不开人的参与，所以一些生态学家曾根据其方法学和工艺特点又将其称之为"synthetic ecology"，可译为"合成生态学"或"综合生态学"。

恢复生态学不同于传统的应用生态学，它不是在单一的物种层次和种群层次，而是从群落或更高的生态系统组织层次考虑来设计和解决生态破坏问题。鉴于此，恢复生态学又可概括为生态系统的恢复和重建。恢复（restoration）与重建（reconstruction）有语义学的区别。恢复是指原貌或原先功能的再现，重建则可以包括在不可能或不需要再现原貌的情况下营造一个不完全雷同于过去的甚至是全新的自然生态系统。有必要进一步指出的是，将一个受损的生态系统恢复到原貌，在实践中往往是困难甚至是不可能的，所以有的学者认为，应把"restoration"译为"修复"可能更确切。

关于生态恢复，按照"生态恢复协会"（Society for Ecological Restoration）所使用的定义，它指的是"这样一种过程，它要去修复人类所导致的生物多样性及当地生态系统动态中的破坏"。这个定义反映出两种观点：一是这种损坏是由人类造成的（从而排除了自然灾难），二是对于要把生态系统恢复到（各种）伤害事件之前的某种状态来说，目前还只是一种尝试。美国自然资源委员会（The US Natural Resource Council）认为，生态恢复是使一个生态系统回复到较接近其受干扰前的状态。

2. 与恢复相关的术语

① 重建（rehabilitation），即去除干扰并使生态系统恢复原有的利用方式；

② 改良（reclamation），即改善环境条件以便使原有的生物生存，一般指原有景观彻

底破坏后的恢复；

③ 改进（enhancement），即对原有的受损系统进行重新修复，以使系统某些结构与功能得以提高；

④ 修补（remedy）：即修复部分受损的结构；

⑤ 更新（renewal），指生态系统发育即向新的水平或层次的演替；

⑥ 再植（revegetation），即恢复生态系统的部分结构和功能，或恢复当地先前土地利用方式。

**二、恢复生态学的理论基础**

1. 自我与人为设计理论

自我设计与人为设计（Self-design versus design theory）两大理论是恢复生态学的基础。自我设计理论认为，只要有足够的时间，随着时间的推移，退化生态系统将根据环境条件合理地实现自我组织并会最终改变其组分；人为设计理论则认为，通过工程方法和植物重建，可直接恢复退化生态系统，但恢复的类型可能是多样的。这一理论把物种的生活史作为植被恢复的重要因子，并认为通过调整物种生活史的方法可加快植被的恢复。这两种理论的不同点是，自我设计理论是在生态系统层次来考虑生态恢复，未考虑到缺乏种子库的情况下，其恢复的生物群落只能靠环境条件来决定；而人为设计理论是在个体或种群层次上考虑生态恢复，这种生态恢复的方向和结果可能是多种的。

2. 生态学理论

恢复生态学还应用了许多学科的理论，但最主要的是生态学理论。这些理论主要有：限制性因子原理（寻找生态系统恢复的关键因子）、热力学定律（确定生态系统能量流动特征）、种群密度制约及分布格局原理（确定物种的空间配置）、生态适应性理论（尽量采用土著种进行生态恢复）、生态位原理（合理安排生态系统中物种组成及其位置）、演替理论（缩短恢复时间，极度退化的生态系统的恢复，演替理论可能不适用，但仍具指导作用）、植物入侵理论、生物多样性理论（引进物种时注重生物的多样性，而生物多样性有利于恢复生态系统的稳定）以及缀块—廊道—基底理论（从景观层次考虑生境破碎化和整体土地利用方式）等。

**三、生态恢复的原则与技术**

1. 生态恢复的原则

（1）地域性原则

由于不同区域具有不同的生态环境背景，如气候条件、地貌和水文条件等，这种地域的差异性和特殊性正是原有生物群落形成的基础和条件。因此，在恢复与重建退化生态系统时，首先需要考虑和遵循的就是地域的生态环境本底和历史背景。物种的引进、生物群落的设计都要因地制宜，有的甚至需要经过长期的定位试验和不同模式的比较。

（2）生态学与系统学原则

所谓生态学原则，主要是生态演替、食物链（网）、生态位原则等。遵循生态学原则，就是要根据生态系统自身的演替规律和结构与功能统一规律，在恢复和重建过程中，分步骤分阶段，循序渐进。例如，要恢复某一极度退化的裸荒地，首先要科学地选择和引入先锋植物，在先锋植物发挥了改善土壤肥力和小环境条件后，再引种草本、灌木等植物，最后才是乔木树种的加入。另一方面，在生态恢复与重建时，还要从生态系统的层次上展开，要根据生物间及其与环境间的共生、互惠、竞争和拮抗关系，以及生态位和生物多样性原理来建构生物群落，使生态系统的结构能实现物质循环和能量转化处于最大利用和最优循环状态，达到土壤、植被、生物同步和谐演化，使恢复和重建的生态系统稳步、和谐持续地发展。

（3）最小风险与效益最大原则

由于生态系统的复杂性以及某些环境要素的突变性，加之对生态过程及其内在运行机制认识的局限性，人们往往不可能对生态恢复与重建的后果以及生态最终演替方向进行准确的估计和把握，因此，对退化生态系统的恢复与重建也具有一定的风险性。如在我国西部干旱地区的植被恢复中，种植草本植物是常采用的措施之一，但山坡的坡度就是制约草本植物种植的因素。这种制约的实质是水分和小环境的作用。有些地方对此认识不全面，投入大量人力、财力在高坡度上种植，结果是全部死亡。所以，在进行生态恢复和重建时，要认真透彻地研究被恢复对象的各种情况，要作综合的分析评价和充分论证，将其风险降到最低限度。另外，生态恢复往往需要高成本投入，在考虑经济承受能力的同时，又要特别重视生态恢复的经济效益和收益周期，这是生态恢复与重建工作中十分现实而又为人们所关心的主要问题。保持最小风险并获得最大效益，是生态系统恢复和重建的重要目标之一，也是实现生态效益、经济效益和社会效益完美统一的必然要求。

## 第二节 典型生境的恢复

### 一、森林生境的恢复

森林是陆地生态系统的主体。目前，由于人类过度采伐、开采矿藏、修建公路等活动，森林生境受到严重破坏，主要表现为生产力减低，生物多样性减少，调节气候、涵养水分、保育土壤、贮存营养元素能力等生态功能明显降低。干扰较轻的生态系统呈逐步退化的形式；若干扰较重、频次较高，生态系统受损则得不到恢复，很可能会发生不可逆演替。

森林生境的恢复应根据生态系统的受损程度及所处地区的地质、地形、土壤特性、降水等气候特点确定恢复的优先性与重点。例如，在热带和亚热带降雨量较大的地区，森林严重受损后，裸露地面的土壤极易迅速被侵蚀，在坡度较大的地区还会因为泥石流及塌方等原因，破坏植被生存的基本环境条件。因此对这类受损生态系统进行恢复时，应优先考虑对土壤等自然条件的保护，可采取一些工程措施及生态工程技术，如在易发生泥石流的地区进行工程防护，对坡地设置缓冲带或栽种快速生长的适宜草类以保持水土等，在此前提下考虑对生物群落的整体恢复方案。干扰程度较轻且自然条件能够保持较稳定的受损生态系统，则重点考虑生物群落的整体恢复。

在掌握本地区生物群落演替规律的基础上，施加人工干预是加快森林生境恢复的有效措施。世界各地多年实验研究发现，通过人工造林后，森林恢复可不必经过自然演替的一些典型阶段。适当模拟当地原有植被的群落结构，采用一步（直接模拟地带性植被结构造林）或二步到位（先培育先锋群落，再间种其他种类）的方法可促进森林的恢复速度。从目前实验研究结果看，考虑到成本、成活率等问题，二步到位的方法比较可行。

在恢复森林生境的优势种或关键种的同时，还要注意互惠共生种。互惠共生关系是生物群落中物种存在的条件，也是物种间最基本的生态关系之一。互惠共生关系越复杂，表明系统也就越稳定。因此，在森林生境进行恢复时，人为引进某些物种是必要的。例如，在人工种植针叶树种时，除了考虑立地的物理与化学因素外，还要考虑立地的生物学因素，如土壤微生物的状况等。

## 二、河流生境的恢复

河流生境的恢复需要特别关注河流生态系统的主要特点：①具纵向成带现象，但物种的纵向替换并不是均匀的连续变化，特殊种群可以在整个河流中再现；②大多数生物都具有适应急流生境的特殊形态结构；③与其他生态系统相互制约、关系复杂；④自净能力强，受干扰后恢复速度较快。

各种水利工程建设，如拦河坝的修建，常导致河流生境发生显著变化：大坝基本控制了下游河段的生态功能及其发挥程度，如下泄流量变化率是影响河岸侵蚀的重要因素，可导致岸边生境的丧失；大坝阻碍或减缓了水生生物迁移过程，进而影响了河流生态系统的食物链结构。大坝的修建，使激流消失，水的流速相对恒定，造成温度的相对稳定，这将影响某些依靠温度变化来繁殖和成熟的生物物种。河流中的浅滩和季节性积水泡塘是水生生物不同生命周期所必需的生存环境，而分水工程通常会破坏这些地带。分水工程削减洪水的效益，往往会被生境多样性减少引起的生态损失而抵消。河道断面生境的单一化和以水泥等作为渠道衬砌的河道整治工程，破坏了原来生活在泥沙中的某些生物的生境，导致大量底栖生物的消失。一些水利工程为了节省经费支出或其他某些原因，往往将曲折的河道取直，但从生态学的角度看，弯曲的河流具有更高的生态效益，如减少水土流失、延迟洪峰、扩大生境面积、增加生境多样性等功能。

流域城市化对河流生境的影响也比较显著。这方面的影响包括：城市化对水资源需求量的剧增与河流供给能力的矛盾，城市污水排放与河流自净能力的矛盾，流经城市内河段水环境的彻底改变等。城市河段的河流与农业、林业区有着完全不同的特征，首先是城市河流的河床不透水层的面积占有相当大的比例。美国的研究表明，当不透水层的比例达到10%时，就可能造成河流的生态恶化，而且随着不透水层面积的增加，河流恶化的程度亦增加。不透水层的增加，将使城市河流洪峰流量显著增加，地下水资源量减少，结果导致在降雨量少的季节，河流的基流量减少幅度增大。在城区，暴雨的重现频率增加，洪峰期短，径流量增大。而且在暴雨季节，城市河流的水质下降，暴雨径流中往往含有较高浓度的泥沙、营养物、重金属、有机物、氯离子以及细菌，它们都会对水生生物产生不良影响。城市河段原有的水生生态系统被完全改造后，岸边植被部分或完全被去除，其重要环境效应之一，就是增加了城区的气温，而温度是河流中生物与非生物间作用周期和速度的关键影响因素。这对一些温度敏感的水生生物的影响甚至是致命性的。

河流生境的恢复包括水文条件的改善和河流地貌学特征的改善。水文条件的改善包括：通过水资源的合理配置维持最小生态需水量（minimum ecological water requirement）；通过污水处理，控制污水排放以及提倡清洁生产改善河流水质；水库的调度除了满足社会需求外，尽可能接近自然河流的脉冲式的水文周期等。河流地貌学特征的改善包括：尽可能恢复河流的纵向连续性和横向连通性；尽可能保持河流纵向和横向形态的多样性；防止河床材料的硬质化。为了达到以上目标，一种新的理念——近自然修复（nature oriented remediation）的理念在受损河流生态系统的治理实践中得到了广泛的认可和运用。这种理念的核心思想有三点：一是要尊重自然环境原有之多样性，二是要依照现存之自然条件，建设一个良好水循环及安全的溪流环境，三是不要消极地保护，应积极地促使自然环境再生创造。按照近自然修复的理念，在各种受损河流生态系统的修复中，采用多种绿化混凝土技术，在达到防护要求的同时，模拟并创造植物生长的环境，进行河流的自然修复，可以达到非常好的效果（图 13-1，照片 13-1）。

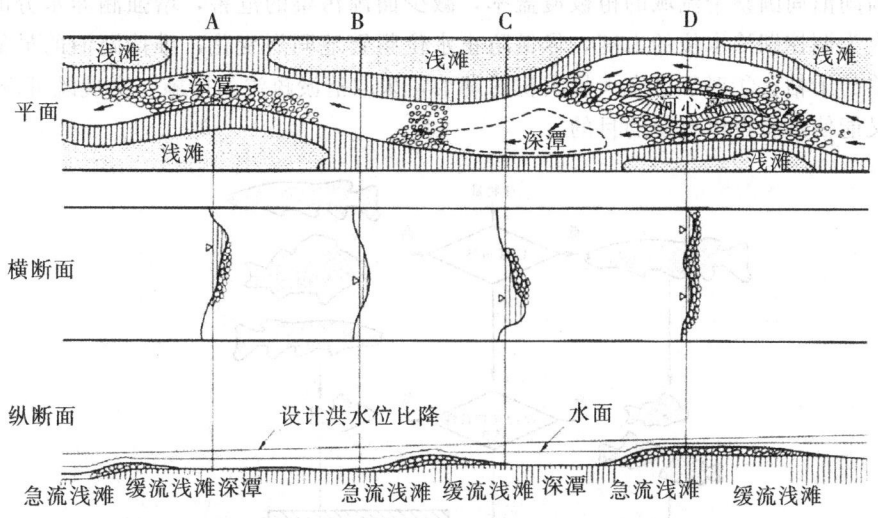

图 13-1 河流中浅滩—深潭生境的近自然构建（杨海军，2006）

照片 13-1 河流生境的近自然修复（日本，恩田川，2005 摄）

河流生境的恢复方法，应当根据人类活动对其环境影响的方式、内容、程度不同而有所不同。从长远利益考虑，对受损河流生境的修复，只有坚持大尺度（区域、流域级甚至是国家级）和长期目标，进行整体性恢复，才能真正实现河流生境有效利用。

### 三、湖泊生境的恢复

湖泊生境面临的主要问题就是各种环境污染，包括营养物质的过量输入引起的富营养化，水利建设导致湖泊生境面积缩小，与河流失去天然联系以及外来种的入侵等问题。

与河流生境不同，湖泊生境的封闭性更大，自我恢复的能力更弱。因此，对湖泊生境的恢复要比河流更为复杂。

目前，对湖泊生境恢复的方法和技术主要有以下几方面：①严禁围湖造田；②营造林地，提高湖泊周围整个流域的植被覆盖率，减少面源污染的危害，增强涵养水分的能力；③加大人为调控湖泊水位的力度，尽量防止水位频繁地剧烈变化，维持湖泊的最低水位，防止湖泊的干枯；④对于已有大量淤积的湖泊，采取清淤疏浚的措施，实现既可恢复水体空间，又能使水质得以更换的目的。

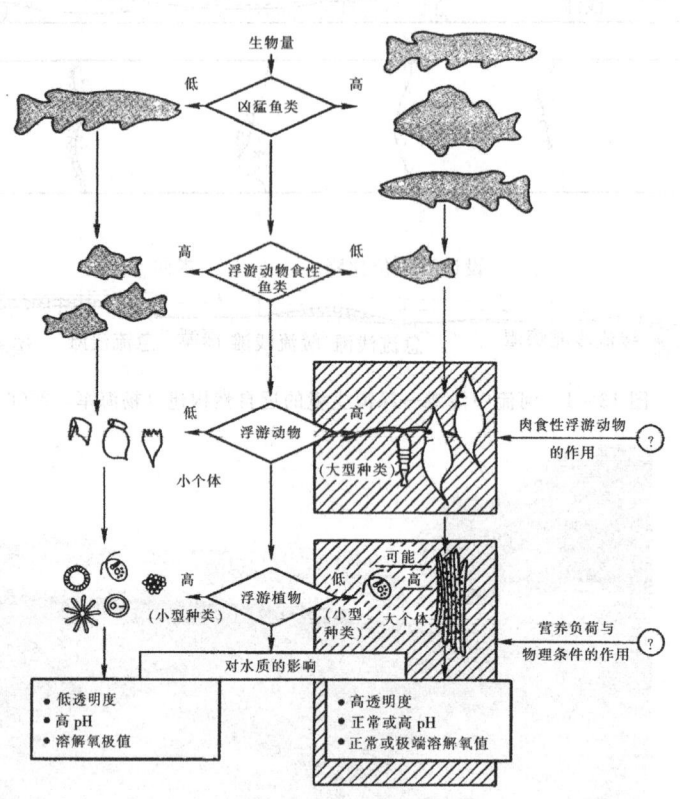

图 13-2 生物操纵中生物群落变化及对水质的影响（转引自 Cooke et al., 1986）

关于富营养化湖泊生境的恢复，目前方法比较成熟，包括：用工程技术分流或切断进入湖泊的点源污染，以减少向湖泊中输入污染物和过多营养物质；改进农业耕作方式，减少化肥和农药施用量的面源量，减少湖泊营养物质的进入；生物学和生态学的措施也有了新的发展。20 世纪 70 年代中期，美国的 J. Shapiro 等（1975）就提出了生物操纵（biomanipulation) 的概念，即通过调整生物群落结构（主要是鱼类种群组成）的方法，来调节浮游植物群落结构，以改善水质。由于取食浮游生物鱼类的增长，其食饵浮游动物数量下降，故浮游植物在捕食压力降低的情况下，密度上升，造成水质恶化，促进了富营养化进程。若通过放养凶猛性鱼类以控制捕食浮游生物的鱼类，或直接除去食浮游生物鱼类，使得浮游动物数量上升，从而控制浮游植物的生长（图13-2）。

## 第三节　天然植被的恢复

几十年来，为了保护生态环境，植树造林一直是国家的重点工作之一。国家投入资金之多，参与人数之众，人工林覆盖范围之广，是任何其他国家所不能及的。随着人工林面积的增大，森林覆盖率随之增长，以至于我国被世界誉为人工林最多的国家。但是，我国的生态环境并没有因此得到明显改善。1998年的长江大洪水，2000年以来的沙尘暴、虫灾、泥石流、生物多样性锐减、水土侵蚀等生态灾难接连发生，环境日趋恶化。事实表明：近年来我国的生态破坏是伴随着生态建设的不断加强而发展蔓延的，"边治理边破坏，点上治理面上破坏，治理赶不上破坏"已成为生态退化的重要特征。原因就在于我们还没有找到生态退化的真正原因，即没有完全掌握天然植被的生态功能，或对天然植被的生态功能重视不够。因为"天然植被"是自然选择优胜劣汰的必然结果，具备了自我平衡、相互维系的生物链，具备了自然演化、自我更新的能力，具备了适合相应地貌和气候的生存条件，对正常的自然灾害有自我适应和自我恢复的能力，是一个结构合理，功能健全，过程完整的相对稳定的生态系统。我国在人工林的建设过程中，正是违背了这一自然规律，导致生态建设的效果不明显。

### 一、人工植被建设中存在的主要问题

1. 大量使用外来物种

很多外来植物由于生长繁殖速度较快，扩散能力强，具有较高的生态适应能力，特别适合人工种植，如澳大利亚的桉树、大米草等。但是，外来种易排挤当地土著物种，从而引起生态系统中物种的单一化，进而导致很多相应的生态问题。很长时间以来我国在进行植被恢复和种植经济植物时都使用外来种。外来物种组成的生态系统所具有的生态功能和作用要远低于天然生态系统。大面积地种植外来物种，不仅占用了空间，消耗了资源，也没有带来应有的生态功能。

2. 忽略了健康生态系统所要求的异质性

天然的生态系统具有异质性（或称多样性）的特点，包括物种组成上的异质性，年龄结构上的异质性以及资源利用上的异质性等。大部分天然林都是树龄交错的，其间总有发育良好的树苗与补充树层，以及成熟树木等，这使得森林系统层次结构复杂。不同的动物常常生活在不同的空间结构层次上。不同的鸟类可能生活在树冠层、中层乔木、接近地面的灌木，或者地面上。然而人工林的建设却忽略了天然林对异质性的要求，其所形成的人工林的特点就是均一。物种、年龄、结构、间距、排列等均是整齐划一。这样的树木长大后很难形成层次丰富的结构，继而也引起其他生态问题。

3. 忽略了物种之间的生态交互作用

物种之间的交互作用关系是维持生态系统平衡的基础。大多数植物的种子得以传播甚至生根发芽，依赖的是能够传播种子的媒介动物。而一些天敌动物，控制着蚕食植被或引起疾病的生物的数量，使生态系统不会因为某种昆虫的过度繁殖而崩溃；枯枝落叶和倒木，养活了许多动物，特别是土壤动物和微生物；分解枯枝落叶，加速土壤营养循环的动物，对维持生态系统内的正常营养循环，起着重要的作用。

在进行植被恢复的时候，必须考虑野生动植物之间的相互关系，并采取适当方法促进这种良好关系的建立和发展。如植被恢复初期可以选择种植具有小型果实的灌木或其他小型植物，以吸引野生动物来觅食嫩叶、花卉或果实，从而使其得以生存下去。

4. 忽略了农业区的植被恢复

在农业区保留当地天然植被带或斑块，以供作为控制害虫和授粉媒介的野生动物所用。这样既可以改进水文，为农作物庇荫和防风沙，还可以保护生物多样性及其景观价值。同时，沿堤坝、路边或农村未使用的地块，种植乡土树种亦可缓解当地对燃料的需求，减少对天然植被的压力。将溪流两岸的植被加以恢复，可以作为控制鼠害的一种策略。另外，保持天然植被的连通性对物种的保护具有十分重要的意义。

我国典型的农业生产方式是大面积连绵不断的农田，而频繁的虫害，使农业不得不依赖于化肥和农药。如今农业区已经成为生物多样性的重要障碍之一。动植物很难跨越这么大的空间范围，难以找到可以栖息的天然植被、水源或食物。当务之急不仅要尽快停止开垦新的农田，现存的农业区也要加强天然植被的恢复和保持工作。

5. 覆盖率常被用做唯一的评估标准

植被恢复工作的成功与否，需要有一定的指标进行衡量。这些指标包括植被覆盖率、环境效益、生物多样性保护以及经济可持续能力等。但是长期以来我们常常把植被的覆盖率作为植被恢复是否成功的唯一标准。事实证明这是十分错误的。在一片森林覆盖非常好的地方，也可以看见林下植物种类贫乏、地表干旱的景象，这就是"绿色沙漠"。可以想象这样的森林在雨季能够储存多少水分，在旱季又能释放出多少水分，其对当地的生物多样性又能够有什么贡献。

6. 对当地濒危物种的需要缺乏考虑

植被恢复应该使用的物种以及恢复的规模应根据当地动植物的需要进行考虑。濒危动植物的保护通常视为自然保护的重要目标之一。一些濒危物种具有特定的生态需求。如果从当地濒危物种的需要去考虑适当的物种和适当的方法，有利于这些濒危物种的生存，也会有利于当地其他物种的保护和恢复。

综上所述，近年来的生态破坏主要是由于人的活动违背了自然规律。如果不按照"自然规律来开展生态建设"，即使拿出更多的资金，种植更多的人工植被，也不可能遏制住生态退化的态势。"以自然恢复为主，人工建设为辅"的提法既是对过去轻视自然植被做法的深刻反思，也强调了天然植被生态服务功能的重要性和不可替代性。（谢焱，2002）

## 二、天然植被恢复技术

1. 自然恢复

所谓"自然恢复"就是无需（或尽可能不需）人工协助，只（或主要）依赖自然演替的力量来恢复已退化的生态系统。实践证明，封闭森林或草原，使这些地区不受人类活动的影响，同时防止火灾及杂草入侵，就能加强更新。这种方法可以缩短实现森林或草原覆盖所需的时间，保护珍稀物种和增加森林或草原的稳定性，投资少、效益高。在水土保持、控制和改善微气候、保护生物多样性以及维持大气平衡等方面，自然恢复的森林更具人工林所无法匹及的生态作用与功能。利用现存的植被斑块，加强自然恢复的方法适合于管理现存的良好生态系统的边沿退化地带，或退化程度尚未达到十分严重的地方。

2. 生态恢复

即指通过人工方法，按照自然规律，重新创造（构造、缔造）、引导或加速自然演化的过程，恢复天然的生态系统。人类没有能力去恢复出真正"天然的"生态系统，但是我们可以帮助自然，如收集一个地区植被恢复所需的基本的动植物物种，提供基本的条件，然后任其自然演化，最终实现恢复。因此生态恢复的目标不是要种植尽可能多的物种，而是创造良好的条件促进一系列生物群落最终发展成为由当地物种组成的完整生态系统，或者说是为当地动物提供相应的栖息环境。目前主要有物种框架法和最大生物多样性法。

（1）物种框架方法是指建立一个或一群物种，作为恢复生态系统的基本框架。这些物种常常是处于演替阶段早期或中期阶段物种。生态系统的维持依赖于当地的种源来增加物种和生命，并实现生物多样性。因此这种方法最好是在距离现存天然生态系统不远的地方使用，如保护区局部地区恢复。

应用物种框架方法的物种选择标准：

① 抗逆性强：这些物种能够适应退化环境的恶劣条件；

② 能够吸引野生动物：这些植物的叶、花或种子要能吸引多种无脊椎动物（传粉者、分解者）或脊椎动物（消费者、传播者）；

③ 再生能力强：具有强大的繁殖力，能够通过传播使生态系统扩展到更大区域；

④ 能够提供快速和稳定的野生动物食物：这些物种能够在生长早期为野生动物提供花或果实作为食物，耐用这种食物资源是比较稳定和经常性的。

（2）最大多样性法是尽可能地按照生态系统退化以前的物种组成及多样性水平种植物种进行恢复，需要种植大量演替成熟阶段的物种，忽略先锋物种。这种方法适合于小区域高强度人工管理的地区，例如城市地区和农业区的人口聚集区，但要求高强度的人工管理和维护，因为很多演替成熟阶段的物种生长慢而且需要经常补植大量植物。

在进行恢复之前，应先对恢复地点进行考察，以确定那些限制植被恢复的因素，可能是土壤条件，植物或动物群，或物种之间的相互限制关系等。而需要改善的可能是土壤的pH值、盐分与金属含量等理化性质，或是土壤的微生物活性及营养状况等。同时，应深犁土表层，这样可以将杂草的种子埋到深层，阻止其发芽。但深犁方法不适用高寒草原以及干旱等地区，这会造成更严重的退化。种子的来源是另一个重要的方面，最经济有效的办法是到当地发育良好的植被中采集野生种子，包括草种和灌木种子。改善种源条件当然也应包括动物方面，不过大多数动物的引殖无需人类的帮助。在森林恢复的过程中，常规种植及抚育依然是需要的。种树时应该间隔 1.5～1.8m，随机种植，不要种成直线或等间距。在温带地区，封山必须结合抚育，特别是对乔木萌生丛，应有意识地疏伐过密的萌生丛，使之逐渐恢复成林。应尽可能地借助自然力（如风力、水流等）的作用，这样自然传播的植被覆盖会更加符合自然规律，从而实现多样化和健康的植被覆盖（谢焱，2002）。

图 13-3 最大多样性法的植被恢复（谢焱，2002）

> **思考题及要点**
> 1. 理解恢复生态学与生态恢复的基本含义。
> 2. 了解恢复生态学的理论基础。
> 3. 生态恢复的原则有哪些？
> 4. 了解典型生境的恢复方法。
> 5. 理解人工植被建设对生物多样性保育的影响，掌握天然植被的恢复方法。

# 参 考 文 献

[1] 爱德华·威尔逊. 生命的未来：艾米的命运，人类的命运. 陈家宽，李博，杨凤辉，等译. 上海：上海人民出版社，2003.

[2] Andrew S Pullin. 保护生物学. 贾竞波译. 北京：高等教育出版社，2005.

[3] 陈宜瑜，丁永建，佘之祥，等. 气候与环境变化的影响与适应、减缓对策. 中国气候与环境演变：下卷. 北京：科学出版社，2005.

[4] 陈灵芝主编. 中国的生物多样性现状及其保护对策. 北京：科学技术出版社，1993.

[5] 陈灵芝，马克平主编. 生物多样性科学：原理与实践. 上海：上海科学技术出版社，2001.

[6] 陈克林. 中国的湿地与水鸟. 见：湿地国际—中国项目办事处主编. 湿地与水禽保护. 北京：中国林业出版社，1998.

[7] 陈宜瑜，常剑波. 长江中下游泛滥平原环境结构改变与湿地丧失. 中国湿地研究. 长春：吉林科学技术出版社，1998.

[8] 崔丽娟，王义飞. 中国的国际重要湿地. 见：崔丽娟主编. 神奇多彩的中国湿地. 北京：中国林业出版社，2008.

[9] 刁晶辉，王淑芬. 生物圈：生命的呼唤. 沈阳：辽宁人民出版社，1991.

[10] 丁长青，刘冬平. 朱鹮. 动物学杂志，2002 (2).

[11] 丁平，陈水华. 中国湿地水鸟. 见：崔丽娟主编. 神奇多彩的中国湿地. 北京：中国林业出版社，2008.

[12] 方精云，赵淑清，唐志尧，等. 长江中游湿地生物多样性保护的生态学基础. 北京：高等教育出版社，2006.

[13] 国家林业局野生动植物保护司编. 自然保护区社区共管. 北京：中国林业出版社，2002.

[14] 国家环境保护总局自然生态保护司编. 全国自然保护区发展规划. 北京：学苑出版社，2000.

[15] 国家环境保护局. 中国履行《生物多样性公约》国家报告. 北京：中国环境科学出版社，1998.

[16] 国家林业局. 中国湿地保护行动计划. 北京：中国林业出版社，2000.

[17] 国家环境保护总局自然生态保护司. 全国自然保护区名录. 北京：中国环境科学出版社，2002.

[18] 国家林业局野生动植物保护司. 湿地管理与研究方法. 北京：中国林业出版

社，2002.

[19] 贵州省环境保护局. 自然保护与社区发展：草海的战略和实践. 贵阳：贵州民族出版社，1999.

[20] 贵州省环保局，国际鹤类基金会. 自然保护与社区发展. 贵阳：贵州民族出版社，2001.

[21] [英] G. E. 佩茨. 蓄水河流对环境的影响. 北京：中国环境科学出版社，1998.

[22] 高玮. 鸟类生态学. 长春：东北师范大学出版社，1996.

[23] 郝守刚，马学平，董熙平，等. 生命的起源与演化：地球历史中的生命. 北京：高等教育出版社，2000.

[24] 何春光，盛连喜，等. 近年来向海自然保护区丹顶鹤迁徙动态与栖息地保护. 应用生态学报，2005，15（9）.

[25] 何春光. 丹顶鹤的保护生物学研究. 东北师大学报，2002（3）.

[26] 何春光，石川忠晴，入江光辉，等. 中国吉林省—向海湿地における丹顶鶴营巢の水文の条件について. 水工学文集，2006，vol.（50）.

[27] Ilkka Hanski. 萎缩的世界：生境丧失的生态学后果. 张大勇，陈小勇，等译. 北京：高等教育出版社，2006.

[28] 蒋志刚，马克平，韩兴国. 保护生物学. 杭州：浙江科学出版社，1997.

[29] 金鉴明，王礼嫱，薛达元. 自然保护概论. 北京：中国环境科学出版社，1991.

[30] 江明喜，邬建国，金义兴. 景观生态学原理在保护生物学中的应用. 武汉植物学研究，1998（3）.

[31] 克里斯蒂昂·莱韦克. 我知道什么：生物多样性. 邱举良译. 北京：科学出版社，2005.

[32] 李忠超，王小兰. 保护生物学中若干术语的理解与辨析. 生物学通报，2005，40（10）.

[33] 李振宇，解炎等. 中国外来入侵种. 北京：中国林业出版社，2002.

[34] 李典谟，武春生，伍一军，等主编. 全国生物多样性保护与外来物种入侵学术研讨会论文集. 北京：中国农业科学技术出版社，2006.

[35] 李俊清，李景文，崔国发. 保护生物学. 北京：中国林业出版社，2002.

[36] 李晓文，胡远满，肖笃宁. 景观生态学与生物多样性保护. 生态学报，1999（3）.

[37] 陈道海，钟炳辉. 保护生物学. 北京：中国林业出版社，1999.

[38] 李迪强，蒋志刚，王祖望. 青海湖地区生物多样性的空间特征和GAP分析. 自然资源学报，1998，14（1）.

[39] 刘东来，等. 中国的自然保护区. 上海：上海科技教育出版社，1996.

[40] 刘红玉，吕宪国. 中国东北水禽及栖息地保护. 见：湿地国际—中国项目办事处主编. 湿地与水禽保护. 北京：中国林业出版社，1998.

[41] 刘红玉，杨青，李兆富，等. 湿地景观变化对水禽生境影响研究进展. 湿地科学，2003，1（2）.

[42] 郎惠卿，王升忠，罗为桢. 松嫩平原的湿地环境与保护. 野生动物，1997（5）.

[43] M. E. 索莱，B. A. 威尔考克斯主编. 自然保护生物学：进化生态学展望. 萧前柱，等译. 北京：中国林业出版社，1991.

[44] 马敬能，孟沙，张佩珊，等. 中国生物多样性保护综述. 北京：中国林业出版社，1998.

[45] 马志军，李文军，王子健. 丹顶鹤的自然保护：行为生态、生境选择、保护区设计规划、可持续发展. 北京：清华大学出版社，2000.

[46] 马克平. 试论生物多样性的概念. 生物多样性，1993，1（1）.

[47] 马克平. 中国生物多样性热点地区（Hotspots）评估与优先保护重点的确定应该重视. 植物生态学报，2001，26（1）.

[48] 马克平. 生物多样性变化预测与保护重点地区的确定. 现代生态学讲座（III）学科进展与热点论题. 北京：高等教育出版社，2007.

[49] 马建章，贾竞波主编. 野生动物管理学. 哈尔滨：东北林业大学出版社，1994.

[50] 马建章. 自然保护区学. 哈尔滨：东北林业大学出版社，1992.

[51] 马逸清，李晓民. 中国鹤类研究和保护新进展. 见：湿地国际—中国项目办事处主编. 湿地与水禽保护. 北京：中国林业出版社，1998.

[52] 马逸清，李晓民. 丹顶鹤研究. 上海：上海科技教育出版社，2002.

[53] 毛文永. 生态环境影响评价概论. 北京：中国环境科学出版社，1998.

[54] 秦大河，丁一汇，苏纪兰，等. 中国气候与环境演变（上卷）：气候与环境的演变及预测. 北京：科学出版社，2005.

[55] Richard B Primack，季维智主编. 保护生物学基础. 北京：中国林业出版社，2000.

[56] Richard B Primack. 保护生物学概论. 祁承经译. 长沙：湖南科学技术出版社，1996.

[57] 宋朝枢，等. 自然保护区工作手册. 北京：中国林业出版社，1988.

[58] 宋朝枢. 自然保护区现代管理概论. 北京：中国林业出版社，2001.

[59] 宋燕波. 人类欠下自然和子孙的巨债：《千年生态系统评估报告》全球发布. 绿色中国，2005（9）.

[60] 苏化龙，林英华，李迪强. 中国鹤类现状与保护策略. 生物多样性，2000（2）.

[61] 世界环境与发展委员会. 我们共同的未来. 北京：世界知识出版社，1989.

[62] 盛连喜，何春光，万忠娟. 中国水禽保护生物学的研究进展. 湿地科学，2003，1（1）.

[63] 盛连喜，何春光，等. 向海湿地生态环境变化对丹顶鹤数量及分布的影响研究. 东北师大学报，2001（3）.

[64] 童春富，陆健健，何文珊，等. 湿地功能及生态经济价值评估研究. 生态经济，2004，4（11）.

[65] 田家怡，等. 山东外来入侵有害生物与综合防治技术. 北京：科学出版社，2004.

[66] 田兴军主编. 生物多样性及其保护生物学. 北京：化学工业出版社，2005.

[67] 王虹扬，盛连喜. 物种保护中几个重要理论探析. 东北师大学报：自然科学版，

2004，36（4）．

[68] 王献溥，宋朝枢．生物多样性就地保护．北京：中国林业出版社，2006．

[69] 王献傅等．自然保护区的理论与实践．北京：中国环境科学出版社，1994．

[70] 王升忠．湿地的生态性质、定义和分类．湿地与水禽保护．见：湿地国际—中国项目办事处主编．北京：中国林业出版社，1998．

[71] 王燕燕，盛连喜，何春光．国际湿地生态学研究前瞻：第七届国际湿地会议透视及启示．地理与地理信息科学，2005，21（6）．

[72] 五礼嫱等．论自然保护区的建立与管理．北京：环境科学出版社，1994．

[73] 沃尔特区建设 V. 瑞德，甘顿 R. 米勒．让选择继续下去：保护生物多样性的科学基础．北京：中国环境科学出版社，1992．

[74] 邬建国．景观生态学：格局、过程、尺度与等级．北京：高等教育出版社，2000．

[75] 邬建国．自然保护与自然保护生物学：概念和模型．当代生态学博论．北京：中国科技出版社，1992．

[76] 汪爱华，张树清，何艳芬．RS 和 GIS 支持下的三江平原沼泽湿地动态变化研究．地理科学，2002，

[77] 万冬梅，高玮，王秋雨，等．生境破碎化对丹顶鹤巢位选择的影响．应用生态学报，2002，13（5）．

[78] 文贤继，等．西双版纳片断热带中鸟类物种多样性研究．动物学研究，1997，18（3）．

[79] 吴昌华，崔丹丹编译．千年生态系统评估．世界环境，2005（3）．

[80] 魏辅文，胡锦矗．大熊猫种群生存力初步分析．成都国际大熊猫保护学术研讨会论文集．成都：四川科技出版社，1994．

[81] 魏辅文．马边大风顶自然保护区大熊猫对生境的选择．兽类学报，1996，16（4）．

[82] 谢焱．恢复中国的天然植被．北京：中国林业出版社，2002．

[83] 谢焱．生物入侵与中国生态安全．石家庄：河北科学技术出版社，2008．

[84] 徐海根．自然保护区生态安全设计的理论与方法．北京：中国环境科学出版社，2000．

[85] 徐守国，郭辉军，田昆．湿地功能研究进展．环境与可持续发展，2006，（5）．

[86] 杨桂华，钟林生，明庆忠．生态旅游．北京：高等教育出版社，2003．

[87] 杨兆芬，王岐山．国际鹤类新动态．野生动物，1997，18（5）．

[88] 杨维康，钟文勤，等．鸟类栖息地选择研究进展．干旱区研究，2000，17（3）．

[89] 杨海军，李永祥．河流生态修复的理论与技术．长春：吉林科学技术出版社，2005．

[90] 于君宝，刘景双，王金达．中国丹顶鹤繁殖生境特征及濒危因素分析．中国地理科学，2001，11（2）．

[91] 余新晓，牛健植，等．景观生态学．北京：高等教育出版社，2006．

[92] 俞孔坚．生物多样性保护的景观规划途径．景观：文化、生态与感知．北京：科学出版社，1998．

［93］赵淑清，方精云，雷光春. 物种保护的理论基础：从岛屿生物地理学理论到集合种群理论. 生态学报，2001，21（7）.

［94］赵淑清，方精云，雷光春. 全球200：确定大尺度生物多样性优先保护的一种方法. 生物多样性，2000，8（4）.

［95］"中国生物多样性保护行动计划"总报告编写组. 中国生物多样性保护行动计划. 北京：中国环境科学出版社，1994.

［96］中国环境与发展国际合作委员会编. 国际合作与可持续发展：保护中国的生物多样性. 北京：中国环境科学出版社，1997.

［97］中国野生动物保护协会. 中国重点保护野生动物图谱. 哈尔滨：东北林业大学出版社，1990.

［98］郑光美，王岐山. 中国濒危保护动物红皮书（鸟类）. 北京：科学出版社，1998.

［99］赵坤云，沈华中编译. 美国洪泛区管理. 郑州：黄河水利出版社，2002.

［100］赵峰，林学钰，张树军，等. 扎龙湿地需水量分析. 东北师大学报：自然科学版，2005，37（2）.

［101］Bailey J A. *Principles of Wildlife Management*. New York：John Wiley and Sons．Inc，1984.

［102］Brook T M，Mittermeier R A，Mittermeidr C G，et al. *Habitat Loss and Extinction in the Hotspots of Biodiversity*. Conservation Biology，2002，16（4）.

［103］Cui B S，Li Y H，Yang Z F. *Management - Oriented Ecological Water Requirement for Wetlands in the Yellow River Delta*. Acta Ecologica Sinica，2005，25（3）.

［104］Cody M L. *Habitat Selection in Birds*. New York：Academic Press，1985.

［105］David Turnock. *Ecoregion - Based Conservation in the Carpathians and the Land - use Implications*. Land Use Policy，2002（19）.

［106］Davis T J. *The Ramsar Convention Manual：A Guide to the Convention on Wetlands*. Ramsar Iran，1971.

［107］Ehrlich P R. *The Loss of Diversity：Causes and Consequences*. In E. O. Wuksib and F M Peter（eds.），Biodiversity. New York：National Academiy Press，1988.

［108］Erwin T L. *Beetles and Other Insects of Tropical Canopies at Manam，Brail*. In S T Sutton et al，Tropical rainforest：Ecology and Management，Blackwell，Edinburgh，UK．1983.

［109］Forman R T T. *Landscape Mosaics*. The Ecology of Landscape and Regions. Cambridge University Press，1995.

［110］Forman R T T，Collinge S K. *The "Spatial Solution" to Conserving Biodiversity in Landscape and Regions*. In：R. M. Degraaf and R. I. Miller（Editions），Conservation of Faunnal Diversity in Forested L and scapes. Chapman and Hall. Londong，1996.

［111］Gleick P H. *Water in Crisis：Paths to Sustainable Water Use*. Ecological Application，2000（8）.

[112] Gopal B, Junk W J, Davis J A. *Biodiversity in Wetland: Assessment, Function and Conservation.* Backhuys, Leiden, 2001.

[113] Henry C P, Amoros C. *Restoration Ecology of Riverine Wetlands: I. A Scientific Base.* Environmental Management, 1995 (19).

[114] Hubbell S P. *Tree Dispersion, Abundance, and Diversity in a Tropical Dry Forest.* Science, 1979 (203).

[115] Ilkka Hanski. *The Shrinking World: Ecological Consequences of Habitat Loss.* International Ecology Institute in Oldendorf / Luhe. Germany, 2006.

[116] Jennings M D. *Gap Analysis: Concepts, Methods, and Recent Results.* Landscape ecology, 2000 (15).

[117] Kevin J. Gutzwiller et al. *Habitat Suitability Index Models.* Mash Wren. Biological Report, 1987.

[118] MacArthur R H, Wilson E O. *The Theory of Island Biogeography.* Princeton University Press, Princeton. 1967.

[119] Mitsch W J, and Gosselink J G. *Wetlands.* New York: Van Nostrand Reinhold, 1993.

[120] Moyle P B, Leidy R A. *Loss of Biodiversity in Aquatic Ecosystems : Evidence for Fish Faunas.* In P. L. Fiedler and S. K. Jain (eds.), Conservation Biology: The theory and Practice of Nature conservation, Preservation , and Management. New York: Chapman and Hall, 1992.

[121] Myers N, Mittermeier R A, Mittermeier C G, et al. *Biodiversity Hotspots for Conservation Priorities.* Nature, 2000.

[122] Olson D, Kinerstein E. *The Global 200: A Representation Approach to Conserving the Earth'most Biologically Valuable Ecoregions.* Conservation Bilolgy, 1998 (12).

[123] Preston F W. *The Commonness, and Rarity, of Species.* Ecology. 1948, 29 (3).

[124] Primm S L, Russell G J, Gittleman J L, et al. *The Future of Biodiversity.* Science, 1995.

[125] Schonewald-Cox C M and M Buechner. *Park Protection and Public Roads.* In P. L. Fiedler and S. K. Jain (eds.), Conservation Biology: The Theory and Practice of Nature Conservation, Preservation and Management. New York: Chapman and Hall, 1992.

[126] Shafer C L. *Nature Reserve: Island Theory and Conservation Practice.* Washington, D. C: Smithsonian institution Press, 1990.

[127] Sisk T D, Launer A E, Switky K R, et al. *Identifying Extinction Threats.* BioScience, 1994 (44).

[128] Smith E L. *Two Decades of Change.* Endangered Species Bull, 1996, 21 (4).

[129] UNECD. *Convention on Biological Diversity.* Geneva: United Nations Conference on Environment and Development, 1992.

[130] Western D. *The Biodiversity Crisis: A Challenge for Biology.* Oikos, 1992 (63).

[131] Western D, and M C. Pearl. (eds.). *Conservation for the Twenty - First Century*. Oxford: Oxford University Press, 1989.

[132] Wilson E O. *The Biological Diversity Crisis*. Bioscience, 1985 (35).

[133] Wilson E O. *The Current State of Biological Diversity*. In Wilson, E. O., and F. M. Peter (eds.). *Biodiversity*. Washington D C: National Academic Press, 1986.

[134] Wilson E O. *The Diversity of Lives*. Cambridge. Massachusetts: The Belknap Press of Harvard University Press, 1992.

[135] Wilcove D S, McLellan C H, Dobson A P. *Habitat Fragmentation in the Temperate Zone*. In M. E. Soule (ed). Conservation biology: The science of scarcity and diversity. Sinauer Associates, Sunderland. MA, 1986.

[136] Worldwide Fund for Nature. *The Importance of Biological Diverstity*. WWF, Gland, Switzerland, 1989.

[137] Yu K J. *Security patterns and surface model in landscape planning*. Landscape and Urban Planning, 1996, 36 (5).

[138] Tilman D, Downing J A. *Biodiversity and stability in grassland*. Nature, 1994.

[139] Noss R F, Harris L D. *Nodes, networks, and MUMs: Preserving diversity at all scales*. Envirom. Mgmt, 1986, 10.